U0793849

"十四五"职业教育国家规划教材

"十二五"职业教育国家规划教材
经全国职业教育教材审定委员会审定
高职高专机电类系列教材
修订版

电工技术

第3版

主　编　仇　超　庞宇峰
参　编　季小峰　黄小丹　陈　俊　马　赛
　　　　王英娟　殷　全
主　审　夏春风

机械工业出版社

本书内容包括安全用电、直流电路的测试分析、正弦交流电路的测试分析、磁路与变压器的测试、常用电工仪表的使用、常用控制电路的安装与调试等。

本书是根据高职高专电气自动化技术专业培养目标，兼顾其他专业培养方案，以项目化课程改革为基础，以“产教结合、校企合作”模式为指导，以培养装备制造业人才为宗旨，积极吸收星级校企合作企业、行业技术人员参与开发的高职理论实践一体化教学用书。依照相关专业的培养目标和电工职业技能（初级工、中级工）的要求，采用项目化教学模式，科学设置学习目标、工作任务、理论知识、测试与训练、拓展知识、练习等栏目，较为符合高职教育规律，符合高职学生认知特点。

本书内容浅显易懂，实用性、创新性强，贴近生产实际，突显了职业教育特色，可供相关专业教学使用，也可供相关技术人员自学使用。

为方便教学和学习，本书配有免费电子课件、习题答案、模拟试卷及答案，凡使用本书作为授课教材的老师，均可登录机械工业出版社教育服务网（http：//www. cmpedu. com）注册后免费下载。使用本书的学生可申请加入本书配套在线课程网站学习，网址：https：//czjdzyjsxy. zjy2. icve. com. cn/teacher/mainCourse/courseHome. html？ courseOpenId = uat6aicq3qvjs7fcleqvig。

图书在版编目(CIP)数据

电工技术 / 仇超，庞宇峰主编 . —3 版（修订本）. —北京：机械工业出版社，2021. 4（2024. 6 重印）

“十二五”职业教育国家规划教材 . 高职高专机电类系列教材

ISBN 978-7-111-67666-9

Ⅰ. ①电…　Ⅱ. ①仇… ②庞…　Ⅲ. ①电工技术-高等职业教育-教材　Ⅳ. ①TM

中国版本图书馆 CIP 数据核字(2021)第 037405 号

机械工业出版社（北京市百万庄大街 22 号　邮政编码 100037）

策划编辑：于　宁　责任编辑：于　宁　王宗锋

责任校对：李　婷　封面设计：陈　沛

责任印制：任维东

河北鑫兆源印刷有限公司印刷

2024 年 6 月第 3 版第 7 次印刷

184mm×260mm · 13. 25 印张 · 323 千字

标准书号：ISBN 978-7-111-67666-9

定价：45. 80 元

电话服务	网络服务
客服电话：010-88361066	机　工　官　网：www. cmpbook. com
010-88379833	机　工　官　博：weibo. com/cmp1952
010-68326294	金　　书　　网：www. golden-book. com
封底无防伪标均为盗版	机工教育服务网：www. cmpedu. com

关于“十四五”职业教育国家规划教材的出版说明

为贯彻落实《中共中央关于认真学习宣传贯彻党的二十大精神的决定》《习近平新时代中国特色社会主义思想进课程教材指南》《职业院校教材管理办法》等文件精神，机械工业出版社与教材编写团队一道，认真执行思政内容进教材、进课堂、进头脑要求，尊重教育规律，遵循学科特点，对教材内容进行了更新，着力落实以下要求：

1. 提升教材铸魂育人功能，培育、践行社会主义核心价值观，教育引导学生树立共产主义远大理想和中国特色社会主义共同理想，坚定“四个自信”，厚植爱国主义情怀，把爱国情、强国志、报国行自觉融入建设社会主义现代化强国、实现中华民族伟大复兴的奋斗之中。同时，弘扬中华优秀传统文化，深入开展宪法法治教育。

2. 注重科学思维方法训练和科学伦理教育，培养学生探索未知、追求真理、勇攀科学高峰的责任感和使命感；强化学生工程伦理教育，培养学生精益求精的大国工匠精神，激发学生科技报国的家国情怀和使命担当。加快构建中国特色哲学社会科学学科体系、学术体系、话语体系。帮助学生了解相关专业和行业领域的国家战略、法律法规和相关政策，引导学生深入社会实践、关注现实问题，培育学生经世济民、诚信服务、德法兼修的职业素养。

3. 教育引导学生深刻理解并自觉实践各行业的职业精神、职业规范，增强职业责任感，培养遵纪守法、爱岗敬业、无私奉献、诚实守信、公道办事、开拓创新的职业品格和行为习惯。

在此基础上，及时更新教材知识内容，体现产业发展的新技术、新工艺、新规范、新标准。加强教材数字化建设，丰富配套资源，形成可听、可视、可练、可互动的融媒体教材。

教材建设需要各方的共同努力，也欢迎相关教材使用院校的师生及时反馈意见和建议，我们将认真组织力量进行研究，在后续重印及再版时吸纳改进，不断推动高质量教材出版。

机械工业出版社

前　言

本书是在第 1、2 版的基础上总结提高、修订编写而成。

本书自出版以来，被多所高职院校选为电工技术教学用书，得到了广大教师的认可，也深受学生欢迎。自 2003 年 8 月以来，常州机电职业技术学院以数控技术、电气自动化技术、模具设计与制造等专业为试点，实施项目化课程改革，现课程改革已进入深入发展阶段、呈全面铺开之势，项目化课程改革有力地推动了专业建设、课程建设、教材建设及师资队伍建设，本次修订，就集中反映了先进的教学改革思想、长期积累的丰富教学经验及广大读者真诚的意见和建议。

与第 2 版相比，本修订版仍然按“项目 - 模块”的整体框架编写，模块内部架构为“学习目标 - 工作任务 - 理论知识 - 测试与训练 - 拓展知识 - 练习”；删除了万用表装配内容；整合“家庭用电线路的安装与调试”“电动机运行及控制”等为新项目“常用控制电路的安装与调试”；新增“常用电工仪表的使用”项目；每个项目后添加“项目习题”，供教师、学生课后使用。经过修订，本书编排更接近教学实际，便于教师教学及学生学习；理论体系更加完备，实践教学更注重基础性，整本书层次清晰、循序渐进。

全书共有 6 个项目、20 个模块，主要内容包括安全用电、直流电路的测试分析、正弦交流电路的测试分析、磁路与变压器的测试、常用电工仪表的使用、常用控制电路的安装与调试等。计划学时为 90 ~ 120，任课教师可根据专业、学生特点灵活取舍有关内容。

本书由常州机电职业技术学院仇超、庞宇峰任主编，负责全书的内容结构设计、工作协调及统稿工作；参与编写的还有季小峰、黄小丹、陈俊、马赛、王英娟（江苏省武进高级技工学校）；苏州众捷汽车零部件有限公司殷全工程师等企业技术专家全程参与课程开发、教材编写。本书由苏州农业职业技术学院夏春风教授主审。

在本书编写过程中，有关院校、行业企业的许多同志提出了不少宝贵的意见和建议，在此一并表示感谢。

由于编者水平有限，本书虽进行了用心修订，但疏漏及不妥之处仍在所难免，恳请广大读者提出批评和改进意见。

编　者

二维码索引

（续）

序号	名称	图形	页码	序号	名称	图形	页码
21	断路器		169	26	三相异步电动机手动直接起动控制		181
22	熔断器		170	27	三相异步电动机点动控制		182
23	接触器		172	28	三相异步电动机自锁控制		182
24	热继电器		177	29	三相异步电动机控制线路安装、调试考核		189
25	按钮		180				

目　录

项目一

安 全 用 电

一、学习目标

终极目标：掌握安全用电的基本知识，能安全用电。

促成目标：

1. 了解人体触电的形式及触电危害，掌握触电预防措施。
2. 掌握触电急救方法。
3. 了解电气火灾的成因，掌握预防电气火灾的方法。
4. 能根据火灾类型正确选择灭火器并扑灭电气火灾。

二、工作任务

安全用电，触电急救，火灾扑救。

模块一 触 电 急 救

一、学习目标

终极目标：会触电急救。

促成目标：

1. 了解人体触电的形式及触电危害，掌握触电预防措施。
2. 掌握触电急救方法。

二、工作任务

触电急救。

三、理论知识

人触电后，会出现神经麻痹、呼吸困难、血压升高、昏迷、痉挛，甚至呼吸中断、心脏停跳等现象，呈现昏迷不醒的状态。如果未见明显的致命外伤，就不能轻率地认定触电者已经死亡，而应该看作是“假死”，施行急救。触电事故发生都很突然，出现“假死”时，心跳、呼吸已停止，因此要采用现场急救的方法，使触电者迅速得到气体交换和重新形成血液循环，以恢复全身的各组织细胞的氧供给，建立触电者自身的心跳和呼吸。所以，触电现场急救是整个触电急救过程中的一个重要环节。如处理得及时正确，就能挽救许多触电者的生命；反之，如果不考虑实际情况，或者没有及时采取任何抢救措施，只是将触电者送往医院抢救或单纯等待医务人员到来，就有可能失去抢救的最佳时机，带来永远无法弥补的损失。

因此现场急救法是每一个电工必须熟练掌握的急救技术，一旦发生事故后，应能立即正确地在现场进行急救，同时向医务部门请求救援，这样，一定能挽救大部分触电者的生命。

1. 人体触电的形式

（1）单相触电　当人站在地面上，碰触带电设备的其中一相时，电流通过人体流入大地，这种触电方式称为单相触电。

① 低压中性点直接接地的单相触电。低压中性点直接接地的单相触电如图 1-1-1 所示。当人体触及一相带电体时，该相电流通过人体经大地回到中性点形成回路，由于人体电阻比中性点直接接地的电阻大得多，因此电压几乎全部加在人体上，造成触电。

② 低压中性点不接地的单相触电。低压中性点不接地的单相触电如图 1-1-2 所示。在 1000V 以下，人碰到任何一相带电体时，该相电流通过人体经另外两根相线的对地绝缘电阻和分布电容而形成回路，如果相线对地绝缘电阻较高，就不至于造成对人体的伤害。当电气设备、导线绝缘损坏或老化，其对地绝缘电阻降低时，同样会发生电流通过人体流入大地的单相触电事故。

图 1-1-1　低压中性点直接接地的单相触电

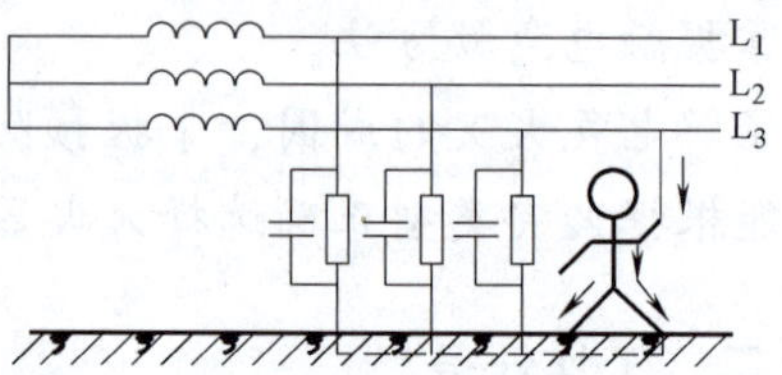

图 1-1-2　低压中性点不接地的单相触电

在 6 ~ 10kV 高压中性点不接地系统中，特别是在较长的电缆线路上，当发生单相触电时，另两相对地电容电流较大，触电的伤害程度较大。

（2）两相触电　电流从一根导线进入人体流至另一根导线的触电方式称为两相触电，如图 1-1-3 所示。

两相触电时，加在人体上的电压为线电压，在这种情况下，触电者即使穿绝缘鞋或站在绝缘台上也起不到保护作用。对于 380V 的线电压，两相触电时通过人体的电流能达到 200 ~ 270mA，这样大的电流只需要 0.186s 就可能导致触电者死亡。所以两相触电比单相触电危险得多。

（3）跨步电压触电　当某相导线断线落地或运行中的电气设备因绝缘损坏而漏电时，电流向大地流散，以落地点或接地体为圆心，半径为 20m 的圆面积内形成分布电位，如有人在落地点周围走过时，其两脚之间（按 0.8m 计算）的电位差称为跨步电压，如图 1-1-4 所示，跨步电压触电时，电流从人的一只脚经下身，通过另一只脚流入大地形成回路。触电者先感到两脚麻木，然后跌倒。人跌倒后，由于头与脚之间的距离加大，电流将在人体内脏重要器官通过，人就有生命危险。

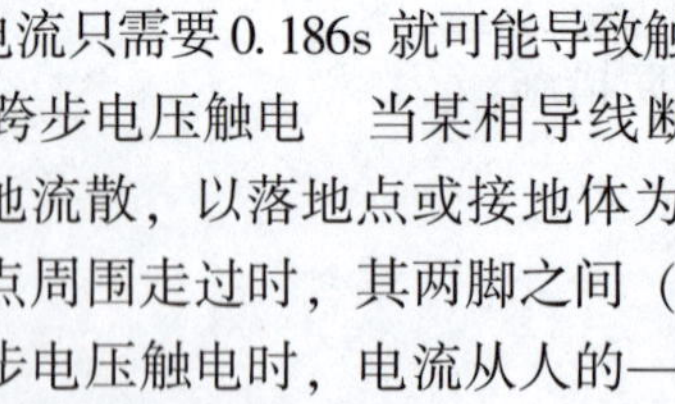

图 1-1-3　两相触电

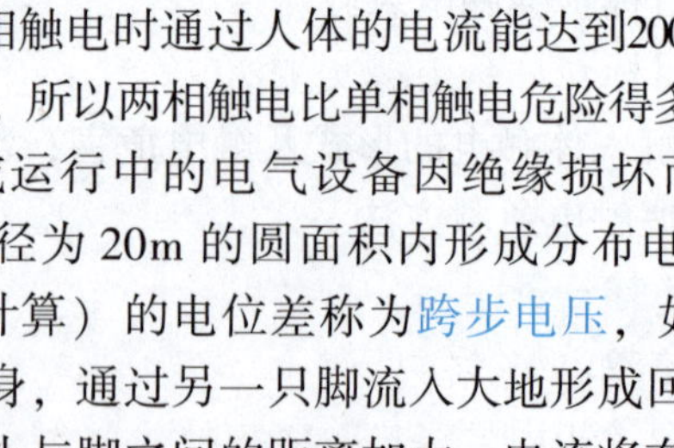

图 1-1-4　跨步电压触电

(4) 接触电压触电　运行中的电气设备由于绝缘损坏或其他原因造成漏电，当人触及漏电设备时，电流通过人体和大地形成回路，造成触电事故，这称为接触电压触电。

(5) 感应电压触电　当人触及带有感应电压的设备和线路时所造成的触电事故称为感应电压触电。

(6) 剩余电荷触电　当人接触带有剩余电荷的设备时，电荷对人体放电造成的事故称为剩余电荷触电。设备带有剩余电荷，通常是由于检修人员在检修前、后没有对停电后的设备充分放电造成的。

(7) 雷击触电　在雷雨天气，闪电时会产生大量的热量（一般可达30000℃），使得它周围空气的体积突然膨胀，从而引起巨大的雷声。雷电形成的瞬间，电流可达20万~25万A，最高达60万~70万A，常常威胁到野外来不及躲避的人畜安全。

2. 电流对人体的伤害

电流通过人体后，能使肌肉收缩产生运动，造成机械损伤；电流产生的热效应和化学效应可引起一系列急骤的病理变化，使机体遭受到严重的损害，特别是电流流经心脏，对心脏的损害极为严重，极小的电流就可能引起心室纤维性颤动，导致死亡。

(1) 电流对人体的伤害种类　人身触电时电流对人体的伤害，是由电流的能量直接作用于人体或转换成其他形式的能量作用于人体造成的，按伤害程度的不同，可以分为电击和电伤两类。

1) 电击。电击是指因电流通过人体而使内部器官受伤的现象，它是最危险的触电事故。

2) 电伤。电伤是指人体外部由于电弧或熔丝熔断时飞溅起的金属屑等造成烧伤的现象，分为电烧伤、电烙印及皮肤金属化等。

① 电烧伤。电烧伤是常见的电伤，大部分触电事故都伴有电烧伤，电烧伤可分为电流灼伤和电弧烧伤两种。电流灼伤一般发生在低压触电事故中，由于人体与带电体接触面积一般不大，加之皮肤电阻又比较高，使得皮肤与带电体的接触部位热量集中，受到比体内严重得多的灼伤，当电流较大时也可能灼伤至皮下组织。电弧烧伤是电弧放电引起的烧伤，它又分为直接电弧烧伤和间接电弧烧伤。直接电弧烧伤是由于人体过度接近高压带电体，其间距小于放电距离时，带电体与人体之间发生电弧并伴有电流通过人体的烧伤；间接电弧烧伤是电弧发生在人体附近对人体的烧伤，而且包含被熔化金属溅落的烫伤，在配电系统中错误的操作（如带负荷拉、合隔离开关，带地线合开关）以及其他短路事故都可能造成弧光短路事故，产生强烈的电弧，导致严重的烧伤。

② 电烙印。电烙印是人体与带电体直接接触，电流通过人体后，在接触部位留下和接触带电体形状相似的斑痕。斑痕处皮肤硬变，边缘明显，失去原有弹性和色泽，表层坏死，失去知觉。

③ 皮肤金属化。皮肤金属化是由于电气设备的弧光短路事故，高温电弧使周围金属物熔化、蒸发并飞溅渗透到人体皮肤表层所形成的，受伤部位表面粗糙、坚硬。金属化后的皮肤通常经过一段时间能自行脱落，不会有不良后果。

(2) 电流对人体的伤害程度　电流伤害的程度与通过人体的电流大小、频率、通过人体的途径及持续时间等因素有关。

1) 电流大小对人体的伤害。按照电流流过人体时的不同生理反应，可分为以下三种情况。

① 感觉电流。使人体有感觉的最小电流称为感觉电流。工频交流电的平均感觉电流，

成年男性约为1.1mA，成年女性约为0.7mA；直流电的平均感觉电流约为5mA。

② 摆脱电流。人体触电后能自主摆脱电源的最大电流称为摆脱电流，工频交流电的平均摆脱电流，成年男性约为16mA以下，成年女性约为10mA以下；直流电的平均摆脱电流约为50mA。

③ 致命电流。在较短的时间内危及生命的最小电流称为致命电流。一般情况下，通过人体的工频电流超过50mA时，心脏就会停止跳动，发生昏迷，并出现致命的电灼伤；工频100mA的电流通过人体时很快使人毙命。不同电流大小对人体的作用见表1-1-1。

表1-1-1 不同电流大小对人体的作用

电流/mA	作用特征	
	交流电（50~60Hz）	直流电
0.6~1.5	开始有感觉，手轻微颤抖	没有感觉
2~3	手指强烈颤抖	没有感觉
5~7	手部痉挛	感觉痒和热
8~10	手部剧痛，勉强可摆脱电源	热感觉增加
20~35	手迅速剧痛麻痹，不能摆脱带电体，呼吸困难	热感觉更大，手部轻微痉挛
50~80	呼吸困难、麻痹，心室开始颤动	手部痉挛，呼吸困难
90~100	呼吸麻痹，心室经3s即发生麻痹而停止跳动	呼吸麻痹

2）电流频率对人体的影响。在相同电流大小下，不同的电流频率对人体影响程度不同。28~300Hz的电流频率对人体影响较大，其中最为严重的是40~60Hz的电流。当电流频率大于20000Hz时，所产生的伤害作用明显减小。

3）电流流过途径不同对人体的伤害。电流通过人体的头部会使人昏迷而死亡；电流通过脊髓，会导致截瘫及严重损伤；电流通过中枢神经或有关部位，会引起中枢神经系统强烈失调而导致死亡；电流通过心脏会引起心室颤动，致使心脏停止跳动，造成死亡。实践证明，从左手到脚是最危险的电流途径，因为心脏直接处在电路中，从右手到脚的途径危险性较小，但一般也能引起剧烈痉挛而摔倒，导致电流通过人体的全身。

4）电流的持续时间对人体的伤害。由于人体发热出汗和电流对人体组织的电解作用，电流通过人体的时间越长，人体电阻会逐渐降低。在电源电压一定的情况下，会使电流增大，对人体的组织破坏更大，后果更严重。

3. 人体电阻及安全电压

（1）人体电阻　人体电阻主要包括人体内部电阻和皮肤电阻，人体内部电阻是固定不变的，并与接触电压和外部条件无关，一般约为500Ω；皮肤电阻一般是手和脚的表面电阻，它随皮肤的清洁、干燥程度和接触电压等而变化。一般情况下，人体皮肤电阻为1000~2000Ω。在不同条件下的人体皮肤电阻见表1-1-2。

表1-1-2 人体皮肤电阻

接触电压/V	人体皮肤电阻/Ω			
	皮肤干燥	皮肤潮湿	皮肤湿润	皮肤浸入水中
10	7000	3500	1200	600
25	5000	2500	1000	500

（续）

接触电压/V	人体皮肤电阻/Ω			
	皮肤干燥	皮肤潮湿	皮肤湿润	皮肤浸入水中
50	4000	2000	875	440
100	3000	1500	770	375
220	1500	1000	650	325

注：电流途径为双手至双足。

（2）安全电压　所谓安全电压，是指为了防止触电事故而由特定电源供电所采用的电压系列。

安全电压应满足以下三个条件：①标称电压不超过交流50V、直流120V；②由安全隔离变压器供电；③安全电压电路与供电电路及大地隔离。

我国规定的安全电压额定值的等级为42V、36V、24V、12V、6V。当电气设备采用的电压超过安全电压时，必须按规定采取防止直接接触带电体的保护措施。

安全电压等级及选用见表1-1-3。

表1-1-3　安全电压等级及选用

安全电压（交流有效值）/V		选用举例
额定值	空载上限值	
42	50	在有触电危险的场所使用的手持式电动工具等
36	43	潮湿场合（如矿井）、多导电粉尘场合使用的行灯等
24	29	工作面积狭窄、操作者较大面积接触带电体的场所，如锅炉、金属容器内
12	15	人体需要长期触及器具及器具上带电的场所
6	8	

4. 触电急救

（1）使触电者迅速脱离电源　触电事故附近有电源开关或插座时，应立即断开开关或拔掉电源插头。若无法及时找到并断开电源开关时，应迅速用绝缘工具切断电线，以断开电源。

在抢救触电者脱离电源时应注意：

1）救护人员不得采用金属和其他潮湿的物品作为救护工具。

2）未采取任何绝缘措施时，救护人员不得直接接触及触电者的皮肤或潮湿衣服。

3）在使触电者脱离电源的过程中，救护人员最好用一只手操作，以防自身触电。

4）当触电者站立或位于高处时，应采取措施防止触电者脱离电源后摔跌。

5）夜晚发生触电事故时，应考虑切断电源后的临时照明，以利救护。

（2）伤情诊断　触电者脱离电源后，应在10s内对触电者用看（看触电者的胸部、腹部有无起伏动作）、听（用耳贴近触电者的口鼻处，听有无呼吸的声音）、试（试触电者口鼻有无呼吸的气流，用两指轻试喉结旁凹陷处的颈动脉有无搏动）的方法迅速正确判断其触电程度，有针对性地实施现场紧急救护。

1）触电者神智清醒。感觉心慌、四肢发麻、全身无力、呼吸急促、面色苍白或者曾一度昏迷，但未失去知觉。应抬至空气新鲜、通风良好的地方使其就地平躺，密切观察，休息1~2h，暂时不要使其站立或走动，并注意保温。

2）触电者神智不清。应使其就地平躺，且确保气道畅通，并且用5s时间呼叫触电者或轻拍其肩部，以判断是否意志丧失，禁止摇动触电者头部呼叫触电者。

3）有呼吸但心跳停止。采用“胸外心脏按压法”急救。

4）心脏有跳动，但呼吸停止。采用“口对口人工呼吸法”急救。

5）心脏、呼吸均停止。应同时采取“口对口人工呼吸法”和“胸外心脏按压法”急救。

（3）心肺复苏

1）将脱离电源的触电者迅速移至通风、干燥处，使其仰卧，并将其上衣和裤带松开，观察触电者是否有呼吸，摸一摸颈部动脉的搏动情况。

2）观察触电者的瞳孔是否放大，当处于假死状态时，大脑细胞严重缺氧处于死亡边缘，瞳孔就自行放大，如图1-1-5所示。

a）瞳孔正常　b）瞳孔放大

图1-1-5　检查瞳孔

3）用“口对口人工呼吸法”进行急救。对有心跳而呼吸停止的触电者，应采用“口对口人工呼吸法”进行急救，其步骤如下：

① 清除口腔阻塞。将触电者仰卧，解开衣领和裤带，然后将触电者头偏向一侧，张开其嘴，用手清除口腔中假牙或其他异物，使呼吸道畅通，如图1-1-6a所示。

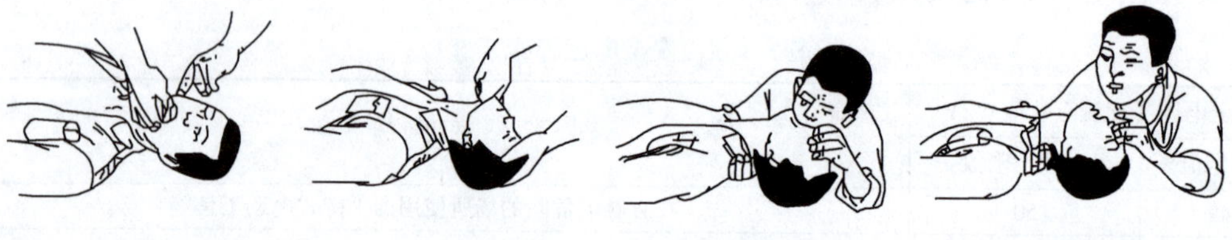

a) 清除口腔阻塞　b) 鼻孔朝天头后仰　c) 贴嘴吹气胸扩张　d) 放开嘴鼻好换气

图1-1-6　口对口人工呼吸法

② 鼻孔朝天头后仰。抢救者在触电病人一边，使其鼻孔朝天后仰，如图1-1-6b所示。

③ 贴嘴吹气胸扩张。抢救者在深呼吸2~3次后，张大嘴严密包绕触电者的嘴，同时用放在前额手的拇指、食指捏紧其双侧鼻孔，连续向肺内吹气2次，如图1-1-6c所示。

④ 放开嘴鼻好换气。吹完气后应放松捏鼻子的手，让气体从触电者肺部排出，如此反复进行，每5s吹气一次，坚持连续进行，不可间断，直到触电者苏醒为止，如图1-1-6d所示。

4）用“胸外心脏按压法”进行急救。对有呼吸而心脏停跳的触电者，应采用“胸外心脏按压法”进行急救，如图1-1-7所示。其步骤如下：

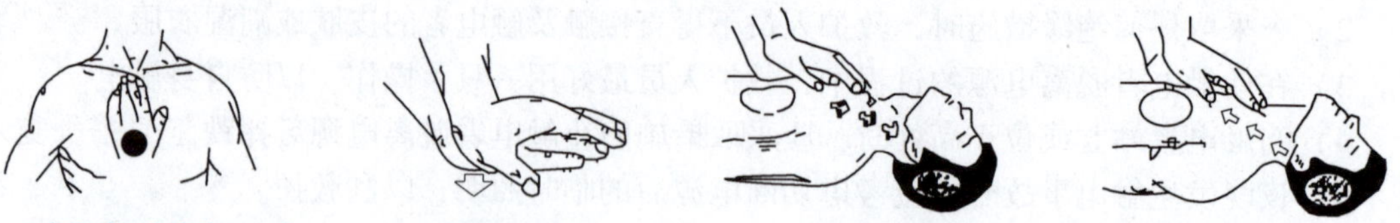

a) 中指对凹膛，当胸一手掌　b) 掌根用力向下压　c)用力向下压3~4cm　d) 突然放松

图1-1-7　胸外心脏按压法

① 使触电者仰卧在硬板或地面上，颈部枕垫软物使头部稍后仰，松开衣服和裤带，急救者跨跪在触电者的腰部。

② 急救者将右手掌根部按于触电者胸骨下二分之一处，中指指尖对准其颈部凹陷的下缘，当胸一手掌，左手掌复压在右手背上，如图1-1-7a、b所示。

③ 掌根用力下压 3 ~4cm 后，突然放松，如图 1-1-7c、d 所示，按压与放松的动作要有节奏，每秒进行一次，必须坚持连续进行，不可中断，直到触电者苏醒为止。

5）用“口对口人工呼吸法”和“胸外心脏按压法”进行急救。对呼吸和心脏都已停止的触电者，应同时采用“口对口人工呼吸法”和“胸外心脏按压法”进行急救，其步骤如下：

① 单人抢救法：两种方法应交替进行，即吹气 2 ~3 次，再按压 10 ~15 次，且速度都应快些，如图 1-1-8 所示。

② 双人抢救法：由两人抢救时，一人进行口对口吹气，另一人进行按压。每 5s 吹气一次，每秒按压一次，两人同时进行，如图 1-1-9 所示。

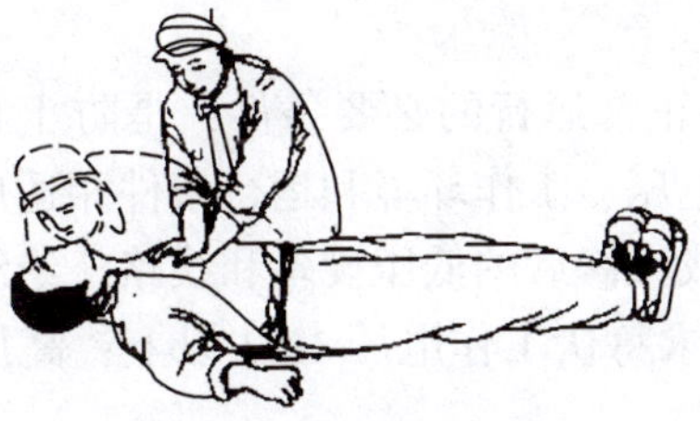

图 1-1-8 单人抢救法

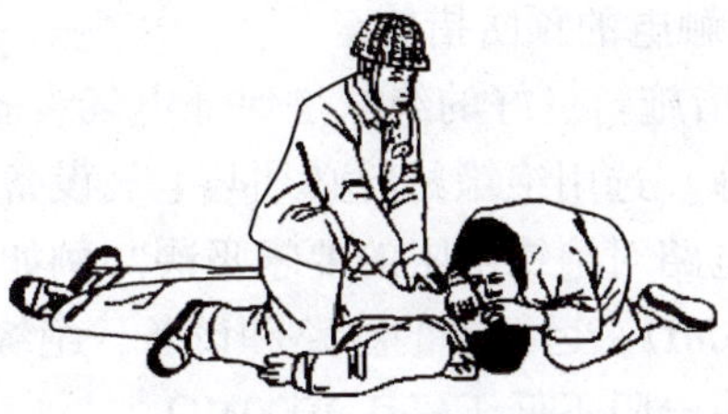

图 1-1-9 双人抢救法

（4）外伤处理 对于电伤和摔跌造成的人体局部外伤，在现场救护中也不能忽视。必须做适当处理，防止细菌侵入感染，防止摔跌骨折刺破皮肤及周围组织、刺破神经和血管，避免引起损伤扩大，然后迅速送医院治疗。

1）一般性的外伤表面，可用无菌盐水或清洁的温开水冲洗后，用消毒纱布、防腐绷带或干净的布片包扎，然后送医院治疗。

2）伤口出血严重时，应采用压迫止血法止血，然后迅速送医院治疗。如果伤口出血不严重，可用消毒纱布叠几层盖住伤口，压紧止血。

3）高压触电时，可能会造成大面积严重的电弧灼伤，往往深达骨骼，处理起来很复杂，现场可用无菌生理盐水或清洁的温开水冲洗，再用酒精全面消毒，然后用消毒被单或干净的布片包裹送医院治疗。

4）对于因触电摔跌而四肢骨折的触电者，应首先止血、包扎，然后用木板、竹竿、木棍等物品临时将骨折肢体固定，然后立即送医院治疗。

（5）抢救过程中触电者移动与转院

1）心肺复苏应在现场就地坚持进行，不要为方便而随意移动触电者，如确需要移动时，抢救中断时间不应超过 30s。

2）移动触电者或将触电者送医院时，应使其平躺在担架上，并在其背部垫以平硬宽木板。在移动或送医院过程中，应持续抢救。心跳、呼吸停止者要继续用心肺复苏法抢救，在医务人员未接替救治前不能中止。

3）应创造条件，用塑料袋装入碎冰屑做成帽子状包绕在触电者头部、露出眼睛，使脑部温度降低，争取心、肺、脑完全复苏。

（6）触电者好转后的处理 如果触电者的心跳和呼吸经抢救后均已恢复，则可暂停心肺复苏法操作。但心跳、呼吸恢复的早期有可能再次骤停，应严密监护，不能麻痹，要随时准备再次抢救。

初期恢复后，触电者可能神志不清或精神恍惚、躁动，应设法使其安静。

现场急救注意事项：

1）现场急救贵在坚持。

2）心肺复苏应在现场就地进行。

3）现场触电急救，没有医务人员的诊断，不得乱用药物。对采用肾上腺素等药物应持慎重态度，如果没有必要的诊断设备条件和足够的把握，不得乱用。

4）对触电过程中的外伤特别是致命外伤（如动脉出血等）也要采取有效的方法处理。

5. 触电预防

（1）预防措施

1）直接触电的预防措施。

① 绝缘措施：良好的绝缘是保证电气设备和线路正常运行的必要条件，是防止触电事故的重要措施。选用绝缘材料必须与电气设备的工作电压、工作环境和运行条件相适应。不同的设备或电路对绝缘电阻的要求不同。例如：新装或大修后的低压设备和线路，绝缘电阻不应低于0.5MΩ；运行中的线路和设备，绝缘电阻要求每伏工作电压1kΩ以上；高压线路和设备的绝缘电阻不低于每伏1000MΩ。

② 屏护措施：采用屏护装置，如常用电器的绝缘外壳、金属网罩、金属外壳、变压器的遮栏、栅栏等将带电体与外界隔绝开来，以杜绝不安全因素。凡是金属材料制作的屏护装置，应妥善接地或接零。

③ 间距措施：为防止人体触及或过分接近带电体，在带电体与地面之间、带电体与其他设备之间，应保持一定的安全间距。安全间距的大小取决于电压的高低、设备类型及安装方式等因素。

2）间接触电的预防措施。

① 加强绝缘：对电气设备或线路采取双重绝缘的措施，可使设备或线路绝缘牢固，不易损坏。即使工作绝缘损坏，还有一层加强绝缘，不致发生金属导体裸露造成间接触电。

② 电气隔离：采用隔离变压器或具有同等隔离作用的发电机，使电气线路和设备的带电部分处于悬浮状态。即使线路或设备的工作绝缘损坏，人站在地面上与之接触也不易触电。

必须注意，被隔离回路的电压不得超过500V，其带电部分不能与其他电气回路或大地相连。

③ 自动断电保护：在带电线路或设备上采取漏电保护、过电流保护、过电压或欠电压保护、短路保护、接零保护等自动断电措施，当发生触电事故时，在规定时间内能自动切断电源起到保护作用。

3）其他预防措施。

① 加强用电管理，建立健全安全工作规程和制度，并严格执行。

② 使用、维护、检修电气设备，严格遵守有关安全规程和操作规程。

③ 尽量不进行带电作业，特别是在危险场所（如高温、潮湿地点），严禁带电工作；必须带电工作时，应使用各种安全防护工具，如使用绝缘棒、绝缘钳和必要的仪表，戴绝缘手套，穿绝缘靴等，并设专人监护。

④ 对各种电气设备按规定进行定期检查，如发现绝缘损坏、漏电和其他故障，应及时处理；对不能修复的设备，应予以更换，不可使其带“病”运行。

⑤ 根据生产现场情况，在不宜使用380V/220V电压的场所，应使用12～36V的安全电压。

⑥ 禁止非电工人员乱装乱拆电气设备，更不得乱接导线。

⑦ 加强技术培训，普及安全用电知识，开展以预防为主的反事故演习。

（2）触电预防的基本常识　为了更好地使用电能、防止触电事故的发生，必须采取一些安全措施：

1）对于各种电气设备尤其是移动式电气设备，建立经常与定期的检查制度，如发现故障或与有关的规定不符合时应及时处理。

2）使用各种电气设备时应严格遵守操作制度，不得将三脚插头擅自改为二脚插头，也不得直接将线头插入插座内用电。

3）尽量不要带电工作，特别是在危险场所（如工作地很狭窄，工作地周围有对地电压在250V以上的导体等）禁止带电工作。如果必须带电工作，则应采取必要的安全措施（如站在橡胶毡上或穿绝缘靴，附近其他导电体或接地处都应用橡胶布遮盖，并需要有专人监护等）。

4）带金属外壳的家用电器的外接电源插头一般都用三脚插头，其中有一根为接地线。

5）静电可能引起伤害，重则可引起爆炸与火灾，轻则可使人受到电击，引起严重后果。消除静电首先应尽量限制静电电荷的产生或积聚，方法有：①良好的接地，以消除静电电荷的积累；②提高设备周围的空气湿度至相对湿度70%以上，使静电电荷逸散。

6）有条件时还可采用性能可靠的漏电保护器。

7）严禁利用大地作为中性线，即严禁采用三线一地、二线一地或一线一地制。

四、测试与训练

对模拟人进行救护，要求急救方法正确，整个急救过程动作熟练、准确。

1. 伤情诊断

现场诊断，用看、听、试的方法判断触电者伤势，决定采取何种急救方法。

2. 畅通气道

采用仰头抬颏法使触电者保持气道通畅，如发现触电者口内有异物，偏转触电者头部清除异物。让触电者头部尽量后仰，鼻孔朝天，避免舌下坠致使呼吸道梗塞。

3. 口对口人工呼吸

（1）捏鼻掰嘴　救护人用一只手捏紧触电者的鼻孔（不要漏气），另一只手食指、中指并拢向下推触电者的下颌骨，使嘴张开（嘴上可盖一块纱布或薄布），使其保持气道畅通。

（2）贴近吹气　救护人深呼气后用自己的嘴唇包住触电者的嘴（不要漏气）吹气，先连续大口吹气两次，每次1～1.5s，要求快而深。

（3）放松换气　救护人吹气完毕准备换气时，应立即离开触电者的嘴，并放松捏紧的鼻孔。除开始大口吹气两次外，正常口对口（鼻）呼吸的吹气量不需过大，以免引起胃膨胀；吹气和放松时要注意伤员胸部应有起伏的呼吸动作，吹气时如有较大的阻力，可能是头部后仰不够，应及时纠正。

4. 胸外心脏按压

（1）找准正确压点　使触电者仰面平躺，保持呼吸道畅通，背部着地处应平整稳固，以保证按压效果。救护者右手的食指和中指沿触电者的右侧肋骨弓下缘向上找到肋骨和胸骨结合处的中点，两手指并齐，中指放在切迹中点，食指放在胸骨下部，另一只手的掌根紧挨食指上缘置于胸骨上，即为正确的按压位置。

（2）按压心脏　救护人员站立或跪在触电者一侧肩旁，上身前倾，两肩位于伤员胸骨正上方，两臂伸直，肘关节固定不屈，两手掌要相叠，手指翘起不接触触电者的胸壁，以髋关节为支点，利用上身的重量，垂直将正常人胸骨压陷3～4cm（儿童及瘦弱者酌减）。压至要求程度后，立即放松，上抬要充分，但放松时救护人员的掌根不得离开胸壁。按压频率为每分钟60～100次，按压和放松的频率相等。按压必须有效，其标志是按压过程中可以触及颈动脉搏动。

五、拓展知识

触电急救考核

1. 电工安全操作知识

（1）停电检修的安全操作规程

① 停电检修工作的基本要求。停电检修时，对有可能送电到检修设备及线路的开关和闸刀应全部断开，并在已断开的开关和闸刀的操作手柄上挂上“禁止合闸，有人工作”的标示牌，必要时要加锁，以防止误合闸。

② 停电检修工作的基本操作顺序。首先应根据工作内容，做好全部停电的倒闸操作。停电后对电力电容器、电缆线等，应装设携带型临时接地线及绝缘棒放电，然后用低压验电器对所检修的设备及线路进行验电，在证实确实无电时，才能开始工作。

③ 检修完毕后的送电顺序。检修完毕后，应拆除携带型临时接地线，并清理好工具，然后按倒闸操作内容进行送电合闸操作。

（2）带电检修的安全操作规程　如果因特殊情况必须在电气设备上带电工作时，应按照带电工作安全规程进行。

① 在低压电气设备和线路上从事带电工作时，应设专人监护，使用合格的有绝缘手柄的工具，穿绝缘鞋，并站在干燥的绝缘物上。

② 将可能碰及的其他带电体及接地物体用绝缘物隔开，防止相间短路及触地短路。

③ 带电检修线路时，应分清相线和零线。断开导线时，应先断开相线，后断开零线。搭接导线时，应先接零线，再接相线。接相线时，应先将两个线头搭实后再进行缠接，切不可使人体或手指同时接触两根导线。

2. 电气设备安全知识

（1）保护接地和保护接零的作用

① 保护接地：将电气设备正常运行下不带电的金属外壳和架构通过接地装置与大地进行连接，它是用来防护间接触电的。

保护接地的作用：在中性点不接地的三相三线低压（380V）电网中，当电气设备因一相绝缘损坏而使金属外壳带电时，如果设备上没有保护接地，则设备外壳存在着一个危险的对地电压，这个电压的数值接近于相电压，此时如果有人触及设备外壳，就会有电流通过人体，造成触电事故。

② 保护接零：将电气设备正常运行下不带电的金属外壳和架构与配电系统的零线直接进行电气连接，由于它也是用来保护间接触电的，所以称作保护接零。

保护接零的作用：采用保护接零时，电气设备的金属外壳直接与低压配电系统的零线连接在一起，当其中任何一相的绝缘损坏而使外壳带电时，形成相线和零线短路。由于相零回路阻抗很小，所以短路电流很大，促使线路上的保护装置（如熔断器、断路器等）迅速动作，切断故障设备的电源，从而起到防止人身触电的保护作用及降低设备故障率。

（2）接地和接零的注意事项

① 在中性点直接接地的低压电网中，电力装置宜采用接零保护；在中性点不接地的低

压电网中，电力装置应采用接地保护。

② 在同一配电线路中，不允许一部分电气设备接地，另一部分电气设备接零，以免接地设备一相碰壳短路时，可能由于接地电阻较大，而使保护电器不动作，造成中性点电位升高，使所有接零的设备外壳都带电，反而增加了触电的危险性。

③ 由低压公用电网供电的电气设备，只能采用保护接地，不能采用保护接零，以免接零的电气设备一相碰壳短路时，造成电网的严重不平衡。

④ 为防止触电，低压电网中严禁利用大地作相线或零线。

⑤ 用于接零保护的零线上不得装设开关或熔断器，单相开关应装在相线上。

六、练习

1. 人体触电的类型有哪些？若发生触电应如何紧急处理？

2. 触电急救中如何使触电者迅速摆脱电源？

3. 触电急救中实施心肺复苏，如何正确进行口对口（鼻）人工呼吸？如何正确进行胸外按压？

模块二　电气火灾的扑救及预防

一、学习目标

终极目标：掌握电气火灾的扑救及预防方法。

促成目标：

1. 了解电气火灾的成因，掌握预防电气火灾的方法。

2. 能根据火灾类型正确选择灭火器扑灭电气火灾。

二、工作任务

使用灭火器扑救火灾。

三、理论知识

电气火灾和爆炸事故是指由电气原因引起的火灾和爆炸，在火灾和爆炸事故中占有很大比例。电气火灾和爆炸事故除可能造成人身伤亡和设备损坏、财产损失外，还可能造成电力系统事故，引起大面积停电或长时间停电。

电气火灾有两大特点：一是着火后电气装置或设备可能仍然带电，而且因电气绝缘损坏或带电导线断落接地，在一定范围内会存在跨步电压和接触电压，如不注意，可能引起触电事故；二是有些电气设备内部充有大量油液（如电力变压器、电压互感器等），着火后受热，油箱内部压力增大，可能发生喷油、甚至爆炸，造成火势蔓延。

电气火灾的危害很大，因此要坚决贯彻“预防为主”的方针。在发生电气火灾时，必须迅速采取正确有效的措施，及时扑灭电气火灾。

1. 电气火灾和爆炸成因

电气火灾和爆炸在火灾、爆炸事故中占有很大比例。如线路、电动机、开关等电气设备都可能引起火灾。变压器等带油电气设备除可能发生火灾外，还有爆炸的危险。

造成电气火灾与爆炸的原因很多，除设备缺陷、安装不当等设计和施工方面的原因外，电流产生的热量和火花或电弧是引发火灾和爆炸事故的直接原因。

（1）过热　电气设备过热主要是由电流产生的热量造成的。导体的电阻虽然很小，但其电阻总是客观存在的。因此，电流通过导体时要消耗一定的电能，这部分电能转化为热能，使导体温度升高，并使其周围的其他材料受热。对于电动机和变压器等带有铁磁材料的电气设备，除电流通过导体产生的热量外，还有在铁磁材料中产生的热量。因此，这类电气设备的铁心也是一个热源。

当电气设备的绝缘性能降低时，通过绝缘材料的泄漏电流增加，可能导致绝缘材料温度升高。由上面的分析可知，电气设备运行时总是要发热的，但是，设计、施工正确及运行正常的电气设备，其最高温度和其与周围环境温差（即最高温升）都不应超过某一允许范围。

例如：裸导线和塑料绝缘线的最高温度一般不超过 70℃。也就是说，电气设备正常的发热是允许的，但当电气设备的正常运行遭到破坏时，发热量会增加，温度升高，达到一定条件就可能引起火灾。

引起电气设备过热的不正常运行大体包括以下几种情况：

① 短路。发生短路时，线路中的电流增大为正常时的几倍甚至几十倍，使设备温度急剧上升，大大超过允许范围。如果温度达到可燃物的自燃点，即引起燃烧，从而导致火灾。

下面是引起短路的几种常见情况：电气设备的绝缘老化变质，或受到高温、潮湿或腐蚀的作用失去绝缘能力；绝缘导线直接缠绕、勾挂在铁钉或铁丝上时，由于磨损和铁锈蚀，使绝缘破坏；设备安装不当或工作疏忽，使电气设备的绝缘受到机械损伤；由于雷击等过电压的作用，电气设备的绝缘可能遭到击穿；在安装和检修工作中，由于接线和操作的错误等。

② 过载。过载会引起电气设备发热，造成过载的原因大体上有以下两种情况：一是设计时选用的线路或设备不合理，以致在额定负载下产生过热；二是使用不合理，即线路或设备的负载超过额定值，或连续使用时间过长，超过线路或设备的设计能力，由此造成过热。

③ 接触不良。接触部分是发生过热的一个重点部位，易造成局部发热、烧毁。有下列几种情况易引起接触不良：不可拆卸的接头连接不牢、焊接不良或接头处混有杂质，都会增加接触电阻而导致接头过热；可拆卸的接头连接不紧密或由于振动变松，也会导致接头发热；活动触头，如刀开关的触头、插头的触头、灯泡与灯座的接触处等活动触头，如果没有足够的接触压力或接触表面粗糙不平，会导致触头过热；对于铜铝接头，由于铜和铝的电特性不同，接头处易因电解作用而腐蚀，从而导致接头过热。

④ 铁心发热。如果变压器、电动机等设备的铁心绝缘损坏或承受长时间过电压，涡流损耗和磁滞损耗将增加，使设备过热。

⑤ 散热不良。各种电气设备在设计和安装时都要考虑有一定的散热或通风措施，如果这些部分受到破坏，就会造成设备过热。

此外，电炉等直接利用电流的热量进行工作的电气设备，工作温度都比较高，如安置或使用不当，均可能引起火灾。

（2）电火花和电弧　一般电火花的温度都很高，特别是电弧，温度可高达 3000～6000℃，因此，电火花和电弧不仅能引起可燃物燃烧，还能使金属熔化、飞溅，构成危险的火源。在有爆炸危险的驱动场所，电火花和电弧更是引起火灾和爆炸的一个十分危险的因素。

电火花大体包括工作火花和事故火花两类。

工作火花是指电气设备正常工作时或正常操作过程中产生的。如开关或接触器开合时产生的火花、插销拔出或插入时的火花等。

事故火花是线路或设备发生故障时出现的。如发生短路或接地时出现的火花、绝缘损坏时出现的闪光、导线连接松脱时的火花、熔丝熔断时的火花、过电压放电火花、静电火花以及修理工作中错误操作引起的火花等。

此外，还有因碰撞引起的机械性质的火花；灯泡破碎时，炽热的灯丝有类似火花的危险作用。

2. 电气火灾扑救方法

（1）断电灭火　当电气装置或设备发生火灾或引燃附近可燃物时，首先要切断电源。室外高压线路或杆上配电变压器起火时，应立即与供电公司联系切断电源；室内电气装置或设备发生火灾时，应尽快断开开关切断电源，并及时正确选用灭火器进行扑救。

断电灭火时的注意事项：

① 断电时，应按规程所规定的程序进行操作，严禁带负荷拉隔离开关（刀闸）。在火场内的开关和闸刀，由于烟熏火烤，其绝缘可能降低或损坏，因此，操作时应穿戴绝缘手套、绝缘靴，并使用相应电压等级的绝缘工具。

② 紧急切断电源时，切断地点选择要适当，防止切断电源后影响扑救工作的进行。切断带电线路导线时，切断点应选择在电源侧的支持物附近，以防导线断落后触及人身、短路或引起跨步电压触电。切断低压导线时应分相并在不同部位剪断，剪的时候应使用有绝缘手柄的电工钳。

③ 夜间发生电气火灾，切断电源时，应考虑临时照明，以利于扑救。

④ 需要电力部门切断电源时，应迅速用电话联系，说清情况。

（2）带电灭火　发生电气火灾时应首先考虑断电灭火，因为断电后火势可减小下来，同时扑救比较安全。但有时在危急情况下，如果等切断电源后再进行扑救，会延误时机，使火势蔓延，扩大燃烧面积，或者断电会严重影响生产，这时就必须在确保灭火人员安全的情况下，进行带电灭火。带电灭火一般限在 10kV 及以下电气设备上进行。

带电灭火很重要的一条就是正确选用灭火器材。绝对不能使用泡沫灭火剂对有电的设备进行灭火，一定要用不导电的灭火剂灭火，如二氧化碳、四氯化碳、二氟 - 氯 - 溴甲烷（简称“1211”）和化学干粉等灭火剂。

带电灭火时，为防止发生人身触电事故，必须注意以下几点：

① 扑救人员及所使用的灭火器材与带电部分必须保持足够的安全距离，并应戴绝缘手套。

② 不准使用导电灭火剂（如泡沫灭火剂、喷射水流等）对有电设备进行灭火，一定要用不导电的灭火剂灭火。

③ 使用水枪带电灭火时，扑救人员应穿绝缘靴、戴绝缘手套并应将水枪金属喷嘴接地。

④ 在灭火中若电气设备发生故障，如电线断落在地上，局部地区会形成跨步电压，这种情况下扑救人员必须穿绝缘靴。

⑤ 扑救架空线路的火灾时，人体与带电导线之间的仰角不应大于 45°，并应站在线路外侧，以防导线断落触及人体发生触电事故。

（3）充油电气设备火灾扑救　充油电气设备容器外部着火时，可以用二氧化碳、“1211”、干粉、四氯化碳等灭火剂带电灭火。灭火时要保持一定安全距离。用四氯化碳灭火时，灭火人员应站在上风方向，以防灭火时中毒。

如果充油电气设备容器内部着火，应立即切断电源，有事故储油池设备的应立即设法将油放入事故储油池，并用喷雾水灭火，不得已时也可用砂子、泥土灭火；但当盛油桶着火时，则应用浸湿的棉被盖在桶上，使火熄灭，不得将砂子抛入桶内，以免燃油溢出，使火势蔓延。对流散在地上的油火，可用泡沫灭火器扑灭。

（4）旋转电机火灾扑救 发电机、电动机等旋转电机着火时，不能用砂子、干粉、泥土灭火，以免矿物性物质、砂子等落入设备内部，严重损伤电机绝缘，造成严重后果。可使用“1211”、二氧化碳等灭火剂灭火。另外，为防止轴和轴承变形，灭火时可使电机慢慢转动，然后用喷雾水灭火，使其均匀冷却。

（5）电缆火灾扑救 电缆燃烧时会产生有毒气体，如氯化氢、一氧化碳、二氧化碳等。据资料介绍，当氯化氢浓度高于0.1%时，或一氧化碳浓度高于1.3%时，或二氧化碳浓度高于10%时，人体吸入会导致昏迷和死亡。所以电缆火灾扑救时需特别注意防护。

扑救电缆火灾时的注意事项：

① 电缆起火应迅速报警，并尽快将着火电缆退出运行。

② 火灾扑救前，必须先切断着火电缆及相邻电缆的电源。

③ 扑灭电缆燃烧，可使用干粉、二氧化碳、“1211”、“1301”等灭火剂，也可用黄土、干砂或防火包进行覆盖。火势较大时可使用喷雾水扑灭。装有防火门的隧道，应将失火段两端的防火门关闭。有时还可采用向着火隧道、沟道灌水的方法，用水将着火段封住。

④ 进入电缆夹层、隧道、沟道内的灭火人员应佩戴正压式空气呼吸器，以防中毒和窒息。在不能肯定被扑救电缆是否全部停电时，扑救人员应穿绝缘靴、戴绝缘手套。扑救过程中，禁止用手直接接触电缆外皮。

⑤ 在救火过程中需注意防止发生触电、中毒、倒塌、坠落及爆炸等伤害事故。

⑥ 专业消防人员进入现场救火时需向他们交代清楚带电部位、高温部位及高压设备等危险部位情况。

3. 电气火灾预防

（1）电力变压器火灾预防 电力变压器大多是油浸自然冷却式。变压器油闪点（起燃点）一般为140℃左右，并易蒸发和燃烧，同空气混合能构成爆炸性混合物。变压器油中如有杂质，则会降低油的绝缘性能而引起绝缘击穿，在油中发生火花和电弧，引起火灾甚至爆炸事故。因此对变压器油有严格要求，油质应透明纯净，不得含有水分、灰尘、氢气、烃类气体等杂质。对于干式变压器，如果散热不好，就很容易发生火灾。

1）油浸式变压器发生火灾的主要原因：变压器线圈绝缘损坏发生短路、接触不良、铁心过热、油中电弧闪络、外部线路短路。

2）预防措施：

① 保证油箱上防爆管完好。

② 保证变压器装设的保护装置正确、可靠。

③ 变压器的设计安装必须符合相关规定。如变压器室应按一级防火考虑，并有良好通风；变压器应有蓄油坑、储油池；相邻变压器之间需装设隔火墙时一定要装设等。施工安装应严格按规程、规范和设计图样进行精心安装，保证质量。

④ 加强变压器的运行管理和检修工作。

⑤ 可装设离心式水喷雾、“1211”灭火剂组成的固定式灭火装置及其他自动灭火装置。

⑥ 对于干式变压器，通风冷却极为重要，一定要保证干式变压器运行中不能过热，必要时可采取人为降温措施降低干式变压器工作环境温度。

(2) 电动机火灾预防

1) 电动机发生火灾的原因:

① 电动机在运行中，由于线圈发热、机械损伤、通风不良等原因而烤焦或损坏绝缘，使电动机发生短路引起燃烧。

② 电动机因带动负载过大或电源电压降低使电动机转矩减小引起过负荷；电动机运行中电源断相（一相断线）造成电动机转速降低而在其余两相中发生严重过负荷等。电动机长时过负荷会使绝缘老化加速，甚至损坏燃烧。

③ 电动机定子线圈发生相间短路、匝间短路、单相接地短路等故障，使线圈中电流急增，引起过热而使绝缘燃烧。在绝缘损坏处还可能发生对外壳放电而产生电弧和火花，引起绝缘层起火。

④ 电动机轴承内的润滑油量不足或润滑油太脏，会卡住转子使电动机过热，引起绝缘燃烧。

⑤ 电动机拖动的生产机械被卡住，使电动机严重过电流，导致线圈过热而引起火灾。

⑥ 电动机接线端子处接触不好，接触电阻过大，产生高温和火花，引起绝缘或附近的可燃物燃烧。

⑦ 电动机维修不良，通风槽被粉尘或纤维堵塞，热量散不出去，造成线圈过热起火。

2) 预防措施:

① 选择、安装电动机要符合防火安全要求。在潮湿、多粉尘场所应选用封闭型电动机；在干燥清洁场所可选用防护型电动机；在易燃、易爆场所应选用防爆型电动机。

② 电动机应安装在耐火材料的基础上。如安装在可燃物的基础上时，应铺铁板等非燃烧材料使电动机和可燃基础隔开。电动机不能装在可燃结构内。电动机与可燃物应保持一定距离，周围不得堆放杂物。

③ 每台电动机要有独立的操作开关和短路保护、过负荷保护装置。对于容量较大的电动机，在电动机上可装设断相保护或装设指示灯监视电源，防止电动机断相运行。

④ 电动机应经常检查维护，及时清扫，保持清洁；对润滑油要做好监视并及时补充和更换润滑油；要保证电刷完整、压力适宜、接触良好；对电动机运行温度要加强控制，使其不超过规定值。

⑤ 电动机使用完毕应立即切断电动机电源，确保电动机和人身安全。

(3) 电缆火灾事故预防

1) 电缆发生火灾的原因：电缆本身故障引发火灾、电缆外部火灾引燃电缆。

2) 预防措施:

① 保证施工质量，特别是电缆头制作质量一定要严格符合相关规定要求。

② 加强对电缆的运行监视，避免电缆过负荷运行。

③ 定期进行电缆测试，发现不正常应及时处理。

④ 电缆沟、隧道要保持干燥，防止电缆浸水，造成绝缘下降，引起短路。

⑤ 加强电缆回路开关及保护的定期校验和维护，保证动作可靠。

⑥ 电缆敷设时要与热力管道保持足够距离，一般控制电缆不小于0.5m，动力电缆不小于1m。控制电缆与动力电缆应分槽、分层并分开布置，不能层间重叠放置。对不能符合规定的部位，电缆应采取阻燃、隔热措施。

⑦ 定期清扫电缆上所积煤粉，防止积粉自燃而引起电缆着火。

⑧ 安装火灾报警装置及时发现火情，防止电缆着火。

⑨ 采取防火阻燃措施。电缆的防火阻燃措施如下：

将电缆用绝热耐燃物封包起来，当电缆外部着火时，封包体内的电缆被绝热耐燃物隔离而免遭烧毁，如果电缆自身着火，因封包体内缺少氧气而使火自灭，并避免火势蔓延到封包外；将电缆穿过墙壁、竖井的孔洞用耐火材料封堵严密，防止电缆着火时高温烟气扩散蔓延造成火灾面扩大；在电缆表面涂刷防火涂料；用防火包带将电缆需防燃的部位缠包；在电缆层间设置耐热隔火板，防止电缆层间窜燃，扩大火情；在电缆通道设置分段隔墙和防火门，防止电缆窜燃，扩大火情。

⑩ 配备必要的灭火器材和设施。架空电缆着火可用常用的灭火器材进行扑救，但在电缆夹层、竖井、沟道及隧道等处宜装设自动或远控灭火装置，例如“1301”灭火装置、水喷雾灭火装置等。

(4) 室内电气线路火灾预防

1) 电气线路短路引起的火灾预防：

① 线路安装好后要认真严格检查线路敷设质量；测量线路相间绝缘电阻及相对地绝缘电阻（用500V绝缘电阻表测量，绝缘电阻不能小于0.5MΩ）；检查导线及电气器具产品质量，都应符合国家现行技术标准和要求。

② 定期检查测量线路的绝缘状况，及时发现缺陷并进行修理或更换。

③ 线路中保护设备（熔断器、低压断路器等）要选择正确，动作可靠。

2) 电气线路导线过负荷引起的火灾预防：

① 导线的截面积要根据线路最大工作电流正确选择，而且导线质量一定要符合现行国家技术标准。

② 不得在原有的线路中擅自增加用电设备。

③ 经常监视线路运行情况，如发现有严重过负荷现象时，应及时切除部分负荷或加大导线截面积。

④ 线路保护设备应完备，一旦发生严重过负荷或过负荷时间较长而且过负荷电流很大时，应切断电路，避免事故发生。

3) 电气线路连接部分接触电阻过大引起的火灾预防：

① 导线连接以及导线与设备连接必须严格按规范规定进行，必须接触紧密。

② 在管子内配线、槽板内配线等不准有接头。

导线连接要求：连接后的导线电阻与未连接时的导线电阻应一样；导线连接后恢复绝缘的绝缘电阻应与未连接时的绝缘电阻一样；连接后导线的机械强度不能减小到80%以下。

③ 平时运行中监视线路和设备的连接部分，如发现有松动或过热现象应及时处理或更换。

④ 在有电气设备和电气线路的车间等场所，应设置一定数量的灭火器材（例如“1211”灭火器等）。

(5) 电加热设备火灾预防

1) 电加热设备发生火灾的原因：电熨斗、电烙铁、电炉等电加热设备表面温度很高，可达数百度，甚至更高。如果这些设备碰到可燃物，就会很快燃烧起来。这些设备如果电源线过细，运行中电流大大超过导线允许电流，或者不用插头而直接用线头插入插座内，还有插座电路无熔断装置保护等都会因过热而引发火灾事故。

2）预防措施：

① 正在使用的电加热设备必须有人看管，人离开时必须切断电源。

② 电加热设备必须设置在陶瓷、耐火砖等耐热、隔热材料上。使用时应远离易燃和可燃物。

③ 电加热设备在导线绝缘损坏或没有过电流保护（熔断器或低压断路器）时，不得使用。

④ 电源线导线的安全载流量必须满足电加热设备的容量要求。电源插座的额定电流必须满足电加热设备的容量要求。

四、测试与训练

模拟火灾，使用灭火器扑灭火灾。

1. 判别火灾类型

到达现场，迅速判别火灾类型。

2. 选择灭火器

根据火灾类型，正确选择灭火器。

灭火器选用

3. 扑救火灾

正确使用灭火器扑灭火灾。

五、拓展知识

1. 常用灭火器的使用

灭火器是一种可由人力移动的轻便灭火器具，它能在其内部压力作用下，将所充装的灭火剂喷出，用来扑救火灾。

（1）灭火器种类　灭火器种类繁多，其适用范围也有所不同，只有正确选择灭火器，才能有效地扑救不同种类的火灾，达到预期的效果。我国现行的国家标准将灭火器分为手提式灭火器（总重量不大于20kg）和推车式灭火器（总重量不大于40kg）。

灭火器按充装的灭火剂可分为五类：干粉类的灭火器（充装的灭火剂主要有两种，即碳酸氢钠和磷酸铵盐灭火剂）；二氧化碳灭火器；泡沫型灭火器；水型灭火器；卤代烷型灭火器（俗称“1211”灭火器和“1301”灭火器）。

灭火器按驱动灭火器的压力形式可分为三类：化学反应式灭火器（灭火剂由灭火器内化学反应产生的气体压力驱动的灭火器）；贮气式灭火器（灭火剂由灭火器上的贮气瓶释放的压缩气体或液化气体的压力驱动的灭火器）；贮压式灭火器（灭火剂由灭火器同一容器内的压缩气体或灭火蒸气的压力驱动的灭火器）。

（2）常见灭火器的使用

1）常见灭火器标志的识别。

灭火器铭牌常贴在筒身上或印刷在筒身上，并应有下列内容，在使用前应详细阅读。

① 灭火器的名称、型号和灭火剂类型。

② 灭火器的灭火种类和灭火级别。要特别注意的是，对不适应的灭火种类，其用途代码符号是被红线划过去的。

③ 灭火器的使用温度范围。

④ 灭火器驱动器气体名称和数量。

⑤ 灭火器生产许可证编号或认可标记。

⑥ 生产日期、制造厂家名称。

2）常见灭火器的使用方法。

常用的手提式灭火器有三种（见图 1-2-1）：干粉灭火器、二氧化碳灭火器和卤代烷型灭火器。

a) 干粉灭火器　b) 二氧化碳灭火器　c) 卤代烷型灭火器

图 1-2-1　常见手提式灭火器

① 干粉灭火器。

干粉灭火器的使用：将手提式灭火器拿到距火区 3 ~4m 处，拔去保险销，将喷嘴对准火焰根部，手握导杆提环，压下顶针，即喷出干粉，并可从近至远反复横扫。

干粉灭火器的保养：保持干燥、密封，避免暴晒，半年检查一次干粉是否结块，每 3 个月检查一次二氧化碳重量，总有效期一般为 4 ~5 年。

② 二氧化碳灭火器。

二氧化碳灭火器的使用：一手拿喷筒对准着火物，一手拧开梅花轮（手轮式）或一手握紧鸭舌（鸭嘴式），气体即可喷出。注意现场风向，逆风使用时效能低。二氧化碳灭火器一般用在 600V 以下电气装置或设备灭火。电压高于 600V 的电气装置或设备灭火时需停电灭火。二氧化碳灭火器可用于珍贵仪器设备灭火，而且可扑灭油类火灾，但不适用于钾、钠等化学产品的火灾扑救。注意：使用时不可手摸金属枪，不可把喷筒对人。

二氧化碳灭火器的保养：二氧化碳灭火器存放地点温度不可超过 42℃，也不可存放在潮湿地点。每 3 个月要查一次二氧化碳重量，减轻重量不可超过额定总重量的 10%。

③ 卤代烷型灭火器（“1211” 灭火器）。

卤代烷型灭火器的使用：使用手提式 “1211” 灭火器需先拔掉红色保险圈，然后压下把手，灭火剂就能立即喷出。使用推车式灭火器时，需取出喷管，伸展胶管，然后逆时针转动钢瓶手轮，即可喷射。

卤代烷型灭火器的保养：“1211” 灭火器应定期检查，减轻的重量不可超过额定总重量的 10%，定期检查氮气压力，低于 $15kg/cm^2$ 时应充氮。

2. 火灾分类及灭火器的选择

（1）火灾的种类

A 类火灾：指固体物质火灾，如木材、棉、毛、麻、纸张。

B 类火灾：指液体火灾和可熔性的固体物质火灾，如汽油、煤油、原油、甲醇、乙醇、沥青等。

C 类火灾：指气体火灾，如煤气、天然气、甲烷、丙烷、乙炔、氢气。

D 类火灾：指金属火灾，如钾、钠、镁、钛、锆、锂、铝镁合金等燃烧的火灾。

E 类火灾：指电器火灾。

（2）灭火器的选择

① 干粉类的灭火器。灭火剂又分碳酸氢钠和磷酸铵盐。碳酸氢钠灭火剂用于扑救 B、C 类火灾；磷酸铵盐灭火剂用于扑救 A、B、C、E 类火灾。

② 二氧化碳灭火器。用于扑救 B、C、E 类火灾。

③ 泡沫型灭火器。用于扑救 A、B 类火灾。

④ 水型灭火器。用于扑救 A 类火灾。

⑤ 卤代烷型灭火器。扑救 A、B、C、E 类火灾。

六、练习

1. 电气火灾扑救中，断电灭火时有哪些注意事项？
2. 电气火灾扑救中，带电灭火时有哪些注意事项？
3. 常用的电气火灾灭火器材有哪些？如何正确使用？
4. 室内电气线路火灾有哪些预防措施？

项目一习题

一、选择题

1. 对于工作地点狭窄、工作人员活动困难，周围有大面积接地导体或金属构架（如在金属容器内），存在高度触电危险的环境以及特别的场所，则应采用（　　）为安全电压。

A. 36V　　B. 12V　　C. 9V　　D. 24V

2. 潮湿场所内电气设备使用的安全电压为（　　）。

A. 36V　　B. 12V　　C. 9V　　D. 24V

3. （　　）的工频电流通过人体时，就会有生命危险。

A. 0.1mA　　B. 15mA　　C. 50mA　　D. 1mA

4. 当流入人体的电流达到（　　）时就足以使人死亡。

A. 100mA　　B. 1mA　　C. 0.1mA　　D. 15mA

5. 人体的电阻值通常在（　　）之间，不同的人在不同情况下有很大的差异，最小阻值可在 1kΩ 以下。

A. 1～100kΩ　　B. 10～100kΩ　　C. 1～10kΩ　　D. 100～1000kΩ

6. 人体触及一根相线引起的触电称为（　　），此时人体承受相电压。

A. 两相触电　　B. 单相触电

C. 跨步电压触电　　D. 接触电压触电与跨步电压触电

7. （　　）的工频电流通过人体时，人体尚可摆脱，称为摆脱电流。

A. 10mA　　B. 0.1mA　　C. 5mA　　D. 1mA

8. 手持电动工具使用时的安全电压为（　　）。

A. 9V　　B. 24V　　C. 36V　　D. 12V

9. 机床照明、移动行灯等设备使用的安全电压为（　　）。

A. 36V　　B. 24V　　C. 9V　　D. 12V

10. 用试灯检查电枢绕组对地短路故障时，因实验所用为交流电源，从安全考虑应采用（　　）电压。

A. 110V　　B. 380V　　C. 220V　　D. 36V

11. 接地体制作完成后，应将接地体垂直打入土壤中，至少打入（　　）接地体，接地体之间相距 5m。

A. 5 根　　B. 2 根　　C. 4 根　　D. 3 根

12. 接地体制作完成后，在宽 0.5m、深 0.8～1.0m 的沟中将接地体垂直打入土壤中，直至接地体上端与坑沿地面间的距离为（　　）为止。

A. 3m　　B. 0.6m　　C. 2.5m　　D. 1.2m

13. 人体同时触及带电设备及线路的两相导体的触电现象，称为（　　）。

A. 两相触电　　B. 跨步电压触电　　C. 接触电压触电　　D. 单相触电

14. 有统计材料显示从触电后（　　）开始救治者，90%有良好效果。

A. 5min　　B. 10min　　C. 15min　　D. 1min

15. 电气接地和接零技术是防止人身触电和限制事故范围的一种安全措施。接地的种类很多，有工作接地、（　　）、保护接地、屏蔽接地、信号接地及功率接地等。

A. 中性点直接接地　　B. 重复接地

C. 中性点经消弧线圈接地　　D. 中性点接地

16. 输配电系统工作接地线的选用应按下列规定：配电变压器低压侧中性点的接地支线，要用截面积（　　）的裸铜绞线。

A. $35mm^2$　　B. $25mm^2$　　C. $16mm^2$　　D. $10mm^2$

17. 电气设备维修值班一般应有（　　）人以上，尤其是高压设备，不论高压设备带电与否，维修值班人员不得单独移开或越过遮拦进行工作；若有必要移开遮拦，必须有监护人在场。

A. 1　　B. 多人　　C. 2　　D. 3

18. 在施工时设备断开电源，必须将全部设备或部分设备各方面的电源完全断开，工作人员处于停电设备的范围内工作，并与带电部分保持规定的安全距离，电压等级为25～35kV的安全距离为（　　）以上。

A. 3m　　B. 0.6m　　C. 2.5m　　D. 1m

19. 当线路有人员工作时，应该在线路开关和母线侧刀开关的把手上悬挂（　　）标示牌。

A. “禁止合闸，线路有人工作！”　　B. “止步，高压危险！”

C. “禁止合闸，有人工作！”　　D. “禁止合闸，在此工作！”

20. 发射频率为（　　）的电磁波，通常称为射频电磁辐射。

A. $300kHz \sim 3\times10^5MHz$　　B. $100kHz \sim 3\times10^5MHz$

C. $10kHz \sim 3\times10^5MHz$　　D. $1kHz \sim 3\times10^5MHz$

21. 收音机发出的交流声属于（　　）。

A. 气体动力噪声　　B. 电力噪声　　C. 机械噪声　　D. 电磁噪声

22. 与环境污染相关且并称的概念是（　　）。

A. 公害　　B. 电磁噪声污染　　C. 生态破坏　　D. 电磁辐射污染

23. 噪声可分为（　　）、机械噪声和电磁噪声。

A. 水噪声　　B. 电气噪声　　C. 电力噪声　　D. 气体动力噪声

24. 下列污染中不属于公害的是（　　）。

A. 地面沉降　　B. 水土流失　　C. 恶臭　　D. 振动

25. 下列控制声音传播的措施中，（　　）不属于吸声措施。

A. 将多孔海绵板固定在室内　　B. 在室内使用隔声罩

C. 用薄板悬挂在室内　　D. 用微穿孔板悬挂在室内

26. 下列控制声音传播的措施中，（　　）不属于隔声措施。

A. 用多孔海绵板固定在室内　　B. 采用双层窗

C. 在室内采用双层门　　D. 在室内采用多层门

二、判断题

1. 电工必须具有正确的工作态度，工作中应保持清醒的头脑、高度的责任心和警惕性。
( )

2. 可以采用相线的一相和大地直接做零线来安装用电器具。 ( )

3. 雷雨天气，不能靠近高压电杆、高压电塔，以防发生跨步电压触电。万一步入跨步电压区域，千万不可奔跑，应立即用单脚或双脚并拢跳出10m以外。 ( )

4. 220V、380V交流电压引起触电死亡人数占整个触电死亡人数的大多数，50V以下的交流电对人体没有严重威胁，规定为安全电压。 ( )

5. 一般来说，人体对直流电的抵抗能力较交流电高，高频电流对人体的危害较50Hz交流电小，40～60Hz的交流电对人体的危害最大。 ( )

6. 当发现有人触电时，不可惊慌失措，应保持冷静，迅速、安全、正确地进行紧急救护。脱离电源对于减少触电伤亡是行之有效的方法。 ( )

7. 人工呼吸法是帮助触电者恢复呼吸的有效方法，当触电者出现痉挛、呼吸困难，以致完全停止呼吸时，应采用人工呼吸法。 ( )

8. 人工胸外心脏按压法是帮助触电者恢复心跳的有效方法。手掌根部借助身体的重量向下挤压，压陷的深度为3～4cm，挤压出心脏里面的血液。 ( )

9. 在电力系统中，为保证电气设备运行的可靠性将电路中的某一点接地，称为保护接地。 ( )

10. 人工接地体可以用埋设在地下与土壤有紧密接触的金属管道（有可燃或易燃介质的管道除外）、建筑物的金属结构以及埋在地下的电缆金属外皮等。 ( )

11. 允许在地下用铝导体（铝线或铝排）作为接地线或接地极。 ( )

12. 为提高可靠性，垂直的人工接地体不宜少于2根，相互间的距离以2.5～3m为宜，且它们的上端应用扁钢或圆钢连成一个整体。注意在地下的接地体不应涂漆，以免接地电阻过大。( )

13. 电气设备的维修巡视，一般由2人进行。 ( )

14. 临时线放在地面上的部分，应加以可靠保护。如用胶皮线橡套电缆，则应在过路时设有硬质的套管保护，管口要安装护圈，以防止割破电线。 ( )

15. 填用第二种工作票的工作是高压设备上工作需要全部停电、部分停电或装设遮拦的；高压室内的二次接线和照明等回路上的工作，是需要将高压设备停电或采取安全措施的。
( )

16. 对准备施工或检修设备的进出线的各相停电就行，不需要进行校验。 ( )

17. 根据现场工作的实际情况，确定应挂的标示牌的种类，并应该严格执行调度员的命令和工作票上规定的悬挂地点和拆除的手续。 ( )

18. 环境污染和生态污染是一个概念。 ( )

19. 长期在射频电磁辐射作用下的人会出现乏力、记忆力减退及神经衰弱症，出现心悸、心前区疼痛、胸闷、脱发、女性月经紊乱等症状。 ( )

20. 噪声会影响儿童和胎儿的发育，甚至造成畸形。 ( )

21. 只有声源、传播途径和接收者同时存在才能对听者产生干扰。因此，要对噪声进行控制，就必须从控制声源、控制传播途径以及加强个人防护这三方面入手。 ( )

22. 耳塞平均可隔声40dB以上，结构和性能良好的耳罩可隔声60dB左右。 ( )

项目二

直流电路的测试分析

一、学习目标

终极目标：掌握直流电路的基本概念、基本定律和分析方法，掌握基本仪表的使用方法。
促成目标：
1. 掌握直流电路的基本概念。
2. 掌握直流电路的基本原理、基本定律。
3. 会使用电压表、电流表、功率表测量直流电路。

二、工作任务

测量分析直流电路。

模块一 基本物理量的测量

一、学习目标

终极目标：掌握电压、电位、电流、电功率的概念及分析计算方法，会使用电压表、电流表和功率表。
促成目标：
1. 掌握电压、电位、电流、电功率的概念。
2. 掌握电流的测量分析方法。
3. 掌握电压、电位的测量分析方法。
4. 掌握功率的测量、计算方法。

二、工作任务

测量分析直流电路的电流、电压、电位、电功率。

三、理论知识

1. 电路及电路模型

电路是指电流的通路，是由某些设备或元器件为完成某种功能按一定方式组合起来的。

电路的作用有两种：① 实现电能的传输和转换（如常见的照明电路）；②完成信号的传递和处理（如各种电子电路、收音机、电视机等）。

电路的结构和完成的任务是多种多样的，但都包含电源、负载和中间环节三个基本组成部分。其中，电源是将其他形式的能转换成电能的供电设备，例如蓄电池、发电机等；负载是将电能转换成其他形式能的用电设备，如电动机、白炽灯等；中间环节包括连接导线、开关等，起到连接电路、传输电能的作用。

在电工技术的电路原理图中，我们不可能很形象地把每个元件都画出来，只能用一些特定符号来表示它们。

电路元件的模型由一些具有单一物理性质的理想电路元件构成。基本理想电路元件有五种，即电阻元件、电感元件、电容元件、理想电压源和理想电流源。它们都是通过两个连接端子与电路相接，因此又叫二端元件，其符号如图 2-1-1 所示，均由图形符号和文字符号组成。

用直线来代替导线，用理想元件符号来代替元件，从而做出的表示元件之间关系的模型称为电路模型，简称电路，如图 2-1-2 所示。

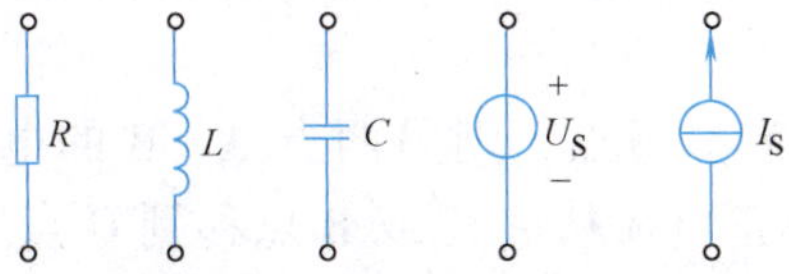

图 2-1-1 理想元件符号

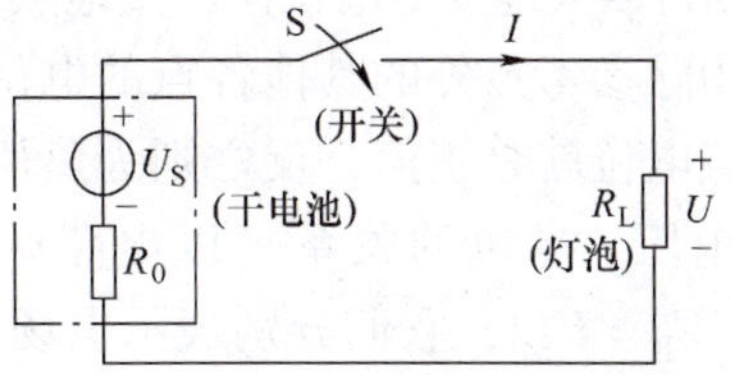

图 2-1-2 电路模型（手电筒电路）

2. 电压

（1）定义 电荷在电场中运动，必定要受到电场力的作用，也就是说电场力对电荷做了功，为了衡量其做功的能力，引入“电压”这一物理量，并定义为：在电场中，电场力把单位正电荷从电路的 A 点移到 B 点所做的功称为 AB 间的电压，用 u_{AB} 表示，即

$$u_{AB} = \frac{dW_{AB}}{dq} \tag{2-1-1}$$

电压的国际单位为伏特，简称伏（V），常用单位还有毫伏（mV）、微伏（μV）、千伏（kV）等。

$$1kV = 10^3 V = 10^6 mV = 10^9 \mu V$$

习惯上把电场力移动正电荷的方向规定为电压的实际方向。

但在实际电路中，常常需要设定电压的参考方向，且规定：当其参考方向与电压的实际方向一致时，电压值为正；当参考方向与电压的实际方向相反时，电压值为负。

（2）电压方向表示方法 在电路中表示电压方向的方法有三种：

第一种方法是参考极性法，即“+”“−”号法，常以“+”号表示电压的参考正极，以“−”号表示电压的参考负极，由“+”指向“−”的方向即为电压的参考方向，如图2-1-3a 所示。

第二种方法是箭头法，其中箭头所指的方向表示电压的参考方向，如图 2-1-3b 所示。

第三种方法是双下标法，第一个下标为电压的参考正极，第二个下标为电压的参考负极，如图 2-1-3c 所示。这三种表示方法实际上是等效的。在分析电路时，任选一种标出即可。

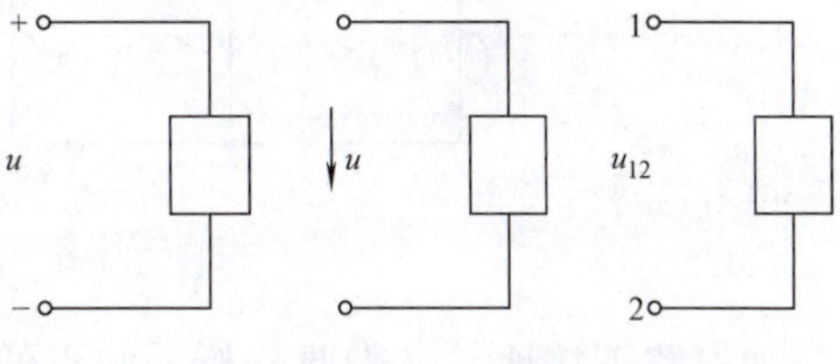

a) 参考极性法 b) 箭头法 c) 双下标法

图 2-1-3 电压的参考方向表示方法

对同一电路，当改变电压的参考方向后，电压的绝对值不变，但正、负号相反，即$u_{12} = -u_{21}$。

3. 电位

(1) 定义　在电路中任选一点 O 为参考点，电场力把单位正电荷从电路中某点（如 A 点）移到参考点 O 所做的功，称为该点（A 点）的电位，用 V_A 表示。根据定义，有

$$V_A = U_{AO} \tag{2-1-2}$$

电路中某点的电位用注有该点字母的“单下标”的电位符号表示，例如 A 点电位就用 V_A 表示。

电位实质上也是电压，其单位也是伏特（V）。

电路参考点本身的电位为零，即 $V_O=0$，所以参考点也称零电位点。若电路是为了安全而接地的，则常以大地为零电位体，接地点就是零电位点，是确定电路中其他各点电位的参考点。

电路中除参考点外的其他各点的电位可能是正值，也可能是负值。某点的电位比参考点高，则该点电位就是正值，反之则为负值。

(2) 电压、电位的关系　以电路中的 O 点为参考点，则另两点 A、B 的电位分别为 $V_A = U_{AO}$，$V_B = U_{BO}$，它们分别表示电场力把单位正电荷从 A 点或 B 点移到 O 点所做的功，那么电场力把单位正电荷从 A 点移到 B 点所做的功即 U_{AB}，就应该等于电场力把单位正电荷从 A 点移到 O 点，再从 O 点移到 B 点所做的功的和，即

$$U_{AB} = U_{AO} + U_{OB} = U_{AO} - U_{BO}$$

即

$$U_{AB} = V_A - V_B \tag{2-1-3}$$

式(2-1-3) 说明，电路中 A 点到 B 点的电压等于 A 点电位与 B 点电位的差，因此，电压又称为电位差。

参考点是可以任意选定的，一经选定，电路中其他各点的电位也就确定了，参考点选择得不同，电路中同一点的电位会随之而变，但任意两点的电位差即电压是不变的。在电路中不指明参考点而谈某点的电位是没有意义的。一个电路系统中只能选一个参考点，至于选哪点为参考点，要根据分析问题的方便而定。

在电子电路中，为了简化电路，常对有一端接地的电源不再画出电源符号，而是用电位值来表示电压的大小和极性。图 2-1-4b 就是图 2-1-4a 的习惯画法。

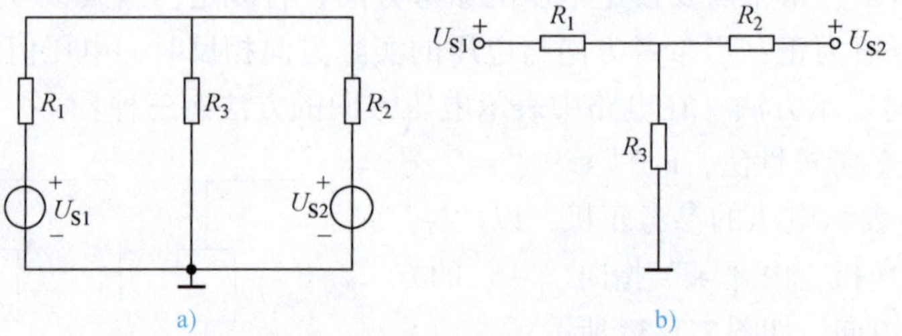

图 2-1-4　电路图的不同表示方法

如电路不接地，又需要分析一些点的电位，可以在电路中任选一点作为参考点。

4. 电流

(1) 定义　电荷的定向移动形成电流，表示电流强弱的物理量就是电流强度。电流强度简称为电流，它是指单位时间内通过导体横截面的电荷量，用 i 表示，即

$$i = \frac{dq}{dt} \tag{2-1-4}$$

在国际单位制（SI）中，电流的单位为安培，简称安（A），常用单位还有毫安（mA）、

微安（μA）、千安（kA）等。在后面的计算中，如无特殊说明，均使用国际单位。

$$1\text{kA} = 10^3\,\text{A} = 10^6\,\text{mA} = 10^9\,\mu\text{A}$$

在电路中，如果电流的大小和方向不随时间变化，则称为恒定电流，简称直流（简写为 DC），习惯上用大写字母 I 表示。如果电流的大小和方向随时间变化，则称为交流电流，简称交流（简写为 AC），习惯上用小写字母 i 表示。

习惯上规定正电荷定向运动的方向为电流的方向。

在实际电路中，电流的实际方向往往难以确定，如交流电路中电流的方向就常常变化，为了解决这个问题，通常先任意假设一个方向为电流的方向，称为电流的参考方向，在电路图中用箭头表示，如图 2-1-5 所示。

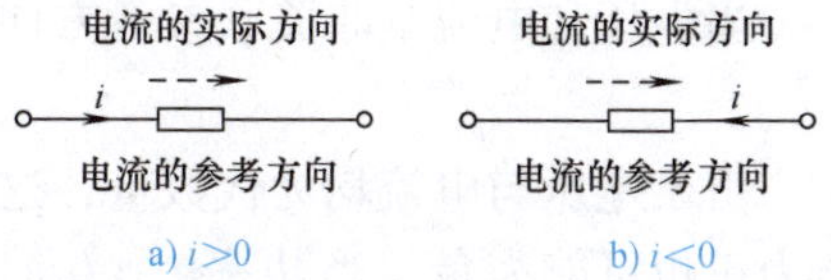

图 2-1-5　电流参考方向和实际方向的关系

若根据电路计算出电流 $i>0$，说明电流的实际方向与参考方向相同，如图 2-1-5a 所示；若电流 $i<0$，说明电流的实际方向与参考方向相反，如图 2-1-5b 所示。这样，利用参考方向和电流的正负值就可判断电流的实际方向。

一般来说，电路图中标注的电流方向都是参考方向，不是实际方向。参考方向可以任意规定，电流的实际方向可结合参考方向下的数值正负来说明。

（2）关联参考方向　对于同一个元件或同一段电路上的电压和电流的参考方向，彼此原是可以独立无关地任意选定的，但为方便起见，习惯上常将电压和电流的参考方向选得一致，即电流从电压的高电位流向低电位，称二者为关联参考方向，否则称为非关联参考方向。为简单明了，一般情况下，只需标出电压或电流中的某一个的参考方向，这就意味着另一个选定的是与之相关联的参考方向。

5. 电动势

电动势是表征电源中外力（又称非静电力）做功能力的物理量，它的大小等于外力克服电场力把单位正电荷从负极搬运到正极所做的功。

电动势的实际方向规定在电源内部从电源的负极指向正极，也就是电位升高的方向（即由低电位端指向高电位端），与电源两端电压方向相反，如图 2-1-6 所示。恒定（直流）电动势用字母 E 表示，其单位也是伏（V）。

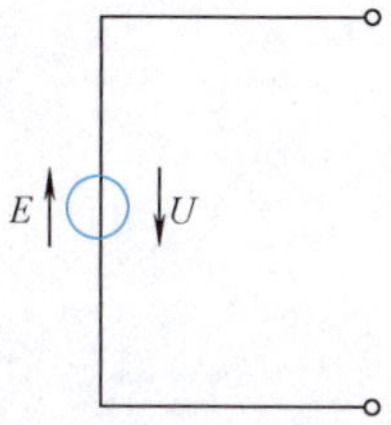

图 2-1-6　电动势和电压的表示方法

6. 电功率

（1）定义　电功率（简称功率）是表征电路元件中能量变换速度的物理量，其值等于单位时间（秒）内元件所发出或接受的电能，用 p 表示，即

$$p = \frac{\mathrm{d}w}{\mathrm{d}t} = \frac{\mathrm{d}w}{\mathrm{d}q}\frac{\mathrm{d}q}{\mathrm{d}t} = ui \tag{2-1-5}$$

在直流电路中，功率可用下式计算

$$P = UI \tag{2-1-6}$$

功率的单位为瓦特，简称瓦（W），常用单位还有千瓦（kW）、毫瓦（mW）。

$$1\text{kW} = 10^3\,\text{W} = 10^6\,\text{mW}$$

（2）功率的计算　如果电流通过一个电路元件时，它将电能转换为其他形式的能量，表明这个元件是吸收电能的。在这种情况下，功率用正值表示，习惯上称该元件是吸收功率的，如照明用的白炽灯。

当电池向小灯泡供电时，电池内部的化学变化形成了电动势，它将化学能转换成电能。显然，电流通过电池时，电池是产生电能的，即向其外部提供电能，这种情况下的功率用负值来表示，并称该元件是发出功率的。

当电压和电流是关联参考方向时，可按式(2-1-6) 计算元件的功率。

当电压和电流是非关联参考方向时，应按式(2-1-7) 计算元件的功率。

$$P = -UI \tag{2-1-7}$$

由于电压与电流均为代数量，这样无论按式(2-1-6) 或按式(2-1-7) 计算出的结果 P 可能为正也可能为负。当功率 $P>0$ 时，表示元件实际消耗或吸收电能，是电阻性元件；当 $P<0$ 时，表示元件实际发出或释放电能，是电源性元件。式(2-1-7) 中的“-”号只是说明 U、I 是非关联参考方向。

不论电压和电流的参考方向是否相同，电阻元件上的功率永远为正值，计算公式为

$$P = I^2R = \frac{U^2}{R} \tag{2-1-8}$$

例 2-1-1 计算图 2-1-7 中各元件的功率，并指出是吸收还是发出功率。

解：在图 2-1-7a、b 中，电压与电流为关联参考方向，由式(2-1-6) 得：

图 2-1-7a 中 $P = UI = 3\times(-2)\text{W} = -6\text{W} < 0$ 发出电能

图 2-1-7b 中 $P = UI = 3\times 0.5\text{W} = 1.5\text{W} > 0$ 消耗电能

在图 2-1-7c、d 中，电压与电流为非关联参考方向，由式(2-1-7) 得：

图 2-1-7c 中 $P = -UI = -5\times(-2)\text{W} = 10\text{W} > 0$ 消耗电能

图 2-1-7d 中 $P = -UI = -10\times 1\text{W} = -10\text{W} < 0$ 发出电能

电阻元件的电压与电流的实际方向总是一致的，其功率总是正值；电源则不然，它的功率可能是负值，也可能是正值，这说明它可能发出电能，也可能吸收电能。

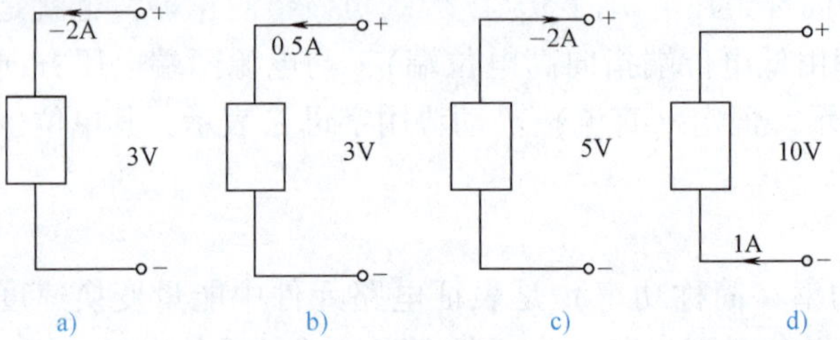

图 2-1-7 例 2-1-1 图

例 2-1-2 图 2-1-8 中的两个元件均为电动势 $E = 10\text{V}$ 的电源，在各自标定的参考方向下，电流 $I = 2\text{A}$，试分别计算它们的功率。

解：计算电源的功率时应该注意，电动势与电压的实际方向相反。因此，当计算电源的功率时，只需考虑电源电压的实际方向（从“+”指向“-”）与流过电源的电流参考方向是否一致。若两者方向一致，则选用式(2-1-6) 计算功率；反之，则选用式(2-1-7)。

图 2-1-8a 中 $P_E = -UI = -10\times 2\text{W} = -20\text{W} < 0$ 发出电能

图 2-1-8b 中 $P_E = UI = 10\times 2\text{W} = 20\text{W} > 0$ 消耗电能

(3) 电气设备的额定值　电气设备不仅规定了额定电流 I_N 值，还根据绝缘材料的击穿电压和使用条件规定了额定电压 U_N 值和额定功率 P_N 值。

例如白炽灯（电灯）、电烙铁、电炉等，通常给出额定电压 U_N 及额定功率 P_N，如“220V、40W”的灯泡，“220V、45W”的电烙铁，“110V、2kW”的电炉等。

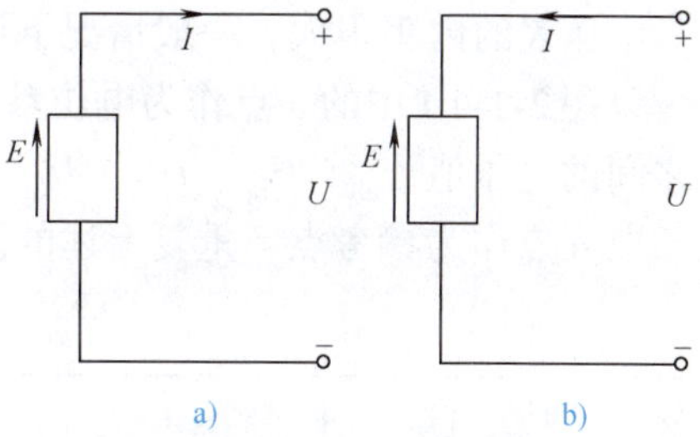

图 2-1-8　例 2-1-2 图

又如变阻器通常标明额定电流 I_N 和额定电阻 R_N（如 300Ω、0.5A）；而电子电路中常用的碳膜电阻与线绕电阻都标明额定电阻及额定功率（如 10kΩ、1W，500Ω、5W 等）。

再如电容器，除了给定其他数据外，还要根据击穿电压进行选择。

虽然上述各种电器所标额定值的形式不同，但实质上完全一样。因为在四个额定值 U_N、I_N、P_N、R_N 中，只要任意给定两个，其余两个就可以推算出来。

四、测试与训练

1. 电流测量

在测量直流电路的电流时，需要将电流表串联接入电路中，如图 2-1-9 所示，让电流从电流表的正极流入、从负极流出，从正极指向负极的这个方向，就是当前电流表所测电流的参考方向。可以看到，图 2-1-9a、b 所测电流的参考方向是不同的。在测量电流时，还需正确估计被测值从而选取电流表的适当量程。电流表的内阻很小，在某些情况下可以忽略不计。

测量图 2-1-10 中各元件上的电流 I_1、I_2、I_3（参考方向按照图中箭头所示），测得的数据记入表 2-1-1 中。

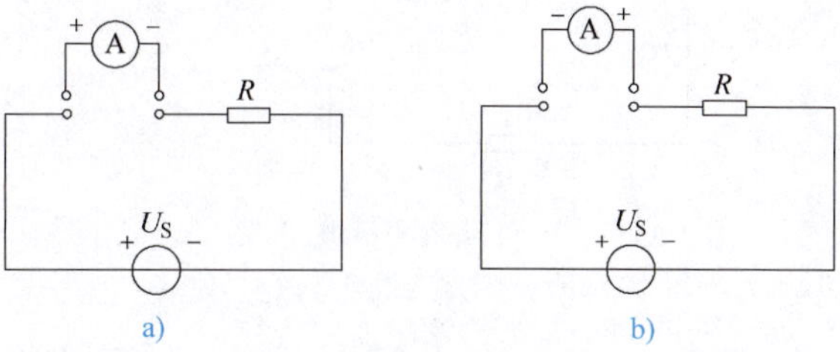

图 2-1-9　直流电流的测量

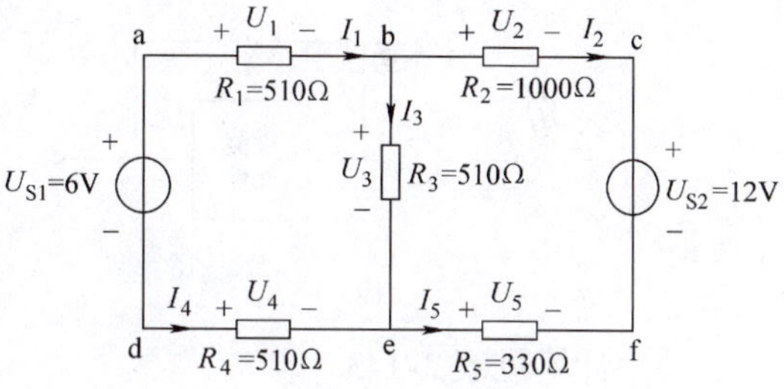

图 2-1-10　实验电路

表 2-1-1　电流的测定

元件电流	I_1（R_1）	I_2（R_2）	I_3（R_3）
测量值/A			

2. 电压、电位测量

在测量直流电路中某个元件两端的电压时，需要将电压表的两极接在待测元件两端，如图 2-1-11 所示，电压表的正极接高电位点、负极接低电位点，此时电压表的正负极即为所测电压的参考方向。测量时还需要准确估计被测值从而选取电压表的适当量程。测量某点电位时，电压表的负极接参考点、正极接待测点。

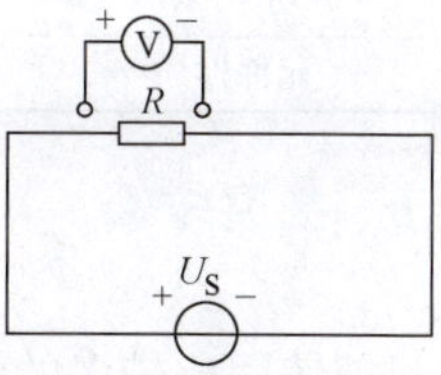

图 2-1-11　直流电压表的使用

电压表的内阻很大，一般情况下可以忽略它对电路的影响。

以图 2-1-10 中的 a 点作为电位参考点，分别测量 b、c、d、e、f 各点的电位值及相邻两点之间的电压值 U_{ab}、U_{bc}、U_{cd}、U_{de}、U_{ef}、U_{fa}，测得的数据记入表 2-1-2 中。

以 d 点作为参考点，重复上述的测量，测得的数据记入表 2-1-2 中。

表 2-1-2　电位、电压的测定

电位参考点	电位、电压	V_a/V	V_b/V	V_c/V	V_d/V	V_e/V	V_f/V	U_{ab}/V	U_{bc}/V	U_{cd}/V	U_{de}/V	U_{ef}/V	U_{fa}/V
a	计算值												
	测量值												
	相对误差												
d	计算值												
	测量值												
	相对误差												

根据实验数据分析电压与电位的关系。

3. 电功率测量

使用一个电流表和一个电压表就能测量并计算出电路元件的功率，具体电路如图 2-1-12 所示。其中电流表与被测元件串联，电压表与被测元件并联，则被测元件的功率为两表读数的乘积。用此方法，测量图 2-1-13 所示电路中各元件的功率，判断元件性质。图中 $U_{S1}=12V$，$U_{S2}=6V$，$R_1=10k\Omega$，$R_2=20k\Omega$。

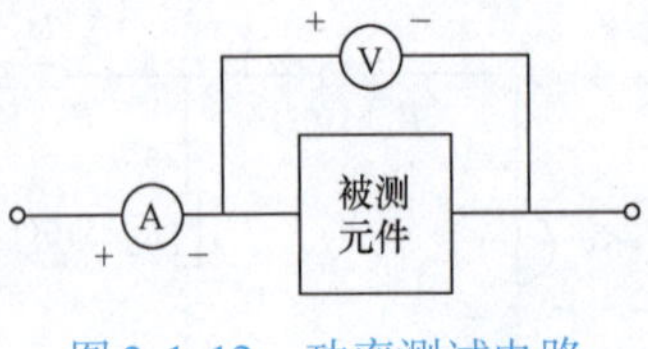

图 2-1-12　功率测试电路

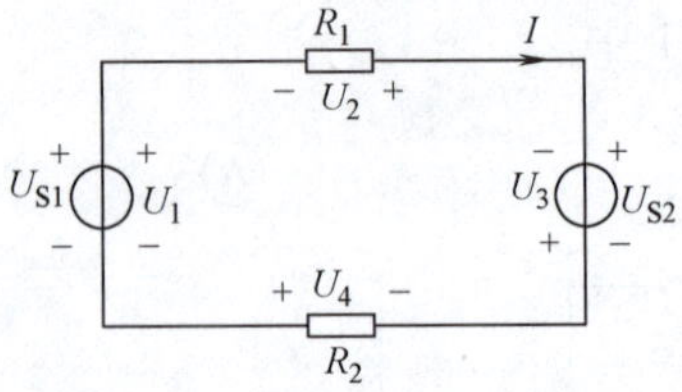

图 2-1-13　元件功率测量电路

功率计算见表 2-1-3。

表 2-1-3　功率计算

测量项目	测量元件			
	U_{S1}	U_{S2}	R_1	R_2
电压/V				
电流/A				
功率/W				
元件性质				

五、拓展知识

电工实验台简介

目前使用比较多的电工实验室是 DGJ－2 型通用电工实验装置，该设备是根据我国目前“电工技术”“电工学”教学大纲和实验大纲的要求设计的，全

电工实验台的认识

套设备能满足“电工技术”“电工学”课程的实验要求。

本装置是由实验屏、实验桌和若干实验组件挂箱等组成，外形如图 2-1-14 所示。

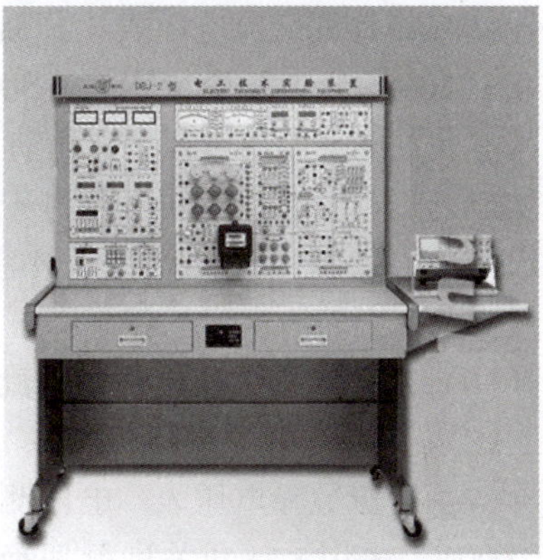

图 2-1-14 DGJ－2 型通用电工实验装置

实验屏面板上固定安装了交流电源的起动控制装置、三相电源电压指示切换装置、低压直流稳压电源、恒流源、受控源、定时兼报警记录仪和各类测量仪表等。

(1) 交流电源的启动

① 实验屏的左后侧有一根三相四芯电源线，接好机壳的接地线，然后将三相四芯插头接通三相 380V 交流电源。

② 将置于左侧面的三相自耦调压器的旋转手柄按逆时针方向旋到零位。

③ 将三相电压表指示切换开关置于左侧（三相电源输入电压）。

电工实验台的开启与关闭

④ 开启钥匙式三相电源总开关，停止按钮灯亮（红色），三只电压表（0～450V）指示了输入的三相电源线电压值。

⑤ 按下启动按钮（绿色），红色按钮灯灭，绿色按钮灯亮，同时可听到屏内交流接触器的瞬间吸合声，面板上 U1、V1 和 W1 上的黄、绿、红三个 LED 指示灯亮。至此，实验屏启动完毕，此时，实验屏左侧面单相二芯 220V 电源插座和三相四芯 380V 电源插座处以及右侧面的单相三芯 220V 电源插座处均有相应的交流电压输出。

(2) 三相可调交流电源输出电压的调节

① 将三相“电源指示切换”开关置于右侧（三相调压输出），三只电压表指针回到零位。

② 按顺时针方向缓缓旋转三相自耦调压器的旋转手柄，三只电压表将随之偏转，即指示出屏上三相可调电压输出端 U、V、W 两两之间的线电压值，直至调节到某实验内容所需的电压值。实验完毕，将旋柄调回零位，并将“电压指示切换”开关拨至左侧。

(3) 用于照明和实验的荧光灯的使用　本实验屏上有两个 30W 荧光灯，分别供照明和实验使用。照明用的荧光灯管通过手动开关进行切换，当开关拨至上方时，荧光灯亮；当开关拨至下方时，荧光灯灭。

(4) 低压直流稳压、恒流电源输出与调节

1) 开启直流稳压电源带灯开关，两路输出插孔均有电压输出。

① 将“电压指示切换”开关拨至左侧，直流指针式电压表（量程为 30V）指示出 U_A 的电压值；将此开关拨至右侧，则电压表指示出 U_B 的电压值。

② 调节“输出粗调”波段开关和“输出细调”电位器旋钮，可平滑地调节输出电压，调节范围为 0～30V，(分三档量程切换)，额定电流为 0.5A。

③ 两路输出均设有软截止保护功能。

2) 恒流源的输出与调节。将负载接至“恒流输出”两端，开启恒流源开关，指针式毫安表即指示输出恒电流之值，调节“输出粗调”波段开关和“输出细调”电位器旋钮，可在三个量程段（满度为 2mA、20mA 和 200mA）连续调节输出的恒流电流值。

本恒流源虽有开路保护功能，但不应长期处于输出开路状态。

(5) 指针式交流电压表　开启电源总开关，本单元即可进入正常测量。测量电压范围为0~450V，分为五个量程档：30V、75V、150V、300V、450V，采用琴键开关进行切换。在与本装置配套使用过程中，所有量程档均有超量程保护和告警、并使控制屏上接触器跳闸的功能，此时，本单元的红色告警灯点亮，实验屏上的蜂鸣器同时告警。在按过本单元的“复位”键后，蜂鸣告警停止，本单元的告警指示灯熄灭，电压表即可恢复测量功能。如要继续实验，则需再次启动控制屏。

(6) 指针式交流电流表　电流测量范围为0~5A，分为四个量程档：0.25A、1A、2.5A和5A，采用琴键开关进行切换。

(7) 直流数显电压表　电压测量范围为0~1000V，分为四个量程档：2V、20V、200V和1000V，采用琴键开关进行切换，三位半数码管显示，输入阻抗为10MΩ，测量精度为0.5级，有过电压保护功能。

(8) 直流数显毫安表　电流测量范围为0~200mA，分为三个量程档：2mA、20mA和200mA，用琴键开关切换，三位半数码管显示，测量精度为0.5级，有过电流保护功能。

(9) 直流数显安培表　电流测量范围为0~5A，三位半数码显示，测量精度为0.5级，有过电流保护功能。

(10) 受控源CCVS（电流控制电压源）和VCCS（电压控制电流源）　开启带灯电源开关，CCVS、VCCS即可工作，通过适当的连接（见实验指导书）可获得VCVS（电压控制电压源）和CCCS（电流控制电流源）的功能。

此外，还输出±12V两路直流稳定电压，并有发光二极管指示。

(11) DGJ-03电工基础实验挂箱　该实验挂箱可以提供叠加定理、戴维南定理、双口网络电路、谐振电路、选频电路及一阶电路、二阶电路实验。

实验器件齐全，实验电路完整清晰，各实验单元隔离分明。在需要测量电流的支路上均设有电流插座。

(12) DGJ-04交流电路实验挂箱　该实验挂箱可以提供单相电源、三相电源、荧光灯、变压器、互感器、电能表等实验所需的器件。

灯组负载为三个各自独立的白炽灯组，可连接成Y或△两种三相负载电路，每个灯组设有三个并联的白炽灯螺口灯座（每个灯组均设有三个开关，控制三个并联支路的通断），可安装60W以下的白炽灯9只，各灯组均设有电流插座；荧光灯实验器件有30W镇流器、4.7μF电容器、辉光启动器插座等；铁心变压器1只，50V·A、220V/36V，一、二次侧均设有电流插座；互感器，实验时临时挂上，两个空心线圈L1、L2装在滑动架上，可调节两个线圈间的距离，可将小线圈放到大线圈内，并附有大、小铁棒各1根及非导磁铝棒1根；电能表1只，规格为220V、3/6A，实验时临时挂上，其电源线、负载进线均已接在电能表接线架的空心接线柱上，以便接线。

(13) DGJ-05元件挂箱　该挂箱提供实验所需各种外接元器件（如电阻器、二极管、发光管、稳压二极管、电容器、电位器及12V灯泡等），还提供十进制可变电阻箱，输出阻值为0~99999.9Ω/1W。

(14) DGJ-07单相智能功率、功率因数表

1) 按接线原理图接好线路。

2) 接通电源，或按“复位”键后，面板上各LED数码管将循环显示“P”，表示测试

系统已准备就绪，进入初始状态。

3）面板上五只按键，在实际测试过程中只用到“功能”“确认”“复位”三个键。

①“功能”键：是仪表测试与显示功能的选择键。若连续按动该键7次，则5只LED数码管将显示7种不同的功能指示符号，7个功能符分述见表2-1-4。

表2-1-4　单相智能功率、功率因数表

次数	1	2	3	4	5	6	7
显示	P.	COS.	FUC.	CCP.	dA. CO.	dSPLA.	PC.
含义	功率	功率因数及负载性质	被测信号频率	被测信号周期	数据记录	数据查询	升级后使用

②“确认”键：在选定上述前6个功能之一后，按一下“确认”键，该组显示器将切换显示该功能下的测试结果数据。

③“复位”键：在任何状态下，只要按一下此键，系统便恢复到初始状态。

4）具体操作过程如下：

接好线路→开机（或按“复位”键）→选定功能（前四个功能之一）→按“确认”键→待显示的数据稳定后，读取数据（功率单位为W；频率单位为Hz；周期单位为ms）。

选定“dA. CO.”功能→按“确认”键→显示1（表示第一组数据已经储存完毕）。如重复上述操作，显示器将顺序显示2、3、…、E、F，表示共记录并储存了15组测量数据。

选定“dSPLA.”功能→按“确认”键→显示最后一组储存的功率值→再按“确认”键，显示最后一组储存的功率因数值及负载性质（闪动位表示储存数据的组别；第二位显示负载性质，C表示容性，L表示感性；后三位为功率因数值）→再按“确认”键→显示倒数第二组的功率值（显示顺序为从第F组到第一组）。可见，在需要查询结果数据时，每组数据需分别按动两次“确认”键，以分别显示功率和功率因数值及负载性质。

六、练习

1. 如图2-1-15所示，$V_A=-5V$，$V_B=8V$，$V_C=11V$，求U_{AC}、U_{AB}、U_{BC}、U_{BD}。若将C点作为参考点，求V_A、V_B、V_C、V_D、U_{AC}、U_{AB}、U_{BC}、U_{BD}。

2. 如图2-1-16所示，$I=2A$，$U_1=10V$，$U_2=-12V$，$U_3=5V$，$U_4=-15V$，电压、电流参考方向如图中所示。求各元件功率，并说明是吸收功率还是发出功率。

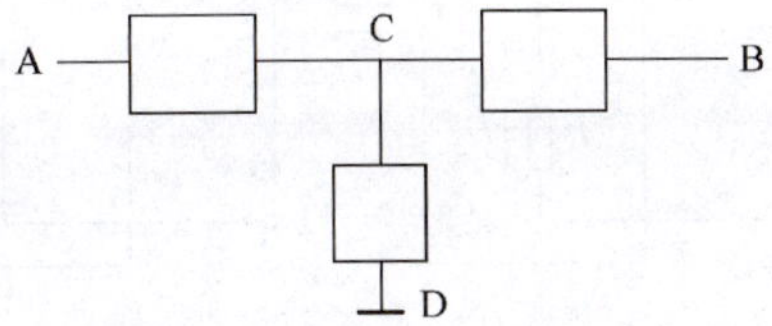

图2-1-15　练习1图

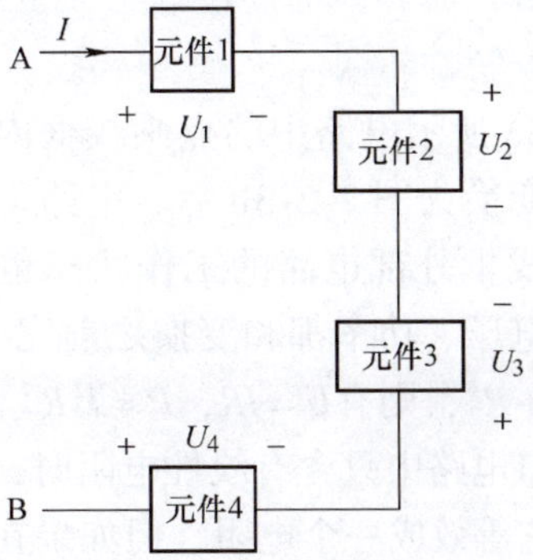

图2-1-16　练习2图

模块二 二端网络伏安特性分析

一、学习目标

终极目标：掌握电阻串并联电路特点及欧姆定律，会分析二端网络伏安特性。

促成目标：

1. 了解二端网络及其等效概念。
2. 掌握串联电路、并联电路的特点。
3. 掌握欧姆定律，会分析电路状态。
4. 了解混联电路化简方法，会计算等效电阻。

二、工作任务

1. 测量分析无源二端网络伏安特性。
2. 测量分析有源二端网络伏安特性。

三、理论知识

1. 二端网络及其等效

（1）二端网络　任何一个具有两个端口与外电路相连接的网络，不管其内部结构如何，都称为二端网络，也称为一端口网络。图 2-2-1a、b 所示的两个网络都是二端网络。

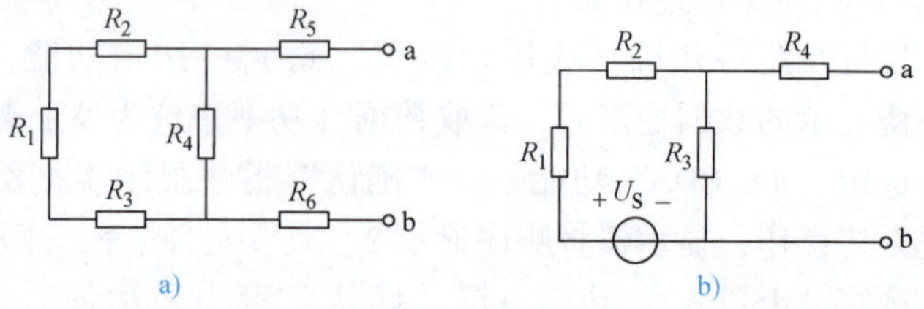

图 2-2-1　二端网络

根据网络内部是否含有独立电源，二端网络又可以分为有源二端网络和无源二端网络。图 2-2-1a 是无源二端网络，也可表示为图 2-2-2a；图 2-2-1b 是有源二端网络，也可表示为 2-2-2b。

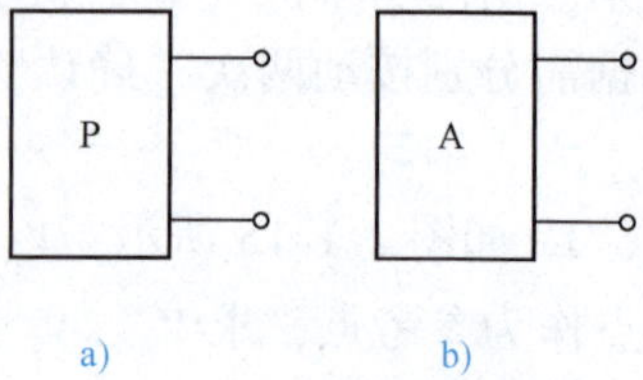

图 2-2-2　无源二端网络与有源二端网络

（2）二端网络的伏安特性及其等效　二端网络端口的电压与电流之间的关系称为这个二端网络的伏安特性。

在电路分析中，“等效”是一个非常重要的概念。所谓等效，就是效果相等，也就是电路的工作状态不变，或者就是端口的伏安特性相同。

图 2-2-3a 所示电路中的点画线框内电阻的串联电路，变换为图 2-2-3b 后，电路得到了简化，而点画线框外部电路的工作状态也没有改变，电流、电压、功率都和变换之前完全相同。只要 $R=R_1+R_2$，则有 $U=IR$，$P=I^2R$。

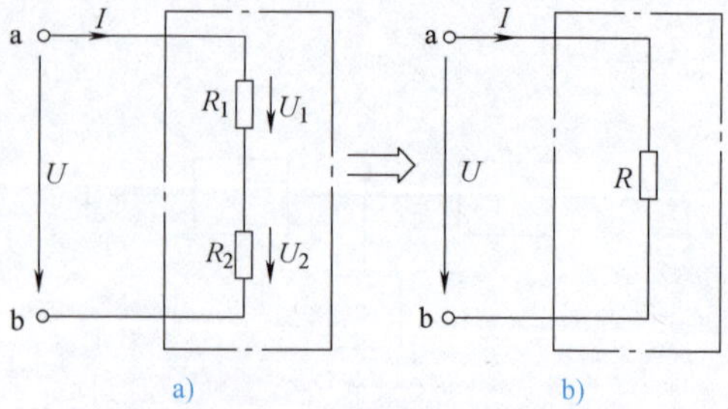

图 2-2-3　两个电阻串联的等效变换

当一端口电路中只含有线性电阻时，我们知道，可以将它等效成一个电阻，但如果在这样的一端口电路中不仅含有电阻，还含有电源的话，它是否可以等效成简单电路？如何等效呢？

2. 欧姆定律

(1) 部分电路的欧姆定律 电阻元件上的欧姆定律是用来说明导体伏安特性的重要定律。当导体温度不变时，导体中的电流 I 与导体两端的电压 U 成正比，电流的方向是由高电位端流向低电位端，这就是欧姆定律。即：

1) 当 U、I 的参考方向一致时，如图 2-2-4a 所示，欧姆定律可表示为

$$U = IR \tag{2-2-1}$$

2) 当 U、I 的参考方向相反时，如图 2-2-4b 所示，欧姆定律可表示为

$$U = -IR \tag{2-2-2}$$

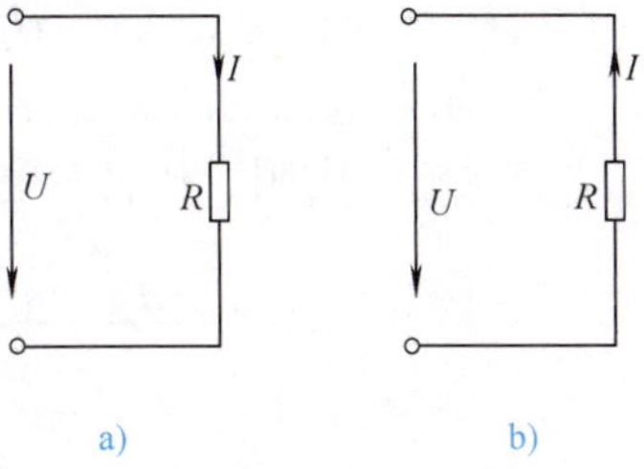

图 2-2-4 电阻元件的欧姆定律

注意：上面公式中的正负号是根据电压和电流的参考方向得出的。此外，电压和电流本身还有正值和负值之分。

R 为导体两端电压 U 与导体中的电流 I 的比值，叫作导体的电阻，即

$$R = \frac{U}{I} \tag{2-2-3}$$

电阻的单位为欧姆，简称欧（Ω），常用单位还有千欧（kΩ）、兆欧（MΩ）。

$$1\text{M}\Omega = 10^3\text{k}\Omega = 10^6\Omega$$

电阻反映了导体对电流的阻碍作用。式(2-2-3) 还可写为

$$I = \frac{U}{R} = GU \tag{2-2-4}$$

式中，G 为导体的电导，它反映导体对电流的导通作用，电导的单位为西［门子］(S)。如果导体两端的电压为1V，通过的电流为1A，则该导体的电导为1S，或其电阻为1Ω。电阻表示导体对电流的阻碍作用，电导则说明导体的导电能力，分别反映了导体特性的两个方面。显然，同一导体的电阻与电导互为倒数，即

$$G = \frac{1}{R} \text{或} R = \frac{1}{G} \tag{2-2-5}$$

式(2-2-3) 所表示的电阻元件的电流与电压的正比关系，是通过实验得出的。我们可测量电阻两端的电压值和流过电阻的电流值，并将它们对应的点在坐标系中绘制出来，得到的就是一条通过坐标原点的直线，如图 2-2-5 所示。因此，遵循欧姆定律的电阻称为线性电阻，它表示该段电路特性是与电压和电流无关的常数。图 2-2-5 所示的直线称为线性电阻的伏安特性曲线。

例 2-2-1 计算图 2-2-6 所示电路的 U_{ao}、U_{bo}、U_{co}，已知 $I_1 = 2\text{A}$、$I_2 = -4\text{A}$、$I_3 = -2\text{A}$；$R_1 = 3\Omega$，$R_2 = 3\Omega$，$R_3 = 2\Omega$。

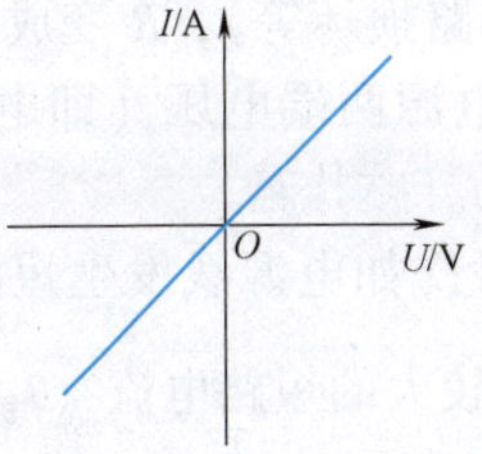

图 2-2-5 线性电阻的伏安特性

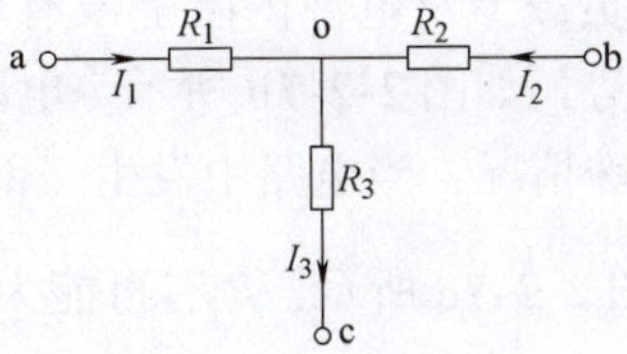

图 2-2-6 例 2-2-1 图

解：R_1、R_2的电压、电流是关联参考方向，故用式(2-2-1)计算电压，即

$$U_{ao}=I_1R_1=2\times3\text{V}=6\text{V}$$

$$U_{bo}=I_2R_2=(-4)\times3\text{V}=-12\text{V}$$

R_3的电压、电流是非关联参考方向，故用式(2-2-2)计算电压，即

$$U_{co}=-I_3R_3=-(-2)\times2\text{V}=4\text{V}$$

(2) 闭合电路的欧姆定律　图2-2-7a是一个简单的闭合电路，其中，E表示电源电动势，r表示电源内阻，R表示电源外接负载。

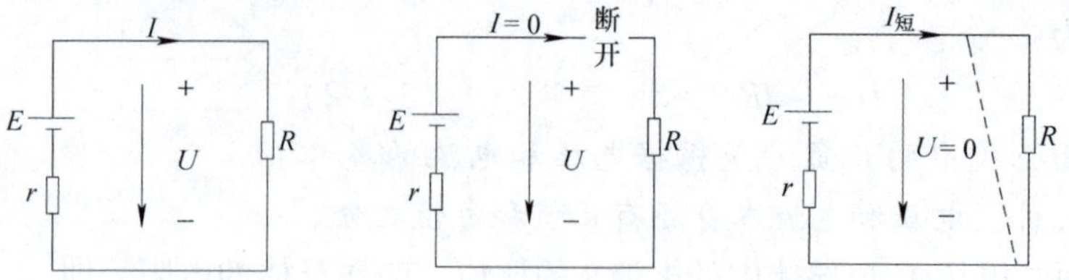

a) 通路　　b) 开路　　c) 短路

图2-2-7　电路的三种状态

电路正常工作时，电路中电流为$I=\dfrac{E}{R+r}$，负载两端电压为$U=IR=E-Ir$。此时称电路处于通路状态，或负载运行。

电源电动势是不随电路负载的变化而变化的，但负载得到的电压即负载端电压却受到负载的影响，随负载阻值的变化而变化。负载R阻值增大，电路电流$I=\dfrac{E}{R+r}$减小，则负载端电压$U=IR=E-Ir$随之增大；反之，R减小，I增大，U随之减小。

负载上消耗的功率随着负载电阻R的变化而变化。负载R上消耗的功率为

$$P=I^2R=\left(\frac{E}{R+r}\right)^2R=\frac{E^2}{(R+r)^2}R$$

将公式变形为

$$P=\frac{E^2}{(R-r)^2+4Rr}R$$

从计算公式可以看出，当$R=r$时，负载消耗的功率有最大值，即

$$P_{max}=\frac{E^2}{4r} \qquad (2\text{-}2\text{-}6)$$

这就是最大功率传递定理，即当负载电阻与电源内阻相等时（称为“阻抗匹配”），负载上得到的功率最大。$R=r$是负载获得最大功率的条件。

特殊情况下，当电路中某处断开时（如开关打开、线路损坏等），R变成无穷大，电路中电流$I=0$，负载上及电源内阻上没有电压产生，此时电源两端电压（即电源开路电压）等于电源电动势，如图2-2-7b所示。电路的这种状态称为开路状态。

另一种特殊情况，当电路中发生一部分或全部短接时（如电源线发生短路、负载发生短路等），如图2-2-7c所示，R有可能为零，电路中产生较大的短路电流（$I_{短}=\dfrac{E}{r}$，r通常很小，因此短路电流很大），有可能因电流过大而损坏电源等设备，甚至会发生火灾，电路

的这种状态称为短路。短路在实际生产、生活中要极力避免，同时，电路中应接入熔断器等保护设备，以便在发生短路时迅速切断电路，避免事故扩大。

3. 电阻的串联

(1) 定义　几个电阻一个接一个地串接起来，中间没有分支，这种连接方式称为电阻的串联，图2-2-8a所示为3个电阻的串联电路。

(2) 串联电路的特点

① 通过各电阻的电流为同一电流，因此各电阻中的电流相等。

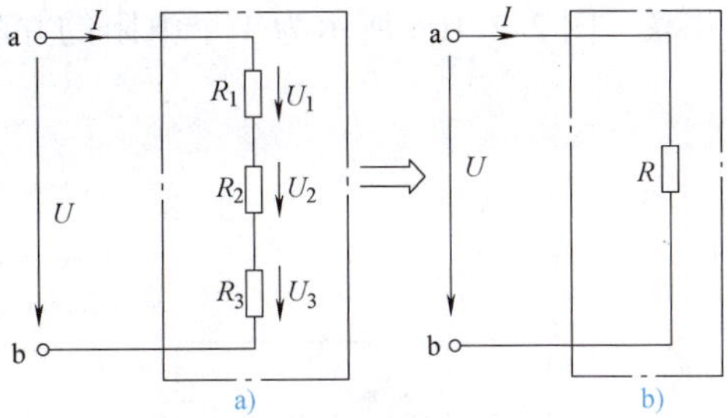

图 2-2-8　串联电阻的等效变换

② 外加电压等于各个电阻上的电压之和，即

$$U = U_1 + U_2 + U_3 = IR_1 + IR_2 + IR_3 = I(R_1 + R_2 + R_3) = IR$$

式中，U_1、U_2、U_3代表各个电阻上的电压。

从式中可以看出，电阻串联时，电阻值越大，电阻上分配的电压越高，即串联电路电压分配与阻值成正比。当只有两个电阻 R_1、R_2串联时，各电阻上电压分别为

$$U_1 = IR_1 = \frac{U}{R_1 + R_2}R_1 = \frac{R_1}{R_1 + R_2}U$$

$$U_2 = IR_2 = \frac{U}{R_1 + R_2}R_2 = \frac{R_2}{R_1 + R_2}U \qquad (2\text{-}2\text{-}7)$$

这就是两个电阻串联的电压分配公式。

③ 电源供给的功率等于各电阻上消耗的功率之和，即

$$P = UI = U_1 I + U_2 I + U_3 I = I^2 R_1 + I^2 R_2 + I^2 R_3 = P_1 + P_2 + P_3 \qquad (2\text{-}2\text{-}8)$$

由此可以看出各电阻上得到的功率与阻值成正比。

④ 串联电路的等效电阻等于各串联电阻之和。

根据 $U = U_1 + U_2 + U_3 = IR_1 + IR_2 + IR_3 = I\ (R_1 + R_2 + R_3)\ = IR$，可得 $R = R_1 + R_2 + R_3$。由此可以看出几个电阻的串联电路可以用一个等效电阻来替代，这个等效电阻等于各个电阻之和，如图2-2-8b所示。

几个电阻串联后的等效电阻比每一个串联电阻都大，端口a、b间的电压一定时，串联电阻越多，电流越小，所以串联电阻可以“限流”。

例2-2-2　假设有一个表头，表头内阻 $R_g = 1000\Omega$，满偏电流 $I_g = 100\mu A$，如图2-2-9所示。要把它改装成量程是3V的电压表，应该串联多大的电阻？

解：电表指针偏转到满刻度时它两端的电压为

$$U_g = I_g R_g = 100 \times 10^{-6} \times 1000V = 0.1V$$

这是它能承担的最大电压。现在要让它测量最大为3V的电压，则串联分压电阻 R 必须分担2.9V的电压。在串联电路中有

$$\frac{U_g}{R_g} = \frac{U_R}{R}$$

则

$$R = \frac{U_R}{U_g}R_g = \frac{2.9}{0.1} \times 1000\Omega = 29k\Omega$$

可见，串联29kΩ的分压电阻后，就把这个表头改装成了量程为3V的电压表。

4. 电阻的并联

(1) 定义　将几个电阻的一端连在一起，另一端也连在一起，这种连接方式称为电阻的并联，图 2-2-10a 所示为 3 个电阻的并联电路。

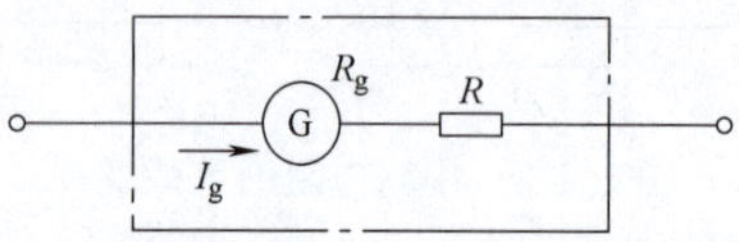

图 2-2-9　例 2-2-2 图

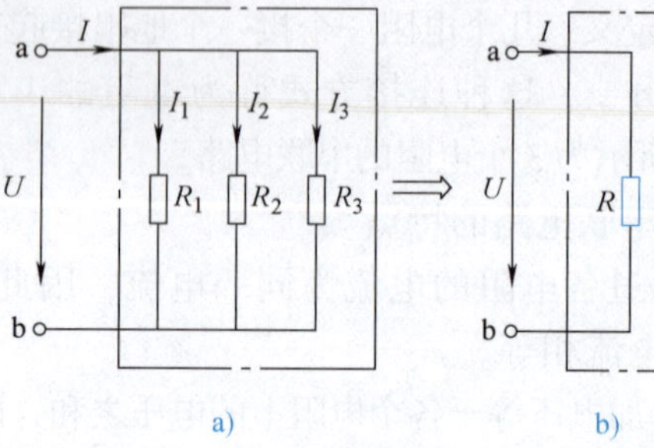

图 2-2-10　并联电阻的等效变换

(2) 并联电路的特点

① 加在各电阻两端的电压为同一电压，因此各电阻上的电压相等。

② 外加总电流等于各电阻中的电流之和，即

$$I = I_1 + I_2 + I_3 = \frac{U}{R_1} + \frac{U}{R_2} + \frac{U}{R_3} = U\left(\frac{1}{R_1} + \frac{1}{R_2} + \frac{1}{R_3}\right) = U\frac{1}{R}$$

式中，I_1、I_2、I_3代表各电阻中流过的电流。

从式中可以看出，电阻并联时，电阻值越大，电阻上电流越小，即并联电路电流分配与电阻值成反比。当只有两个电阻 R_1、R_2并联时，各电阻上电流分别为

$$I_1 = \frac{U}{R_1} = \frac{1}{R_1} \times \frac{1}{\frac{1}{R_1} + \frac{1}{R_2}} I = \frac{R_2}{R_1 + R_2} I$$

$$I_2 = \frac{U}{R_2} = \frac{1}{R_2} \times \frac{1}{\frac{1}{R_1} + \frac{1}{R_2}} I = \frac{R_1}{R_1 + R_2} I \tag{2-2-9}$$

这就是两个电阻并联的分流公式。

③ 电源供给的功率等于各电阻上消耗的功率之和。即

$$P = UI = UI_1 + UI_2 + UI_3 = P_1 + P_2 + P_3 = \frac{U^2}{R_1} + \frac{U^2}{R_2} + \frac{U^2}{R_3} = \frac{U^2}{R}$$

从式中可以看出，电阻并联时，电阻值越大，电阻的功率越小，即并联电路的功率分配与电阻成反比。

④ 电阻并联电路的等效电阻的倒数等于各并联电阻倒数之和。

从 $I = I_1 + I_2 + I_3 = \frac{U}{R_1} + \frac{U}{R_2} + \frac{U}{R_3} = U\left(\frac{1}{R_1} + \frac{1}{R_2} + \frac{1}{R_3}\right) = U\frac{1}{R}$可以得到

$$\frac{1}{R} = \frac{1}{R_1} + \frac{1}{R_2} + \frac{1}{R_3} \tag{2-2-10}$$

电阻的倒数又称为电导 G，所以也可以用等效电导来表示，其表达式为

$$G = G_1 + G_2 + G_3 \tag{2-2-11}$$

即电阻并联时的等效电导等于各电导之和。

几个电阻并联后的等效电阻比每一个电阻都小，端口 a、b 间的电压一定时，并联电阻越多，总的电阻就越小，电源提供的电流就越大，功率也越大。

当只有两个电阻并联时，$\frac{1}{R}=\frac{1}{R_1}+\frac{1}{R_2}$，所以等效电阻为 $R=\frac{R_1R_2}{R_1+R_2}$。

例 2-2-3 如图 2-2-11a 所示是某 500 型万用表的直流电流档电路的一部分，表头满偏电流 $I_g=40\mu A$、内阻 $R_g=18k\Omega$。欲使量程扩大为 1mA、10mA、100mA。试计算分流电阻 R_1、R_2 及 R_3。

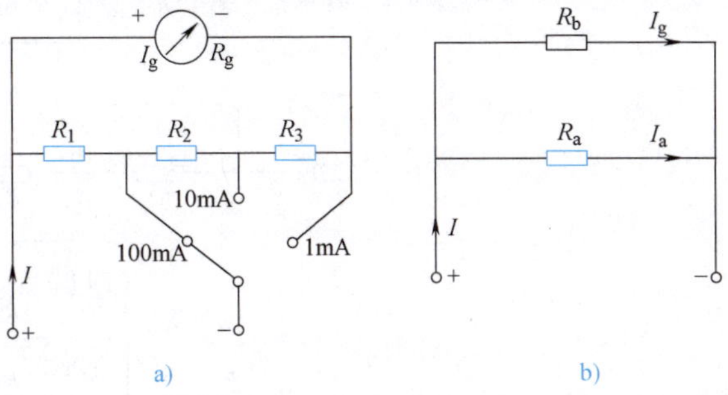

图 2-2-11 某 500 型万用表的直流电流档电路及其电路模型

解：万用表直流电流档的电路模型如图 2-2-11b 所示，即等效为两个电阻 R_a、R_b 并联的形式。则按照并联电路的分流公式可得

$$I_a=I-I_g=\frac{R_b}{R_a+R_b}I$$

当电流表工作在 1mA 量程时：$I=1mA$，$R_b=R_g=18k\Omega$，$R_a=R_1+R_2+R_3$

代入上述分流公式可得 $R_a=R_1+R_2+R_3=0.75k\Omega$

所以 $R_a+R_b=R_g+R_1+R_2+R_3=18.75k\Omega$

当电流表工作在 10mA 量程时：$I=10mA$，$R_b=R_g+R_3$，$R_a=R_1+R_2$

代入分流公式可得 $R_b=R_g+R_3=18.675k\Omega$

则 $R_3=R_b-R_g=0.675k\Omega$

当电流表工作在 100mA 量程时：$I=100mA$，$R_b=R_g+R_2+R_3$，$R_a=R_1$

代入分流公式可得 $R_b=R_g+R_2+R_3=18.7425k\Omega$

则 $R_2=R_b-R_g-R_3=0.0675k\Omega$

因为 $R_1+R_2+R_3=0.75k\Omega$ 所以 $R_1=0.75k\Omega-R_2-R_3=0.0075k\Omega$

5. 电阻的混联

电路中既有电阻的串联又有电阻的并联，这样的电路称为电阻混联电路。

对于混联电路，只要按照电阻串联、并联的计算方法，逐步将电路化简，最后就可求出等效电阻。对于难以一下子看清楚串并联关系的混联电路，可以采用“等电位点法”画出等效电路，再利用电阻串并联的方法求等效电阻。

例 2-2-4 电路如图 2-2-12 所示，$R=10\Omega$，求等效电阻 R_{ab}。

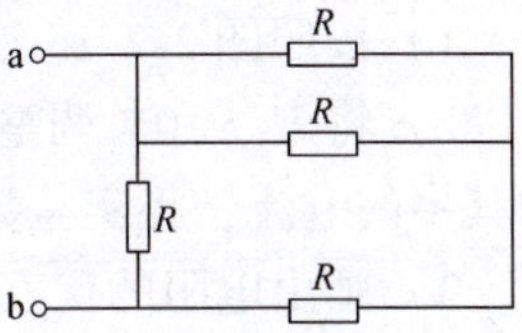

图 2-2-12 电阻混联

解：从图中可以看出明显的电阻串并联关系，因此采用逐步化简的方法可以求出等效电阻。原图等效为图 2-2-13：

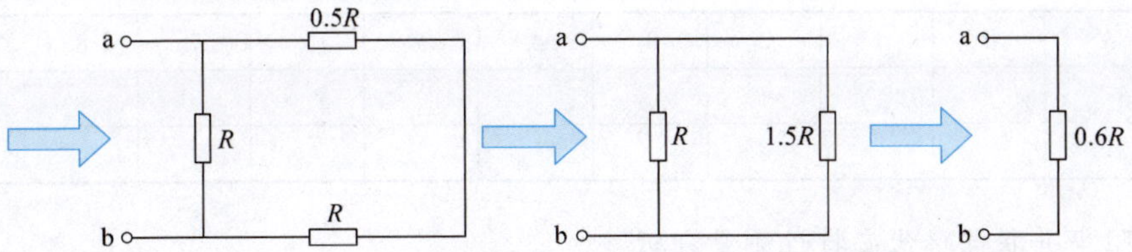

图 2-2-13 等效电路图

所以，$R_{ab}=0.6R=6\Omega$。

例 2-2-5 电路如图 2-2-14a 所示，$R_1=5\Omega$，$R_2=3\Omega$，$R_3=2\Omega$，$R_4=6\Omega$，求等效电阻 R_{ab}。

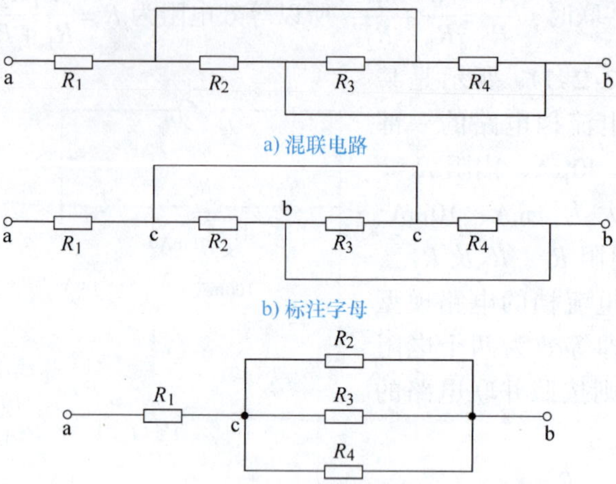

a) 混联电路

b) 标注字母

c) 将电阻放入相应位置

图 2-2-14 例 2-2-5 图

解： 该图难以一下子看出电阻串并联关系，可采用“等电位点法”分析计算等效电阻。

(1) 在原图上各电阻的连接点上标注字母，电位相等的点标注同一个字母（这就是“等电位点”的来历），如图 2-2-14b 所示。

(2) 在一条直线上将标注的字母依次排列，将电阻填入相应的字母之间，得到串并联关系很明显的电路，如图 2-2-14c 所示。

(3) 根据电阻串并联关系，逐步化简电路，求出等效电阻。

从图 2-2-14c 中可以看出，R_2、R_3、R_4并联后与 R_1 串联，所以等效电阻为

$$R_{ab}=R_1+\frac{1}{\frac{1}{R_2}+\frac{1}{R_3}+\frac{1}{R_4}}=6\Omega$$

四、测试与训练

1. 单电阻电路伏安特性测量分析

1）按照图 2-2-15 连接电路，电阻 R 为 1000Ω。

2）将 U_S从 0V 调整至 10V，测量电阻两端的电压和其中的电流，将实验数据记入表 2-2-1 中。

3）画出电阻的伏安特性曲线。

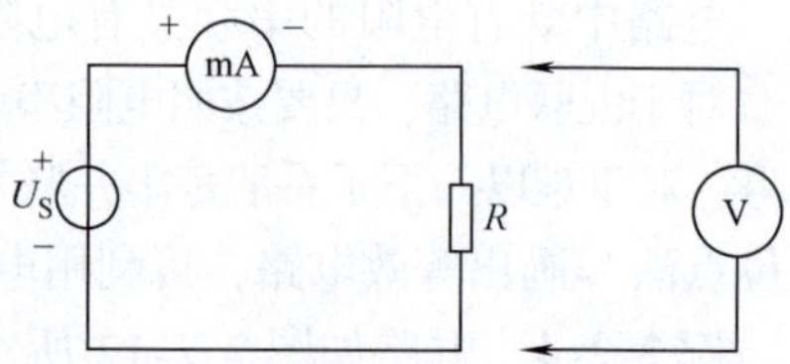

图 2-2-15 单电阻伏安特性的测量

表 2-2-1 电阻伏安特性测试

电源电压/V	0	1	2	3	4	5	6	7	8	9	10
电流/mA											
电压/V											

2. 电阻串并联电路伏安特性测量分析

1）按照图 2-2-16 连接 3 个二端网络。

2）将图 2-2-16a 与图 2-2-16b 连成回路，测量 R_1、R_2 中的电流和它们两端的电压；将图 2-2-16a 与图 2-2-16c连成回路，测量 R_1、R_2中的电流和它们两端的电压。

3）在表 2-2-2 中记录实验数据，总结两种连接方式的特点。

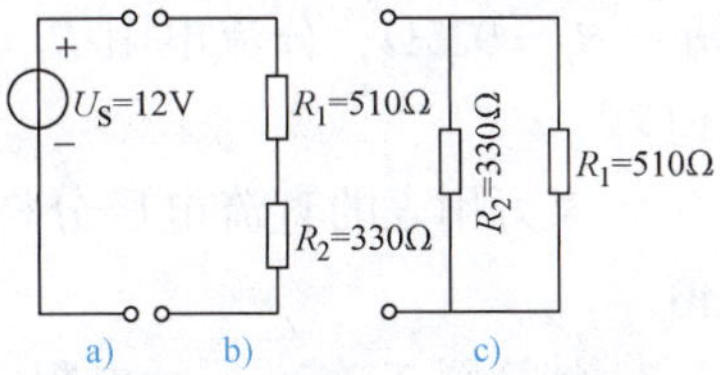

图 2-2-16　电阻串并联伏安特性

表 2-2-2　电阻串并联伏安特性测试

串联电路		
测量项目	R_1	R_2
电流/A		
电压/V		
并联电路		
测量项目	R_1	R_2
电流/A		
电压/V		

五、拓展知识

电阻星形联结、三角形联结及其等效变换

三个电阻一端连接在一起，另外三个端分别与外电路相连，这种连接方法称为星形联结，如图 2-2-17a 所示。三个电阻依次两两相连，连接点与外电路相连，这种连接方法称为三角形联结，如图 2-2-17b 所示。

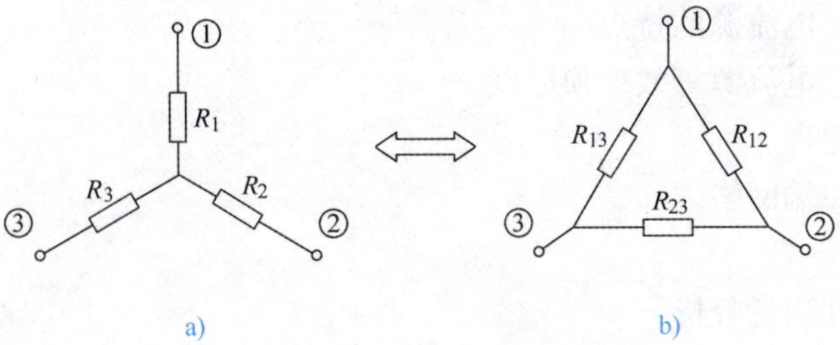

图 2-2-17　电阻的星三角变换

两种连接方法等效变换的公式如下：

$$
\begin{cases}
R_1 = \dfrac{R_{13}R_{12}}{R_{13}+R_{12}+R_{23}} \\
R_2 = \dfrac{R_{12}R_{23}}{R_{13}+R_{12}+R_{23}} \\
R_3 = \dfrac{R_{13}R_{23}}{R_{13}+R_{12}+R_{23}}
\end{cases}
\qquad
\begin{cases}
R_{12} = \dfrac{R_1R_2+R_2R_3+R_3R_1}{R_3} \\
R_{23} = \dfrac{R_1R_2+R_2R_3+R_3R_1}{R_1} \\
R_{13} = \dfrac{R_1R_2+R_2R_3+R_3R_1}{R_2}
\end{cases}
\tag{2-2-12}
$$

六、练习

1. 某万用表的表头满刻度电流 $I_b=1\text{mA}$，内阻 $R_b=65\Omega$。某测电流档的电路如图 2-2-18

所示，$R_d=925\Omega$，分流电阻 $R_f=10\Omega$。求这一档的电流量程（即表头指满刻度时图中 I 的数值）。

2. 某万用表的直流电压分档如图 2-2-19 所示，试计算各电压档的电阻 R_1、R_2 和 R_3 的数值。

3. 计算图 2-2-20 所示电阻电路的等效电阻。

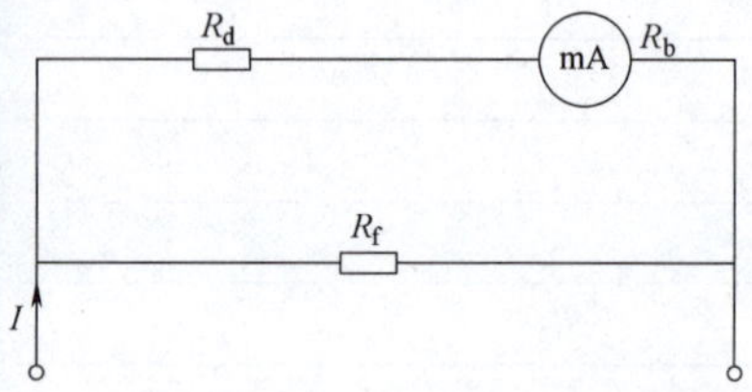

图 2-2-18　练习 1 图

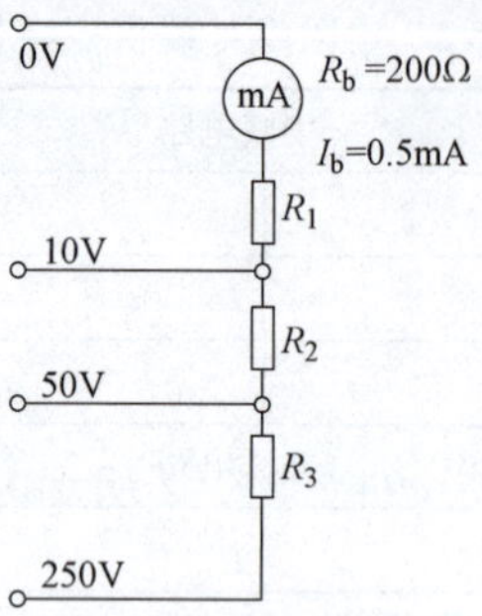

图 2-2-19　练习 2 图

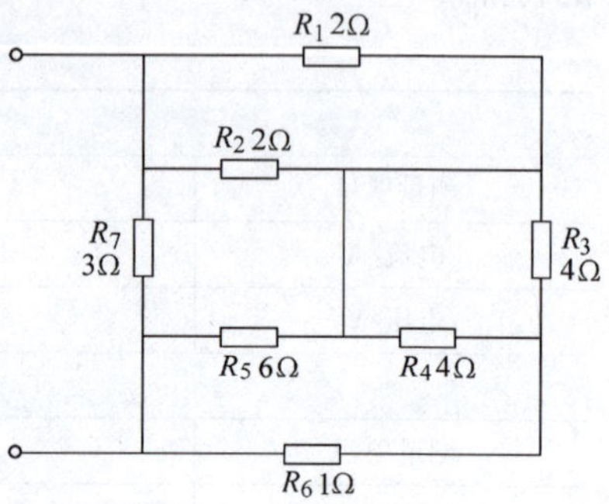

图 2-2-20　练习 3 图

模块三　有源二端网络的化简分析

一、学习目标

终极目标：掌握电源变换原则、戴维南定理，会化简有源二端网络。

促成目标：

1. 掌握电压源、电流源的特点。
2. 掌握电压源、电流源等效变换原则。
3. 掌握戴维南定理。
4. 会化简有源二端网络。

二、工作任务

1. 电源伏安特性测量分析。
2. 电压源、电流源等效变换测量分析。
3. 应用戴维南定理分析有源二端网络。

三、理论知识

1. 电压源

常用的电池、发电机和各种信号源都可近似看作电压源，它们由理想电压源 U_S 和内阻 R_0 串联组成，电压源表示为图 2-3-1 中点画线框内的电路。图中，U 是电源端电压，R_L 是负载电阻，I 是负载电流。根据图 2-3-1 所示电路，可得出

$$U=U_S-R_0I \tag{2-3-1}$$

由此可作出电压源的外特性曲线，如图 2-3-2 所示。当电压源开路时，$I=0$，$U=U_S$；当短路时，$U=0$，$I=\dfrac{U_S}{R_0}$，内阻 R_0 越小，则直线越平坦。

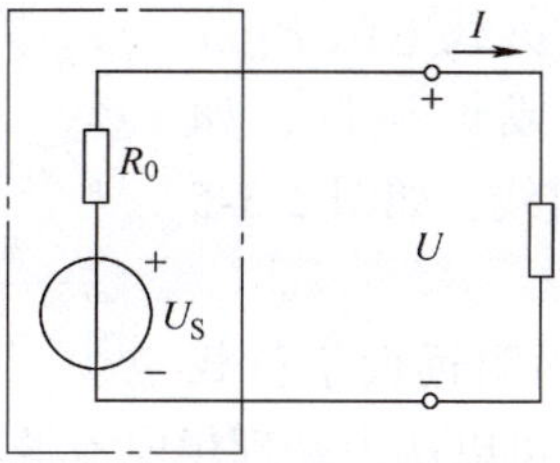

图 2-3-1 电压源

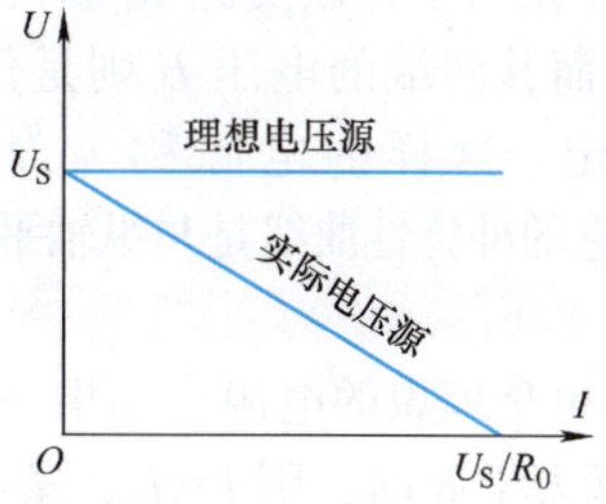

图 2-3-2 电压源外特性曲线

当 $R_0=0$ 时，端电压 U 恒等于 U_S，是一定值，而其中的电流 I 则是任意的，是由外电路（负载电阻 R_L）和 U_S 决定的。这样的电源称为理想电压源或恒压源，其符号及电路如图 2-3-3 所示。它的外特性曲线是与横轴平行的一条直线，如图 2-3-2 所示。

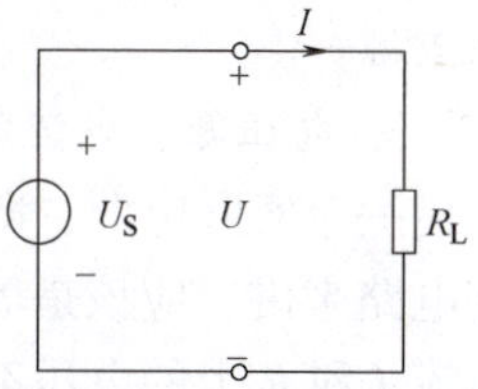

图 2-3-3 理想电压源

理想电压源是理想的电源。如果一个电源的内阻远小于负载电阻，即 R_0 远小于 R_L，则内阻压降 R_0I 远小于 U_S，于是 $U\approx U_S$，基本上恒定，可以认为是理想电压源。通常用的稳压电源也可认为是一个理想电压源。

2. 电流源

实际电源除用理想电压源 U_S 和内阻 R_0 串联组成的电路模型来表示外，还可以用另一种电路模型来表示。

如将式(2-3-1) 两端除以 R_0，则得

$$\frac{U}{R_0}=\frac{U_S}{R_0}-I=I_S-I$$

即

$$I_S=\frac{U}{R_0}+I \tag{2-3-2}$$

式中，I_S 为电源的短路电流，$I_S=\frac{U_S}{R_0}$；I 为负载电流；$\frac{U}{R_0}$ 是引出的另一个电流。如图 2-3-4 点画线框内电路所示。这就是用电流来表示的实际电源的电路模型，即电流源，两条支路并联，其中电流分别为 I_S 和 $\frac{U}{R_0}$。对负载电阻 R_L，与图 2-3-1 是一样的，其上电压 U 和通过的电流 I 未有改变。

由式(2-3-2) 可作出电流源的外特性曲线，如图 2-3-5 所示。当电流源开路时，$I=0$，$U=I_SR_0$；当短路时，$U=0$，$I=I_S$。内阻 R_0 越大，则直线越陡。

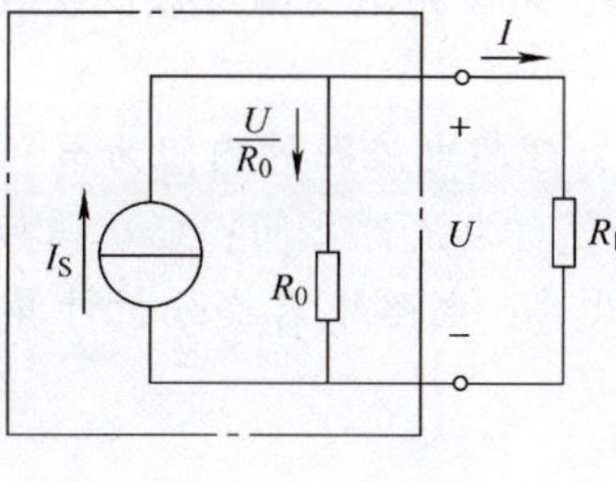

图 2-3-4 电流源

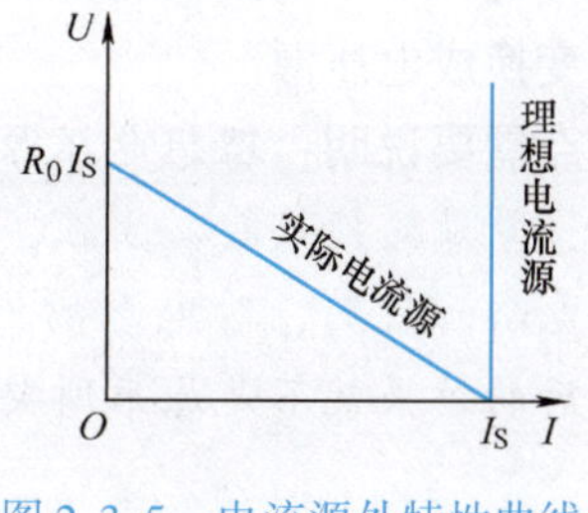

图 2-3-5 电流源外特性曲线

当 $R_0=\infty$（相当于并联支路 R_0 断开）时，电流 I 恒等于电流 I_S，是一定值，而其两端的电压 U 则是任意的，由负载电阻 R_L 及电流 I_S 本身确定。这样的电源称为理想电流源或恒流源，如图2-3-6所示。它的外特性曲线是与纵轴平行的一条直线，如图2-3-5所示。

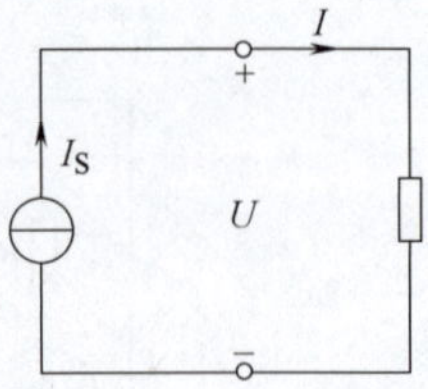

图 2-3-6　理想电流源

理想电流源也是理想的电源。如果一个电源的内阻远大于负载电阻，即 R_0 远远大于 R 时，则 $I\approx I_S$，基本上恒定，可以认为是理想电流源。

结论：实际电源模型可以用实际电压源或实际电流源表示。理想电压源可以看成是内阻等于零（$R_0\approx 0$）的实际电压源；理想电流源可以看成是内阻等于无穷大（$R_0\approx\infty$）的实际电流源。

3. 电压源、电流源等效变换条件

一个实际电源，既可以用电压源来表示，也可以用电流源来表示。因此，这两种电源对外电路来讲，应该是等效的，也就是说当接上任一负载 R（其值可以为 $0\sim\infty$）时，R 中的电流 I 和 R 上的电压都应该是相等的。

一个实际电源的两种电路模型如图 2-3-7 所示。

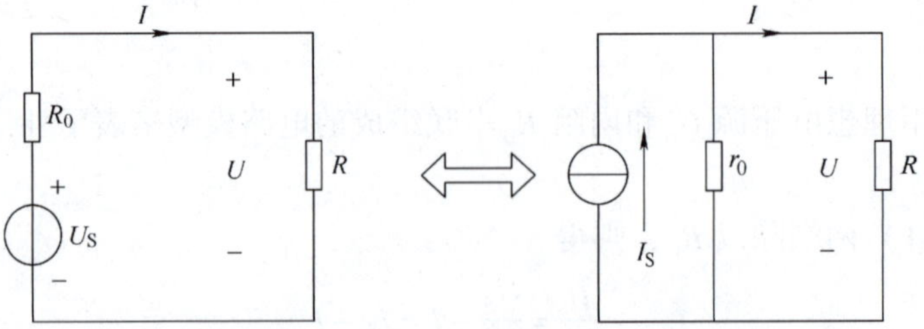

a) 电压源　　b) 电流源

图 2-3-7　电压源与电流源的等效变换

氮化镓电源

对于电压源，有

$$I=\frac{U}{R}=\frac{U_S-U}{R_0}=\frac{U_S}{R_0}-\frac{U}{R_0}$$

对于电流源，有

$$I=\frac{U}{R}=I_S-\frac{U}{r_0}$$

当两个电源等效时，有

$$\left.\begin{aligned}I_S&=\frac{U_S}{R_0}\\ r_0&=R_0\end{aligned}\right\}\qquad(2\text{-}3\text{-}3)$$

这就是两种电源等效变换的条件。根据该条件，可以将电压源等效变换成电流源，也可将电流源等效变换成电压源。

另外有几点需要说明：理想电压源的内阻为0，理想电流源的内阻为∞，它们之间不能进行等效变换，等效变换只能发生在实际电压源与实际电流源之间；电压源与电流源的等效关系只是对外电路而言的，对电源的内部是不等效的；电路中需要分析计算的支路不能变换，否则变换后的结果就不是原来所要计算的值。

4. 戴维南定理

任何一个有源二端网络，对外电路来说，可以用一个电压源来等效代替，该电压源的电动势等于二端网络的开路电压，电压源的内阻等于二端网络的全部独立电源置零后的等效电阻，这就是戴维南定理。

根据戴维南定理可以对任意一个有源二端网络进行化简，给分析问题带来方便。尤其是在复杂电路中，当只研究其中一条支路的电压或电流时，可以将除这条支路以外的其他部分等效成一个简单的电压源，由于是等效，虽然整体看来电路发生了变化，但对于待研究的支路来说，其两端的电压和电流关系是保持不变的，所以等效后，只要将该支路放在等效电源上研究就可以。

应用戴维南定理的关键是正确求解二端网络的开路电压 U_{OC} 和等效电阻 R_{eq}。下面举例说明如何应用戴维南定理。

例 2-3-1 如图 2-3-8a 所示电路，已知 $U_S=12V$，$R_1=R_2=R_4=5\Omega$，$R_3=10\Omega$，电路中间支路为一只检流计，其电阻 $R_G=10\Omega$。试求检流计中的电流 I_G。

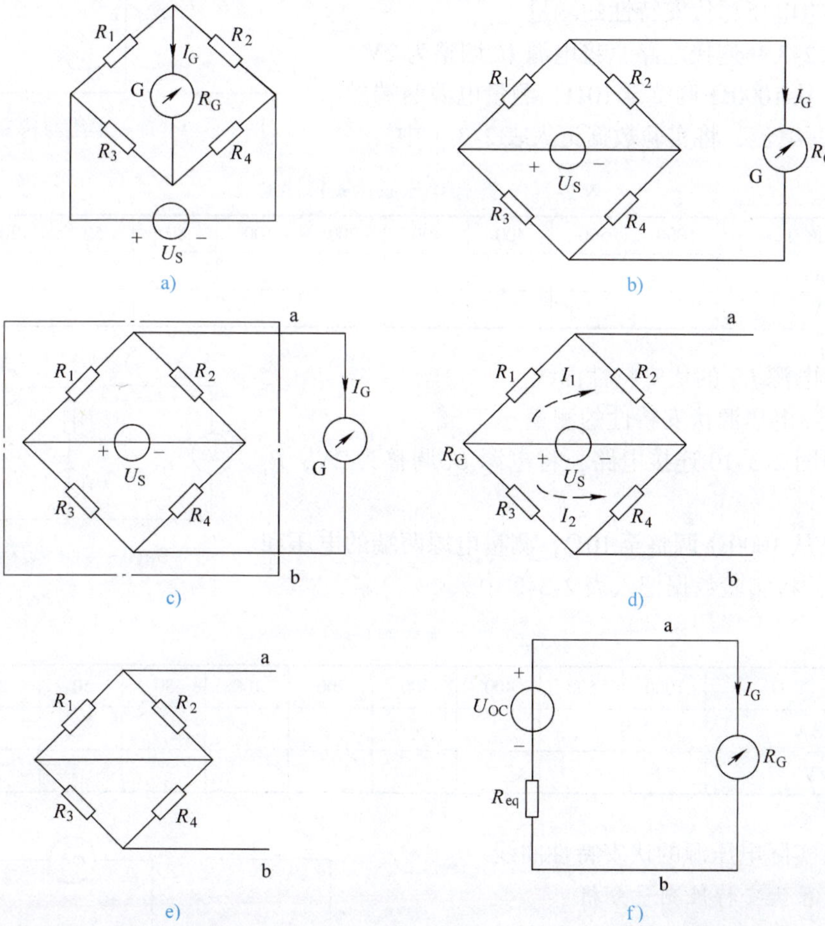

图 2-3-8 电桥电路

解：将电路整理成图 2-3-8b 所示。

(1) 将电路分成待求支路和有源二端网络两部分，如图 2-3-8c 所示。

（2）把待求支路移开，求有源二端网络的开路电压 U_{OC}，如图 2-3-8d 所示。

$$I_1=\frac{U_S}{R_1+R_2}=\frac{12}{5+5}\text{A}=1.2\text{A}\quad I_2=\frac{U_S}{R_3+R_4}=\frac{12}{10+5}\text{A}=0.8\text{A}$$

所以

$$U_{OC}=I_1R_2-I_2R_4=5\times1.2\text{V}-5\times0.8\text{V}=2\text{V}$$

（3）将有源二端网络内电源去除（电压源短路、电流源开路，保留其内阻），求等效电阻 R_{eq}，如图 2-3-8e 所示。

$$R_{eq}=\frac{R_1R_2}{R_1+R_2}+\frac{R_3R_4}{R_3+R_4}=\frac{5\times5}{5+5}\Omega+\frac{10\times5}{10+5}\Omega=5.83\Omega$$

（4）画出等效电路图，将待求支路接入等效电路，如图 2-3-8f 所示，求 I_G。

$$I_G=\frac{U_{OC}}{R_{eq}+R_G}=\frac{2}{5.8+10}\text{A}=0.126\text{A}$$

四、测试与训练

1. 电压源伏安特性测量分析

（1）理想电压源伏安特性的测量

① 按图 2-3-9 连接电路，将电源 U_S 调整为 2V。

② 将 R 从 1000Ω 调整至 10Ω，测量电源两端的电压和其中的电流，将实验数据记入表 2-3-1 中。

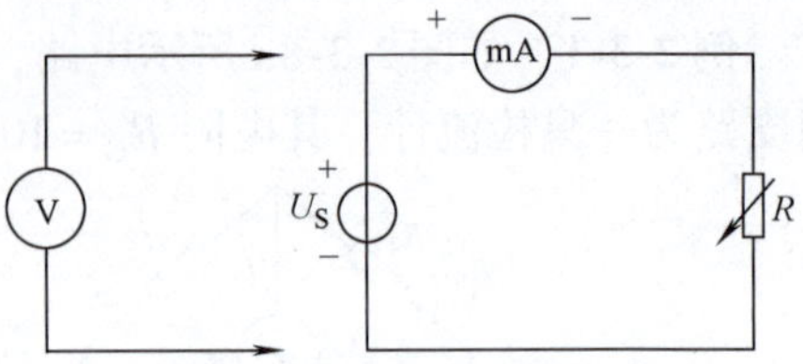

图 2-3-9 理想电压源伏安特性

表 2-3-1 理想电压源伏安特性测试

变阻器阻值/Ω	1000	500	400	300	200	100	80	50	20	10
电流/mA										
电压/V										

③ 画出电源 U_S 的伏安特性曲线。

（2）实际电压源伏安特性的测量

① 按照图 2-3-10 连接电路，将电源 U_S 调整为 2V，R_i 为 100Ω。

② 将 R 从 1000Ω 调整至 10Ω，测量电源两端的电压和其中的电流，将实验数据记入表 2-3-2 中。

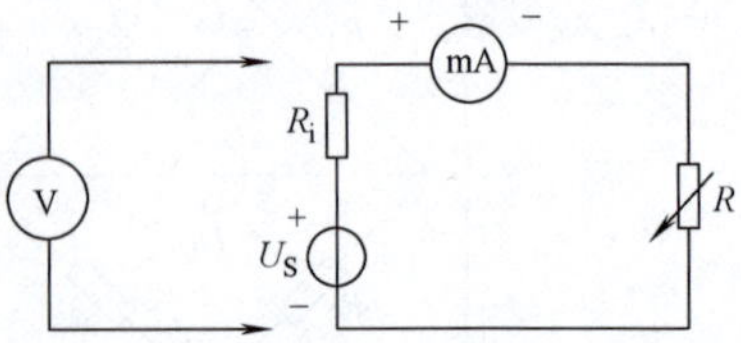

图 2-3-10 实际电压源伏安特性

表 2-3-2 实际电压源伏安特性测试

变阻器阻值/Ω	1000	500	400	300	200	100	80	50	20	10
电流/mA										
电压/V										

③ 画出实际电压源的伏安特性曲线。

2. 电流源伏安特性测量分析

（1）理想电流源伏安特性的测量

① 按图 2-3-11 连接电路，将电源 I_S 调整为 30mA。

② 将 R 从 1000Ω 调整至 10Ω，并测量电

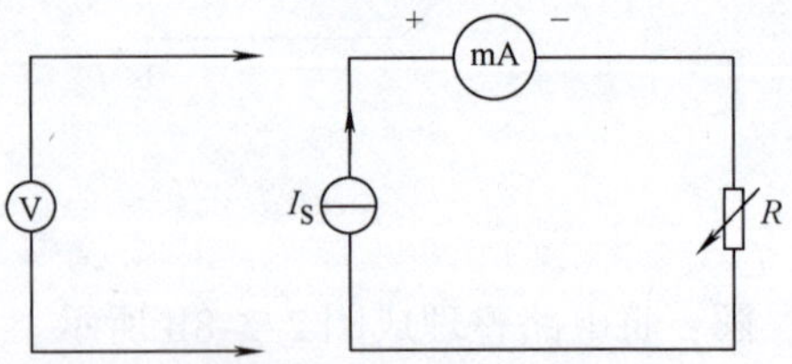

图 2-3-11 理想电流源伏安特性

源两端的电压和其中的电流，将实验数据记入表2-3-3中。

表 2-3-3 理想电流源伏安特性测试

变阻器阻值/Ω	1000	500	400	300	200	100	80	50	20	10
电流/mA										
电压/V										

③ 画出电源 I_S 的伏安特性曲线。

(2) 实际电流源伏安特性的测量

① 按照图 2-3-12 连接电路，将电源 I_S 调整为 30mA，R_i调整为 100Ω。

② 将 R 从 1000Ω 调整至 10Ω，并测量电源两端的电压和其中的电流，将实验数据记入表 2-3-4 中。

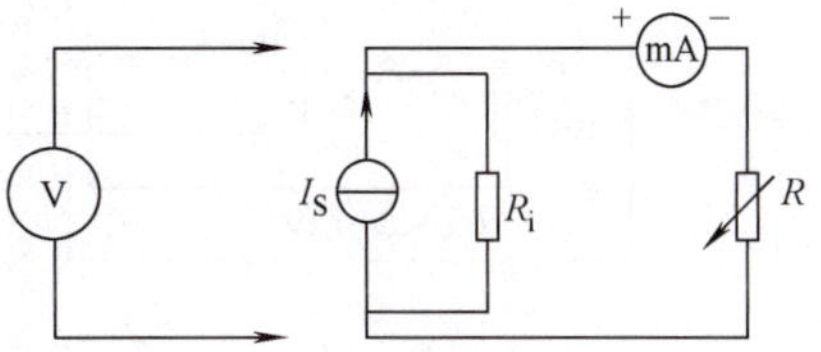

图 2-3-12 实际电流源伏安特性

表 2-3-4 实际电流源伏安特性测试

变阻器阻值/Ω	1000	500	400	300	200	100	80	50	20	10
电流/mA										
电压/V										

③ 画出实际电流源的伏安特性曲线。

3. 电压源、电流源等效变换条件测定

先按图2-3-13a 所示电路接线，$U_S=6V$，$R_i=200Ω$，R 调至1000Ω，记录电路中两表的读数。然后利用图2-3-13a 中的元件和仪表，按图2-3-13b 接线。调节恒流源的输出电流 I_S，使两表的读数与图2-3-13a 的数值相等，记录 I_S的值，总结电源等效变换条件。

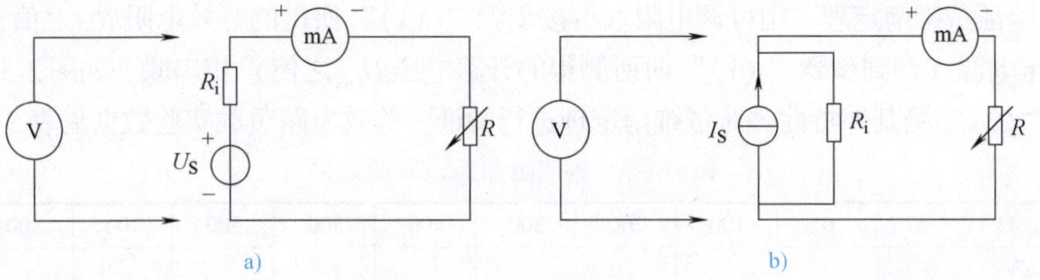

图 2-3-13 电源变换测试

电源变换测试数据见表 2-3-5。

表 2-3-5 电源变换测试数据

电路	图 2-3-13a	图 2-3-13b
电压表读数/V		
毫安表读数/mA		
I_S数值/mA	—	

4. 戴维南等效电路测定

(1) 用开路电压、短路电流法测定戴维南等效电路的 U_{OC} 和 R_{eq} 按图 2-3-14a 连接电路，接入稳压电源 $U_S=12V$ 和恒流源 $I_S=10mA$ 及其他电阻，不接入 R_L，A、B 端开路时测定二端网络开路电压 U_{OC}（即等效电源电动势），A、B 端短路时测定二端网络短路电流 I_{SC}，用公式 $R_{eq}=U_{OC}/I_{SC}$ 计算等效电阻。电路等效参数见表 2-3-6。

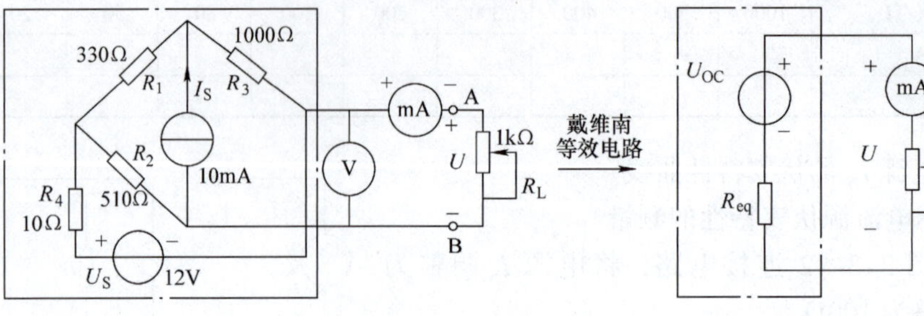

a)　　　b)

图 2-3-14　戴维南定理测试

表 2-3-6　电路等效参数

U_{OC}/V	I_{SC}/mA	$R_{eq}(=U_{OC}/I_{SC})$/kΩ

（2）负载实验　按图 2-3-14a 接入 R_L，改变 R_L 的阻值（用电阻箱调节），测量有源二端网络的外特性。原电路负载实验数据见表 2-3-7。

表 2-3-7　原电路负载实验数据

R_L/Ω	0	100	200	300	400	500	600	700	800	∞
U/V										
I/mA										

（3）验证戴维南定理　用可调电阻取得按步骤“（1）”所得的等效电阻 R_{eq} 之值，然后令其与直流稳压电源（调到步骤“（1）”时所测得的开路电压 U_{OC} 之值）相串联，如图 2-3-14b 所示，仿照步骤“（2）”测其外特性，对戴维南定理进行验证。等效电路负载实验数据见表 2-3-8。

表 2-3-8　等效电路负载实验数据

R_L/Ω	0	100	200	300	400	500	600	700	800	∞
U/V										
I/mA										

5. 实际电路化简分析

用戴维南定理或电源等效转换化简图 2-3-14 所示的电路，与上述实验结果对照验证是否正确。

五、拓展知识

1. 电源的连接

（1）理想电压源串联（见图 2-3-15）

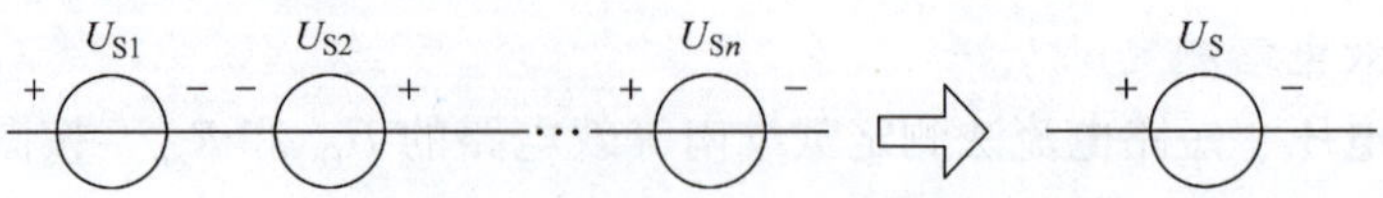

图 2-3-15　理想电压源串联

若干理想电压源串联，可以等效成一个理想电压源，其总电动势等于各串联电压源电动势的代数和，即 $U_S = \sum U_{Sn}$。U_{Sn}前的符号确定：U_{Sn}与U_S参考方向相同时取“+”、相反时取“-”。

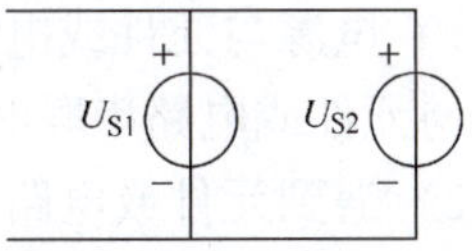

图 2-3-16 理想电压源并联

（2）理想电压源并联（见图 2-3-16）

理想电压源并联，原则上要求各电压源电动势相等、方向相同，等效后电压源与并联的电压源电动势相等、方向相同，并没有增加。

（3）理想电流源并联（见图 2-3-17）

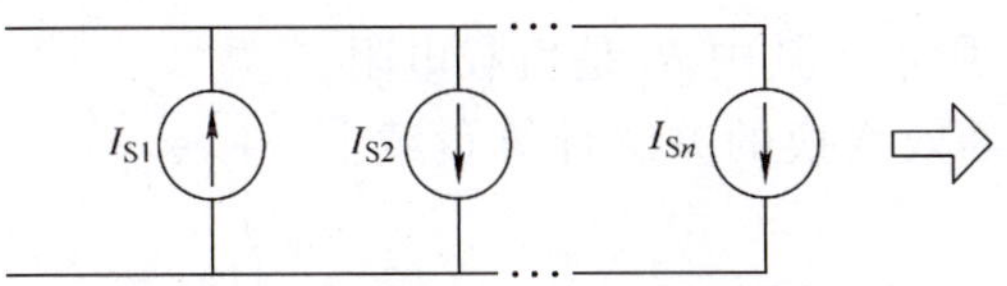

图 2-3-17 理想电流源并联

若干理想电流源并联，可以等效成一个理想电流源，其总电流等于各并联电流源电流的代数和，即 $I_S = \sum I_{Sn}$ 。I_{Sn} 前的符号确定：I_{Sn} 与 I_S 参考方向相同时取“+”、相反时取“-”。

（4）理想电流源串联（见图 2-3-18）

理想电流源串联，原则上要求各电流源电流相等、方向相同，等效后电流源与串联的电流源电流相等、方向相同，并没有增加。

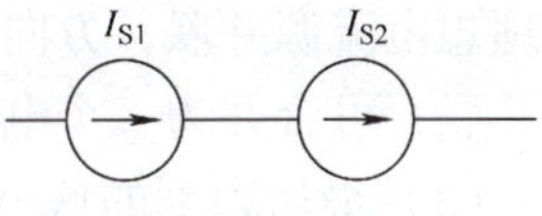

图 2-3-18 理想电流源串联

（5）实际电压源串联（见图 2-3-19）

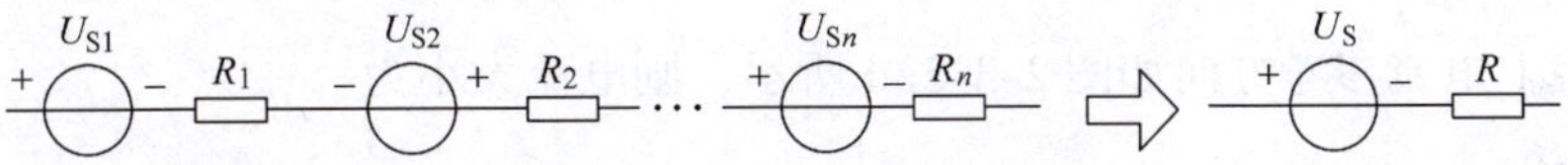

图 2-3-19 实际电压源串联

若干实际电压源串联，可以等效成一个实际电压源，其总电动势等于各串联电压源电动势的代数和，总内阻等于各串联电压源的内阻串联后的数值（即相加）。

（6）实际电流源并联（见图 2-3-20）

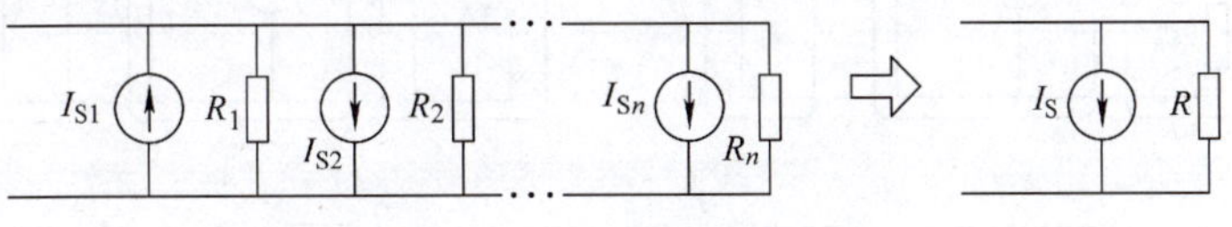

图 2-3-20 实际电流源并联

若干实际电流源并联，可以等效成一个实际电流源，其总电流等于各并联电流源电流的代数和，总内阻等于各电流源的内阻并联后的数值。

2. 用电源等效变换化简电路

利用电压源、电流源等效变换条件可以很方便地将复杂电路简化为我们所需要的简单电路。化简过程中除了根据前面讲述的电源连接情况对电路化简之外，还要注意几种情况的处理：

1）电源与元件或电路并联时，应尽量将电源转换成电流源，用电流源的并联来处理；电源与元件或电路串联时，应尽量将电源转换成电压源，用电压源的串联来处理。

2）遇到元件或电路与理想电压源并联时，两端电压由理想电压源决定，与并联的元件或电路无关，因此在化简电路时可以将这些元件或电路直接去除；同样道理，当元件或电路与理想电流源串联时，输出电流由理想电流源决定，在化简电路时也可以将这些元件或电路直接去除。

在实际化简电路时，可以观察电路的组成形式，串联的先串联处理、并联的先并联处理，逐步将电路化简到需要的程度。

例 2-3-2 电路如图 2-3-21 所示，其中 R_L 是负载电阻，$R_L=1\Omega$。试用电压源、电流源等效变换的方法计算负载上流过的电流。

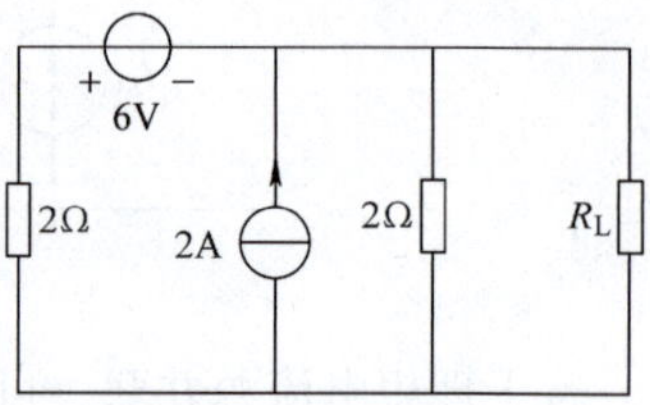

图 2-3-21 例 2-3-2 图

解：(1) 首先，分析电路的构成，可以看到电路是由三部分组成，如图 2-3-22a 所示，其中Ⅰ部分为一个实际电压源，Ⅱ部分为实际电流源，Ⅲ部分为负载电阻。而且可以看出，Ⅰ部分和Ⅱ部分是并联连接。

(2) 然后根据实际电压源和实际电流源等效变换的原则，将Ⅰ部分变为实际电流源，如图 2-3-22b 所示。现在Ⅰ部分和Ⅱ部分就可以进行化简了，Ⅰ部分的理想电流源与Ⅱ部分的理想电流源并联，方向相反，可等效为一个理想电流源。Ⅰ部分的电阻和Ⅱ部分的电阻也是并联，可合并为一个电阻。

(3) 最后得到的这个电路是一个比较简单的电路，由一个实际电流源和一个负载电阻构成，当然我们还可以根据实际电压源和实际电流源等效变换的原则，将电路再次变形，如图 2-3-22c、d 所示。

设定负载上电流参考方向如图 2-3-22d 所示，则电流大小为

$$I=\frac{-1}{1+1}\text{A}=-0.5\text{A}$$

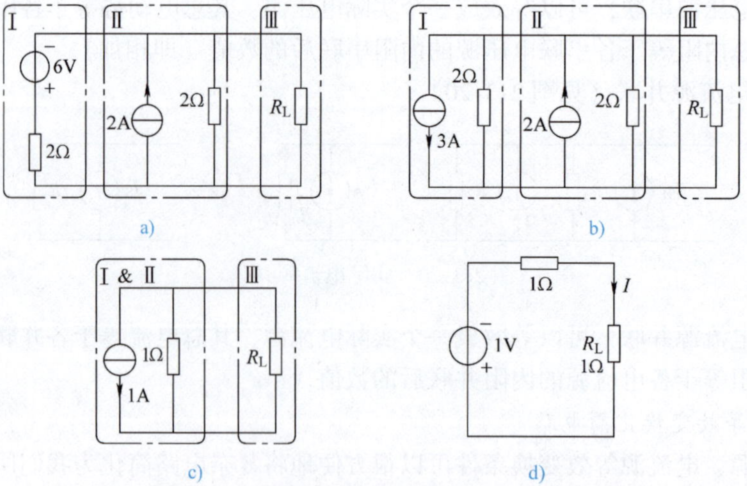

图 2-3-22 电路化简

六、练习

1. 用戴维南定理计算图 2-3-23 所示电路中 5Ω 电阻中的电流。
2. 试用电压源与电流源等效变换法求图 2-3-24 中电压 U_{AB}。

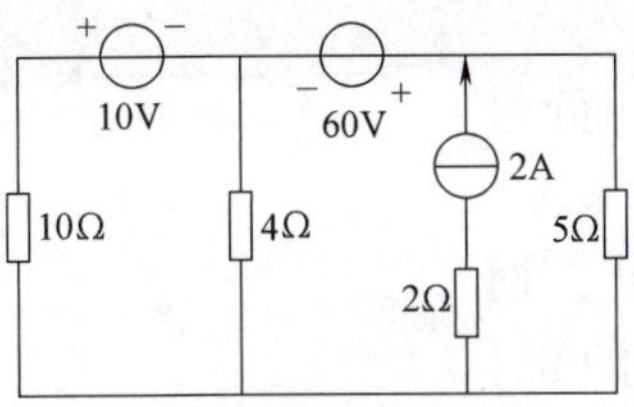

图 2-3-23 练习 1 图

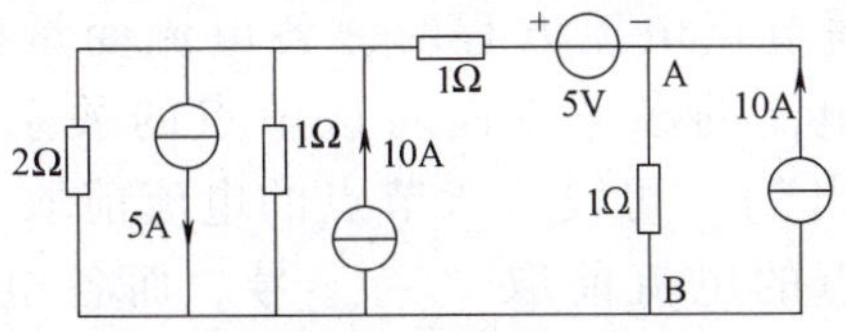

图 2-3-24 练习 2 图

模块四 基尔霍夫定律的测试分析

一、学习目标

终极目标：掌握基尔霍夫定律、支路电流法。

促成目标：

1. 掌握基尔霍夫电流定律、电压定律。
2. 会用支路电流法分析复杂电路。

二、工作任务

1. 用基尔霍夫定律分析节点电流、回路电压。
2. 用支路电流法分析复杂电路。

三、理论知识

1. 支路、节点、回路、网孔的概念

支路：电路中没有分支的一段电路。流过同一支路上所有元件的电流相等（各元件的关系是串联）。图 2-4-1 所示电路中，R_3、R_4、U_{S3} 构成的 ADC 是一条支路，AB、BC、AE 等电路也是支路。

节点：电路中 3 条或 3 条以上支路的连接点称为节点。图 2-4-1 中的 A、B、C、E 就是节点。

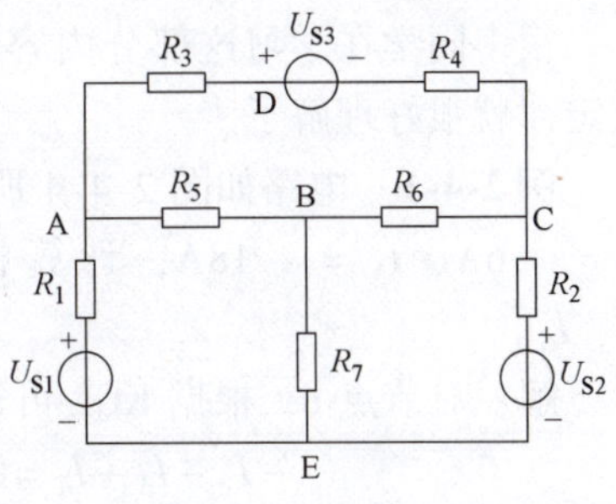

图 2-4-1 复杂电路

回路：电路中的任一闭合路径称为回路。如图 2-4-1 中的 ABCD、ABE、BCE、ABCE 等。

网孔：回路中不包含其他任何支路，这样的回路称为网孔。即网孔是不可再分的回路。因此，网孔一定是回路，但回路不一定是网孔。图 2-4-1 中，ABCD、ABE、BCE 是网孔，回路 ADCE、ABCE 等不是网孔。

2. 基尔霍夫电流定律

（1）基尔霍夫电流定律的内容　基尔霍夫电流定律（简称 KCL）用来描述电路中任一节点所连接的各支路电流之间的关系，对电路中的任一节点，在任一瞬间，流出或流入该节点电流的代数和为零。数学表达式为

$$\sum I = 0 \tag{2-4-1}$$

例如图 2-4-2 所示为某电路中的节点 A，连接在节点 A 的支路共有五条，在所选定的参考方向下，有

$$I_1 - I_2 - I_3 + I_4 - I_5 = 0$$

在列写节点电流方程时，各电流变量前的正、负号取决于各电流的参考方向对该节点的关系（是“流入”还是“流出”），可设流入节点的电流前取“+”号，而流出该节点的电流前取“-”号。而各电流数值的正、负则反映了该电流的实际方向与参考方向的关系（是相同还是相反）。

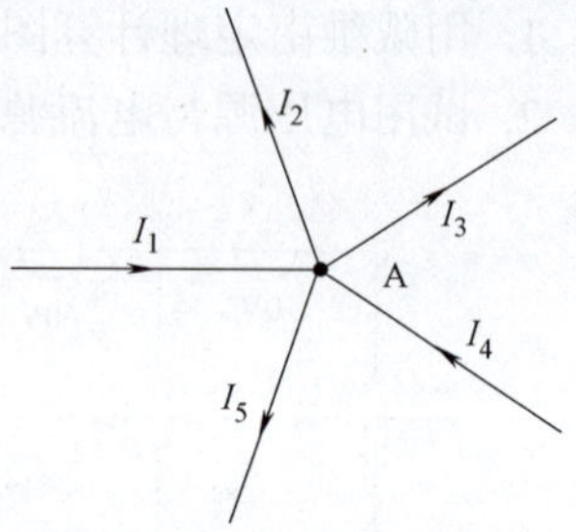

图 2-4-2　节点电流

节点 A 的电流关系也可这样表达：$I_1 + I_4 = I_2 + I_3 + I_5$。从中可以看出，式子左边的是流进节点的电流，式子右边的是流出节点的电流，因此可得出基尔霍夫电流定律的另一种表达方式：电路中的任一节点，在任一瞬间，流进节点的电流之和等于流出节点的电流之和。数学表达式为

$$\sum I_{入} = \sum I_{出} \tag{2-4-2}$$

实际上，并联电路中总电流与各并联元件上电流的关系也可以用基尔霍夫电流定律推导得出。

（2）基尔霍夫电流定律的扩展　基尔霍夫电流定律不仅适用于电路中的节点，还可以推广应用于电路中的任一假设的封闭面。即在任一瞬间，通过电路中的任一假设封闭面电流的代数和为零。

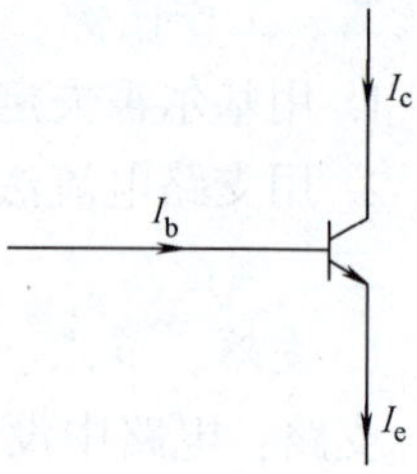

图 2-4-3　晶体管电流

图 2-4-3 是晶体管三个电极电流之间的关系，可以用拓展的基尔霍夫电流定律来推导得出：

$$I_b + I_c - I_e = 0 \text{ 或 } I_b + I_c = I_e$$

很多同学在学习这部分内容时理解不了，此处根据基尔霍夫电流定律就很好理解了。

例 2-4-1　电路如图 2-4-4 所示，已知 $I_1 = 3A$、$I_2 = -6A$、$I_3 = -18A$，计算电路中的电流 I_4、I_5、I_6。

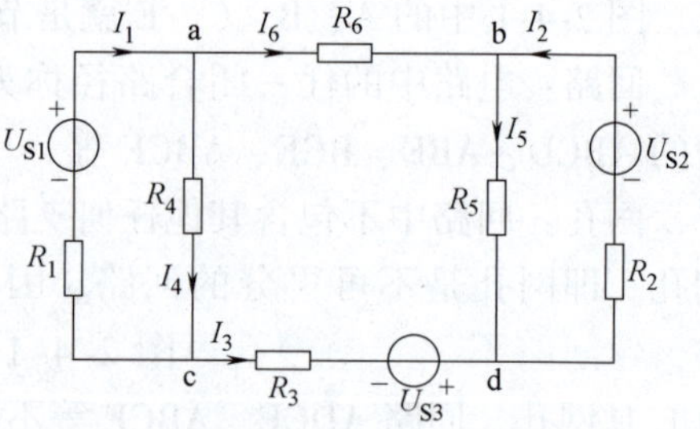

图 2-4-4　例 2-4-1 图

解：对节点 c，根据 KCL 可知：

$$-I_1 - I_3 + I_4 = 0$$

所以　$I_4 = I_1 + I_3 = 3A - 18A = -15A$

（实际方向与参考方向相反）

对节点 a，根据 KCL 可知：

$$I_1 - I_4 - I_6 = 0$$

所以　$I_6 = I_1 - I_4 = 3A - (-15)A = 18A$

对节点 d，根据 KCL 可知：

$$I_3 + I_5 - I_2 = 0$$

所以 $$I_5 = I_2 - I_3 = -6\text{A} - (-18\text{A}) = 12\text{A}$$

3. 基尔霍夫电压定律

(1) 基尔霍夫电压定律的内容　基尔霍夫电压定律（简称 KVL）用来描述电路中组成任一回路的各支路（或各元件）电压之间的关系，对电路中的任一回路，在任一瞬间，沿回路绕行方向各段电压的代数和为零。即

$$\sum U = 0 \tag{2-4-3}$$

例如，图 2-4-5 所示为某电路中的一个回路 ABCDA，各支路的电压在选择的参考方向下为 U_1、U_2、U_3、U_4，因此，在选定的回路绕行方向（顺时针）下根据基尔霍夫电压定律有

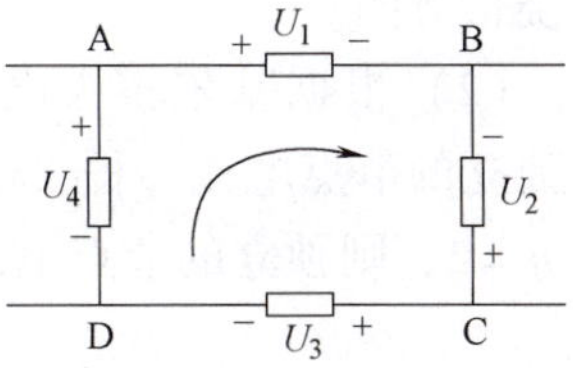

图 2-4-5　回路

$$U_1 - U_2 + U_3 - U_4 = 0$$

在列写回路电压方程时，首先要对回路选取一个回路绕行方向，各电压变量前的正、负号取决于各电压的参考方向与回路绕行方向的关系（是相同还是相反）。通常规定，对参考方向与回路绕行方向相同的电压前取“+”号，对参考方向与回路绕行方向相反的电压前取“-”号。回路绕行方向可任意选定。

(2) 基尔霍夫电压定律的扩展　在实际应用中，我们可以将基尔霍夫电压定律推广使用，即基尔霍夫电压定律不仅适用于电路中的具体回路，还适用于电路中的任一假想的回路。可以理解为：在任一瞬间，沿电路中假想的回路绕行方向，各段电压的代数和为零。

例 2-4-2　图 2-4-6 所示为某电路中的一部分，求开路电压 U_{AB}。

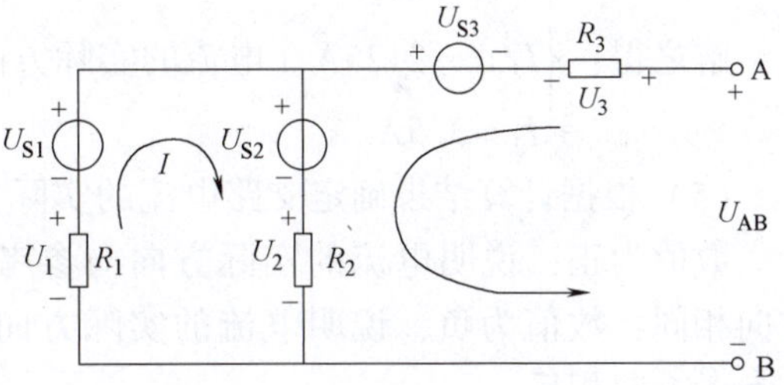

图 2-4-6　例 2-4-2 图

解：左边电路运用基尔霍夫电压定律（设为顺时针绕行方向）列写回路电压方程有

$$-U_{S1} + U_{S2} + U_2 - U_1 = 0$$

即 $U_{S2} - U_{S1} + IR_1 + IR_2 = 0$，可得

$$I = \frac{U_{S1} - U_{S2}}{R_1 + R_2}$$

右边电路也运用基尔霍夫电压定律，根据假想的回路（设为逆时针绕行方向）列写回路电压方程有

$$U_3 - U_{S3} + U_{S2} + U_2 - U_{AB} = 0$$

由于 A、B 点开路，所以回路电流为零，所以 $U_3 = 0$。

所以 $$U_{AB} = U_{S2} + U_2 - U_{S3} = U_{S2} + IR_2 - U_{S3}$$

将 $I = \dfrac{U_{S1} - U_{S2}}{R_1 + R_2}$ 代入上式，即可求得 U_{AB}。

4. 支路电流法

支路电流法是以支路电流为未知量，利用基尔霍夫定律和欧姆定律列出所需要的方程组，然后解出各未知电流的一种电路分析计算方法。

下面介绍用支路电流法解题的步骤（以下题为例介绍用支路电流法分析电路的过程）。

例 2-4-3 图 2-4-7 所示电路中，已知 $U_{S1}=30V$、$U_{S2}=40V$、$R_1=10\Omega$、$R_2=10\Omega$、$R_3=5\Omega$，试用支路电流法求各支路电流。

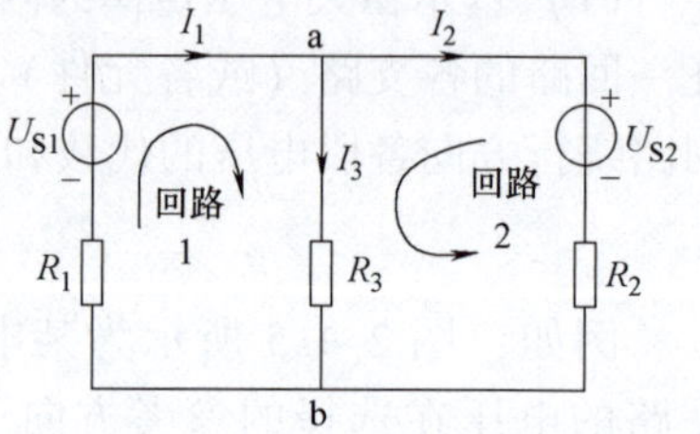

图 2-4-7　例 2-4-3 图

解：(1) 在电路中标出各支路电流的参考方向、回路的绕行方向。

(2) 根据基尔霍夫电流定律（KCL），列出 $(n-1)$ 个独立的节点电流方程（n 为电路的节点数，本电路节点数 $n=2$，则独立的节点电流方程数为 1），即

$$I_1-I_2-I_3=0 \text{（对节点 a）}$$

(3) 根据基尔霍夫电压定律（KVL），列写出 $b-(n-1)$ 个独立回路电压方程（b 为电路的支路数，本题电路支路数 $b=3$；回路数为 3，但独立的电压方程只有 2 个——等于网孔数，即 $b-n+1=3-2+1=2$ 个。本步骤在实际操作中往往是列网孔电压方程），即

$$I_1R_1+I_3R_3-U_{S1}=0 \text{（对回路 1）}$$

$$-I_2R_2+I_3R_3-U_{S2}=0 \text{（对回路 2）}$$

(4) 代入数据，联立求解方程组，从而得到各支路电流

$$\begin{cases} I_1-I_2-I_3=0 \\ 10I_1+5I_3-30=0 \\ -10I_2+5I_3-40=0 \end{cases}$$

解之得：$\begin{cases} I_1=1.25A \\ I_2=-2.25A \text{（电流的实际方向与参考方向相反）} \\ I_3=3.5A \end{cases}$

(5) 根据计算结果确定支路电流的实际方向。

数值为正，说明电流的实际方向与参考方向相同；数值为负，说明电流的实际方向与参考方向相反。

四、测试与训练

1. 节点电流、回路电压测量分析

实验电路如图 2-4-8 所示。

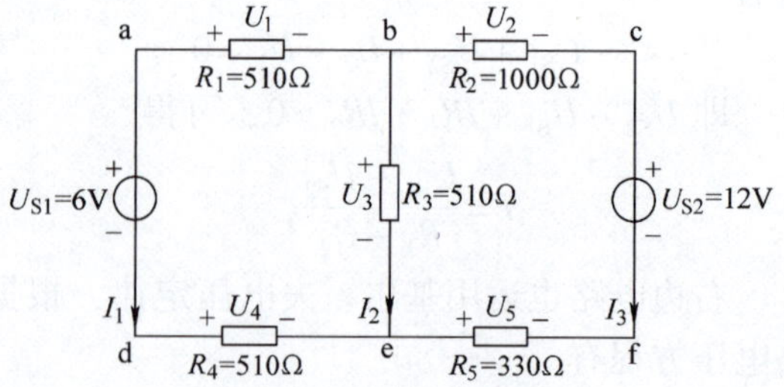

图 2-4-8　实验电路

1）实验前先任意设定三条支路的电流参考方向，如图中的 I_1、I_2、I_3 所示；设定三个闭合回路的绕行方向，如 adeba、bcfeb 和 acfda。

2）分别将两路直流稳压电源接入电路，令 $U_{S1}=6V$，$U_{S2}=12V$。

3）将直流毫安表的“+、-”端子按设定的电流方向串联接入待测支路，测量支路电流，数据记入表 2-4-1。

4）将直流电压表按待测电压参考方向并联在待测电路两端，测量指定点之间的电压，数据记入表 2-4-1。

5）分析各节点上电流关系、各回路电压关系，验证基尔霍夫定律。

表 2-4-1　基尔霍夫定律实验数据

被测量	I_1/mA	I_2/mA	I_3/mA	U_{ed}/V	U_{da}/V	U_{fa}/V	U_{ab}/V	U_{bc}/V	U_{cf}/V	U_{fe}/V	U_{be}/V
计算值											
测量值											
相对误差											

2. 支路电流法分析复杂直流电路

用支路电流法计算图 2-4-8 中的三个支路电流，将计算结果记入表 2-4-1，计算相对误差，分析数据的意义及产生误差的原因。

五、拓展知识

1. 受控源

（1）受控源的概念　在电路中，电源分为独立电源和非独立电源。所谓独立电源，就是前面介绍的电压源和电流源，它们输出的电压或电流由电源自身决定，不受其他电压或电流的影响。而非独立电源的电压或电流受电路中其他部分的电压或电流的控制，这种电源也称为受控电源，简称受控源。

受控源在电路中不能单独起作用，当受控源的控制量为零时，受控源也为零，不对外输出电能。

（2）受控源的类型　受控源的模型有两对端子：一对输入端，输入控制量，控制量可以是电压也可以是电流；一对输出端，输出受控的电压或电流。

根据控制量及输出量，可以将受控源分成四种类型：电压控制电压源（简称 VCVS）、电压控制电流源（简称 VCCS）、电流控制电压源（简称 CCVS）和电流控制电流源（简称 CCCS）。它们的符号如图 2-4-9 所示。

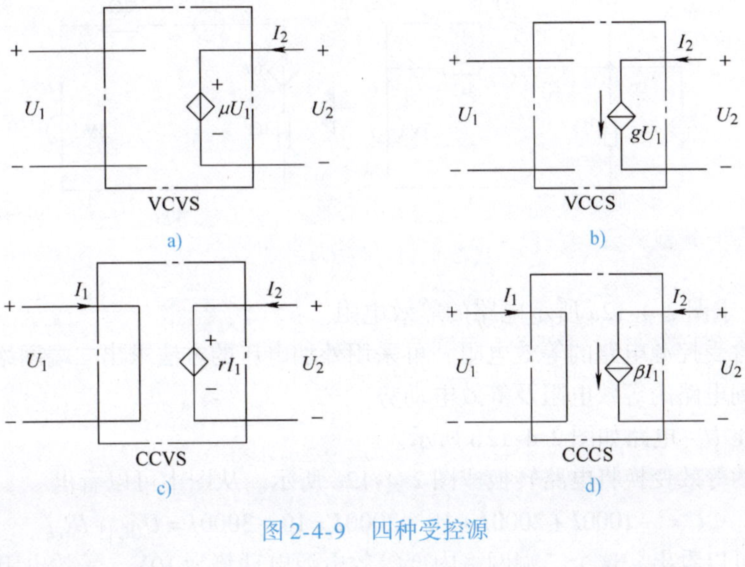

图 2-4-9　四种受控源

四种受控源的输出分别为：$U_2=\mu U_1$，$I_2=gU_1$，$U_2=rI_1$，$I_2=\beta I_1$。

其中，μ、β 分别为电压放大倍数、电流放大倍数，r、g 分别为控制电阻、控制电导。

2. 含受控源电路的等效变换

受控源在电路中既具有电源的性质，又具有电阻的性质，这也是和独立电源不同的地方。

在运用基尔霍夫定律分析含受控源的电路时，可将受控源当成独立电源处理；受控电压源与受控电流源也可以像独立电压源、独立电流源那样等效变换，但在变换过程中要保持控制量所在的支路不发生变动，否则，控制量消失了，电路将无法继续分析下去；在计算含受控源电路的等效电阻时，受控源具有电阻性，不能采用“去源”的方法求解。下面结合一些具体问题做进一步说明。

例 2-4-4 求图 2-4-10 所示电路中电压 U。

解：将受控源看作电源，根据基尔霍夫定律列方程组

$$\begin{cases} I_1 = I_2 + I_3 \\ 4I_2 + 2I_1 - 8 = 0 \\ 4I_3 - 4U - 4I_2 = 0 \end{cases}$$

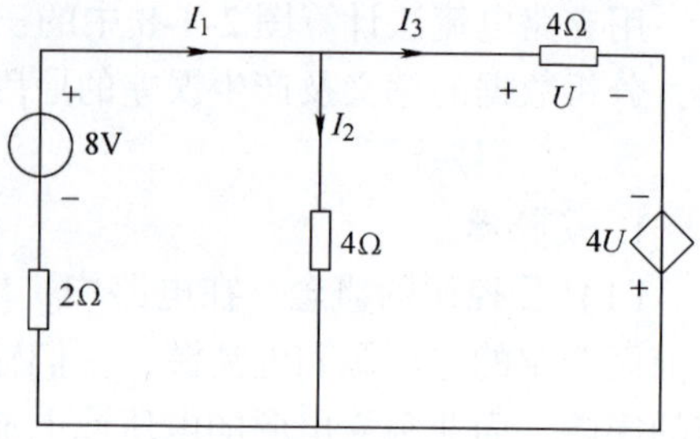

图 2-4-10 例 2-4-4 图

从图中可以看出，$U = 4I_3$，代入方程组联合求解，可得

$$I_1 = 1\text{A},\ I_2 = 1.5\text{A},\ I_3 = -0.5\text{A},\ U = -2\text{V}$$

例 2-4-5 用电源等效变换求图 2-4-11a 所示电路中的电流 I。

解：受控源可以像独立电源一样等效变换，变换过程中注意不能改变控制量所在的支路。变换后的电路如图 2-4-11b 所示。从图中可以看出

$$I = \frac{6I - 2 - 5}{2 + 3} = \frac{6I - 7}{5}$$

所以可得到 $I = 7\text{A}$。

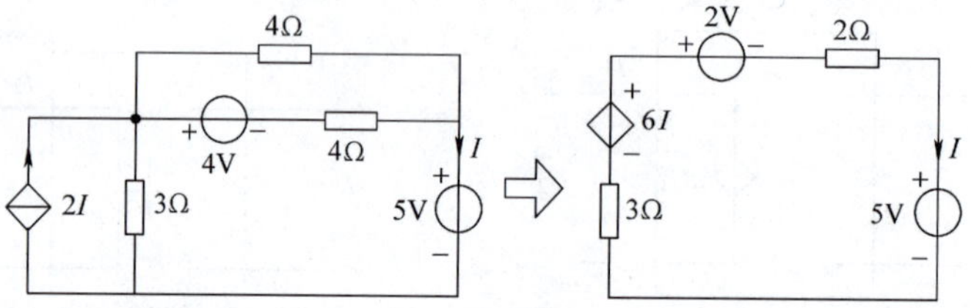

a) b)

图 2-4-11 例 2-4-5 图

例 2-4-6 求图 2-4-12a 所示电路的等效电阻。

解：求解含受控源电路的等效电阻，可采用外加电压的方法求出二端网络的戴维南等效电路，从中得到电路的等效电阻及等效电动势。

设外加电压 U，电路如图 2-4-12b 所示。

利用电源的等效变换将电路转换成图 2-4-12c 所示。从图中可以看出

$$U = -1000I + 2000I + 10 + 2000I = 10 + 3000I = U_{OC} + IR_{eq}$$

从表达式可以看出，这个二端网络内部等效电源电动势为 10V、等效电阻为 3kΩ。

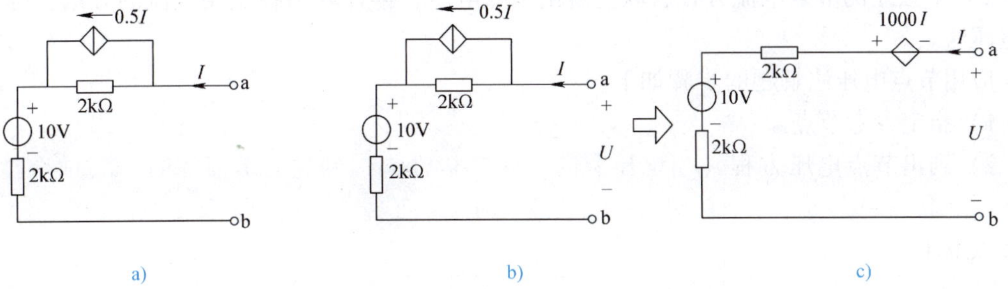

图 2-4-12　例 2-4-6 图

六、练习

1. 用支路电流法列出图 2-4-13 所示电路的求解各支路电流的全部方程式(要求方程式个数不多不少)。

2. 用支路电流法计算图 2-4-14 所示电路中各支路电流及电阻 R_3 消耗的功率。U_{S1} = 12V，U_{S2} = 18V，R_1 = 3Ω，R_2 = 6Ω，R_3 = 5Ω。

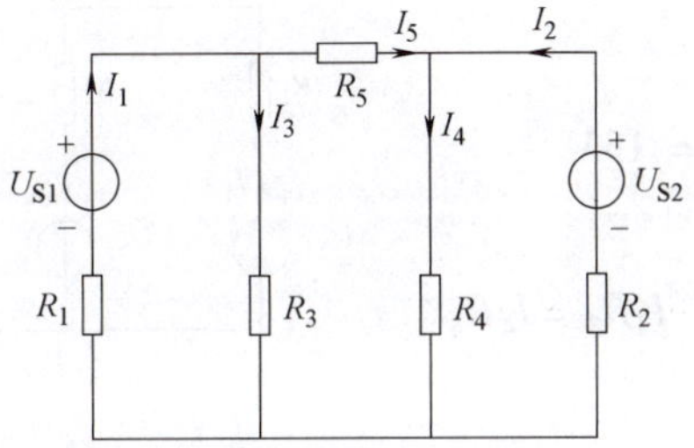

图 2-4-13　练习 1 图

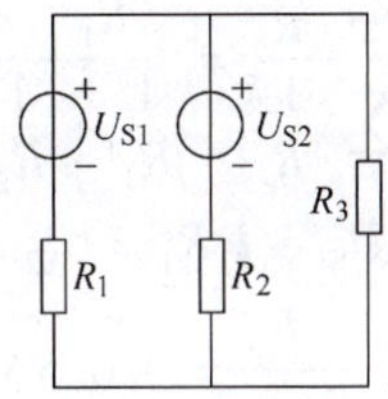

图 2-4-14　练习 2 图

模块五　节点电压法、叠加原理的应用分析

一、学习目标

终极目标：掌握节点电压法、叠加原理，会用节点电压法、叠加原理分析电路。

促成目标：

1. 掌握节点电压法。
2. 掌握叠加原理。
3. 会用节点电压法、叠加原理分析复杂电路。

二、工作任务

1. 用节点电压法分析电路。
2. 用叠加原理分析电路。

三、理论知识

1. 节点电压法

在电路中任选一点作为参考节点，则其余节点均为独立节点，独立节点与参考节点之间的电压称为节点电压，节点电压的参考方向均是由独立节点指向参考节点。

在有 n 个节点的电路中，以节点电压为独立变量，根据基尔霍夫电流定律（KCL）列出

$(n-1)$ 个独立的节点电流方程，联立解出节点电压，再计算出各支路电流的方法，称为节点电压法。

应用节点电压法解题的步骤如下：

1）指定参考节点。

2）列出节点电压方程（当电压源的“+”极性端接到独立节点 a 时，U_S 前取“+”号，反之取“-”号；电流源电流流入节点 a 时，I_S 前取“+”号，反之取“-”号），求出节点电压。

$$U_{ab}=\frac{\sum \frac{U_S}{R}}{\sum \frac{1}{R}} \tag{2-5-1}$$

3）根据欧姆定律，求出各支路电流。

例 2-5-1 用节点电压法求图 2-5-1 电路中各支路电流，电路参数如下：$U_{S1}=10V$，$U_{S2}=20V$，$U_{S3}=30V$，$R_1=R_2=10\Omega$，$R_3=R_4=20\Omega$。

解：设 b 点为参考节点，列节点电压方程，求节点电压

$$U_{ab}=\frac{\sum \frac{U_S}{R}}{\sum \frac{1}{R}}=\frac{\frac{U_{S1}}{R_1}+\frac{U_{S2}}{R_2}+\frac{U_{S3}}{R_3}}{\frac{1}{R_1}+\frac{1}{R_2}+\frac{1}{R_3}+\frac{1}{R_4}}=15V$$

根据 $U_{ab}=U_{S1}-I_1R_1=U_{S2}-I_2R_2=U_{S3}-I_3R_3=I_4R_4$

可得 $I_1=\frac{U_{S1}-U_{ab}}{R_1}=-0.5A$

$$I_2=\frac{U_{S2}-U_{ab}}{R_2}=0.5A$$

$$I_3=\frac{U_{S3}-U_{ab}}{R_3}=0.75A$$

$$I_4=\frac{U_{ab}}{R_4}=0.75A$$

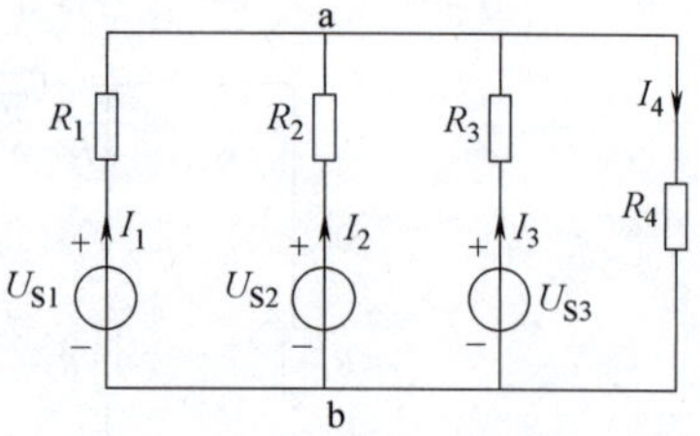

图 2-5-1 例 2-5-1 电路

节点电压法比较适用于分析、计算节点少、回路多的电路。当电路是由两个以上节点、若干支路组成时，用节点电压法解决将有些复杂，如图 2-5-2 所示的电路（该电路中有 0、1、2 三个节点）。

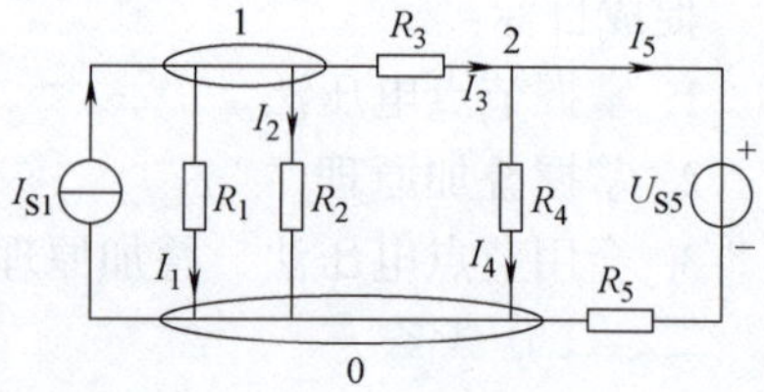

图 2-5-2 较复杂的电路

注意：

1）若电路中含有纯电压源支路，可选取纯电压源支路的一端作为参考节点，则另一端的节点电压就等于该电压源的电压，为已知值。从而不必再列写该节点的节点电压方程。

2）若电路中有电流源串联电阻的支路，该电阻不应计入节点电压方程中。因节点电压方程实际是以节点电压为变量的 KCL 方程，而电流源串联电阻支路的电流就是电流源的电流，是恒定值。

2. 叠加原理

（1）原理内容　叠加原理指出：在含有多个电源的线性电路中，任一支路的电流（或电压），等于各电源单独作用时在该支路中产生的电流（或电压）的代数和。

叠加原理是线性电路的一个重要的分析方法，应用这一原理，常常使线性电路的分析变得十分方便（将复杂的电路分解为多个简单的电路，利用欧姆定律和串并联电路的电压电流分配关系就可以解决问题）。

（2）使用叠加原理的注意点

1）叠加原理仅适用于线性电路，不适用于非线性电路；仅适用于电压、电流的计算，不适用于功率的计算，即功率不能用叠加原理计算。

2）当某一独立电源单独作用时，其他不作用的电源应置为零（电压源电压为零，电流源电流为零），即电压源用短路代替、电流源用开路代替，保留其内阻。

3）叠加时，若分电流（或电压）的参考方向与原电路中的待求电流（或电压）的参考方向一致，则该分电流（或电压）取“+”号；反之取“-”号。

（3）用叠加原理分析电路的步骤

1）将复杂电路分解为若干由单个电源单独作用的分解电路。

2）分析计算各分解电路，分别求得各支路电流（或电压）。

3）对各分解电路的计算结果进行叠加（即求代数和），得到最后结果。

例 2-5-2　电路如图 2-5-3a 所示，$R_1=5\Omega$，$R_2=10\Omega$，$R_3=15\Omega$，$U_{S1}=10V$，$U_{S2}=20V$，试用叠加原理计算各支路电流 I_1、I_2、I_3。

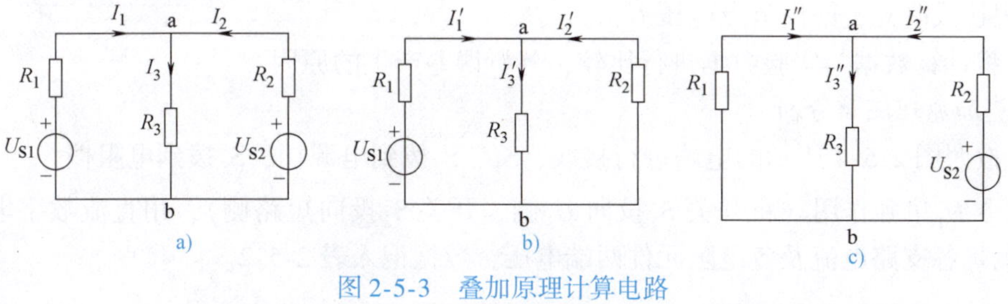

图 2-5-3　叠加原理计算电路

解：（1）计算电压源 U_{S1} 单独作用于电路时产生的电流，如图 2-5-3b 所示。

$$I_1'=\frac{U_{S1}}{R_1+R_2/\!/R_3}=\frac{10}{11}A$$

$$I_2'=-\frac{R_3}{R_2+R_3}I_1'=-\frac{6}{11}A$$

$$I_3'=\frac{R_2}{R_2+R_3}I_1'=\frac{4}{11}A$$

（2）计算电压源 U_{S2} 单独作用于电路时产生的电流，如图 2-5-3c 所示。

$$I_2''=\frac{U_{S2}}{R_2+R_1/\!/R_3}=\frac{16}{11}A$$

$$I_1''=-\frac{R_3}{R_1+R_3}I_2''=-\frac{12}{11}A$$

$$I_3''=\frac{R_1}{R_1+R_3}I_2''=\frac{4}{11}\text{A}$$

(3) 由叠加原理，计算电压源 U_{S1}、U_{S2} 共同作用于电路时产生的电流。

$$I_1=I_1'+I_1''=-\frac{2}{11}\text{A}$$

$$I_2=I_2'+I_2''=\frac{10}{11}\text{A}$$

$$I_3=I_3'+I_3''=\frac{8}{11}\text{A}$$

四、测试与训练

1. 节点电压法测试分析

1）按照图 2-5-4 所示的电路进行接线，S_1、S_2 拨到电源档，S_3 拨到电阻档。

2）以 D 为参考点，测量节点电压 U_{AD}，数据记入表 2-5-1。

3）测量电流 I_1、I_2、I_3，数据记入表 2-5-1。检验它们是否符合基尔霍夫电流定律。

4）写出支路 AFED、支路 AD 和支路 ABCD 中的电压电流关系式，将三式转化为 I_1、I_2、I_3 的表达式。

5）以节点电压 U_{AD} 为未知量，将 4）中的三个表达式联立，解出节点电压 U_{AD}。

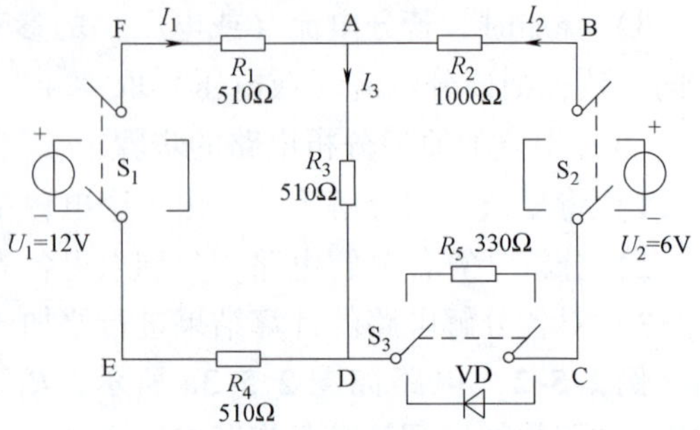

图 2-5-4 节点电压法测试电路

6）将计算数据与实验数据进行比较，分析误差产生的原因。

2. 叠加原理测试分析

1）按照图 2-5-4 所示的电路进行接线，S_1、S_2 拨到电源档，S_3 拨到电阻档。

2）令 U_1 单独作用（将开关 S_1 投向 U_1 侧，开关 S_2 投向短路侧），用直流数字电压表和毫安表测量各支路电流及各电阻元件两端电压，数据记入表 2-5-2。

表 2-5-1 节点电压法测试

项目	I_1/mA	I_2/mA	I_3/mA	U_{AD}/V
测量值				
计算值				

表 2-5-2 叠加原理实验数据 1

测量项目	U_1/V	U_2/V	I_1/mA	I_2/mA	I_3/mA	U_{AB}/V	U_{CD}/V	U_{AD}/V	U_{DE}/V	U_{FA}/V
U_1 单独作用										
U_2 单独作用										
U_1、U_2 共同作用										
$2U_2$ 单独作用										
计算值（U_1、U_2 共同作用）										

3）令 U_2 单独作用（将开关 S_1 投向短路侧，开关 S_2 投向 U_2 侧），重复实验步骤2）的测量和记录，数据记入表2-5-2。

4）令 U_1 和 U_2 共同作用（开关 S_1 和 S_2 分别投向 U_1 和 U_2 侧），重复上述的测量和记录，数据记入表2-5-2。分析电源单独作用与共同作用时数据之间的关系，讨论叠加原理的内涵。

5）将 U_2 的数值调至+12V，重复上述第3）项的测量并记录，数据记入表2-5-2。分析 U_2 数值变化对电路造成的影响，分析其中的规律，并分析误差产生的原因。

6）将 R_5 换成一只二极管1N4007（即将开关 S_3 投向二极管VD侧），重复1）~5）的测量过程，数据记入表2-5-3。

表2-5-3　叠加原理实验数据2

测量项目	U_1/V	U_2/V	I_1/mA	I_2/mA	I_3/mA	U_{AB}/V	U_{CD}/V	U_{AD}/V	U_{DE}/V	U_{FA}/V
U_1 单独作用										
U_2 单独作用										
U_1、U_2 共同作用										
$2U_2$ 单独作用										
计算值（U_1、U_2 共同作用）										

7）根据测量结果判断分析叠加原理的适用条件。

五、拓展知识

1. 用节点电压法分析含受控源电路

例2-5-3　用节点电压法求图2-5-5中的电流 I。

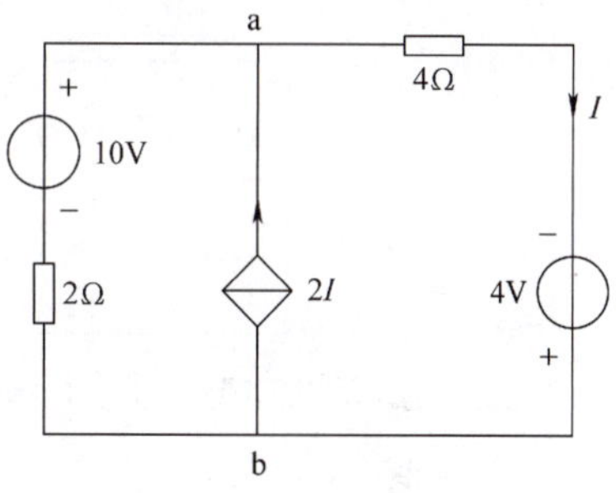

图2-5-5　例2-5-3图

解：在用节点电压法分析含受控源电路时，将受控源看成电源，列节点电压方程

$$U_{ab}=\frac{\frac{10}{2}+2I-\frac{4}{4}}{\frac{1}{2}+\frac{1}{4}}=\frac{16+8I}{3}$$

再根据右边的支路电压表达式 $U_{ab}=4I-4$

联立求解以上两个方程，得 $U_{ab}=24V$，$I=7A$

2. 用叠加原理分析含受控源电路

例2-5-4　用叠加原理求图2-5-6a电路中 U、I_1、I_2。

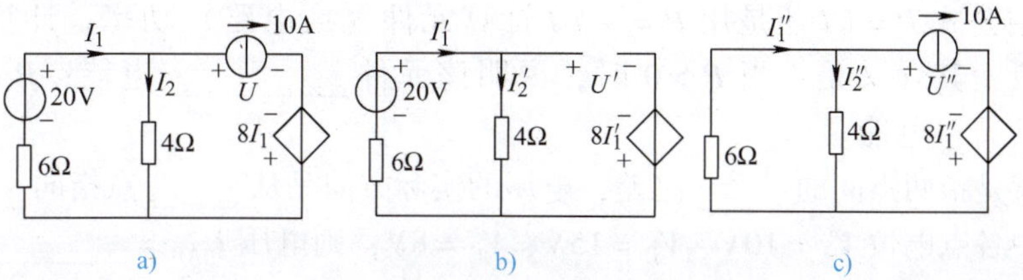

图2-5-6　例2-5-4图

解：在图2-5-6a所示的电路中有两个独立电源、一个受控源，可以将独立电源单独作用，将结果进行叠加，而受控源不能单独作用，因为它不能脱离控制量而独立存在。

（1）20V 电压源单独作用，电路如图 2-5-6b 所示。

$$I_1' = I_2' = \frac{20}{6+4}\text{A} = 2\text{A}$$

$$U' = 4I_2' + 8I_1' = 24\text{V}$$

（2）10A 电流源单独作用，电路如图 2-5-6c 所示。

$$I_1'' = \frac{10}{6+4} \times 4\text{A} = 4\text{A}$$

$$I_2'' = -\frac{10}{6+4} \times 6\text{A} = -6\text{A}$$

$$U'' = 4I_2'' + 8I_1'' = 8\text{V}$$

（3）叠加后的结果：

$$I_1 = I_1' + I_1'' = 6\text{A}$$

$$I_2 = I_2' + I_2'' = -4\text{A}$$

$$U = U' + U'' = 32\text{V}$$

六、练习

1. 试用节点电压法计算图 2-5-7 所示电路中各支路的电流。
2. 用叠加原理求图 2-5-8 所示电路中的电压 U。

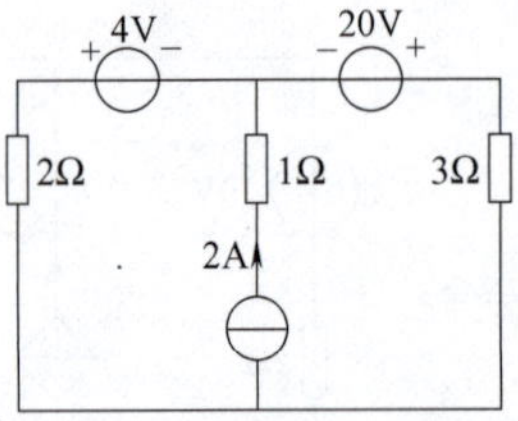

图 2-5-7　练习 1 图

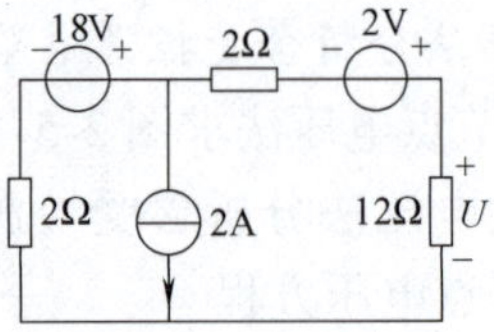

图 2-5-8　练习 2 图

项目二习题

一、填空题

1. 流过元件的电流实际方向与参考方向____时电流为正值；实际方向与参考方向______时电流为负值。

2. 不论用公式 $P=UI$ 还是用 $P=-UI$ 计算元件（或电路）功率，计算结果都有可能为正或为负，其含义是：当 $P>0$ 时，说明该元件__________电能；$P<0$ 时，说明该元件__________电能。

3. 电压就是指两点间的______之差，电压的实际方向是从______点指向______点。

4. 电路中各点电位 $V_A=10\text{V}$、$V_B=15\text{V}$、$V_C=8\text{V}$，则电压 $U_{AB}=$__________V、$U_{BC}=$________V、$U_{CA}=$______V。若将 C 点作为参考点，则各点电位 $V_A=$______V、$V_B=$______V、$V_C=$______V，电压 $U_{AB}=$______V、$U_{BC}=$______V、$U_{CA}=$______V。

5. 电路如图 2-6-1 所示，电阻元件 R 的功率 = __________W，电源 U_S 的功率 = __________W。

6. 家中有“220V、40W”电灯6盏，以每天开灯5h计，一个月（以30天计算）这些灯要用电________度。若全部换成“220V、8W”的节能灯，一个月可节约用电________度。

7. 电路如图2-6-2所示，a、b之间电压为140V，则电阻R的值为________Ω。

8. 图2-6-3所示电路中，a、b之间电压为________V。

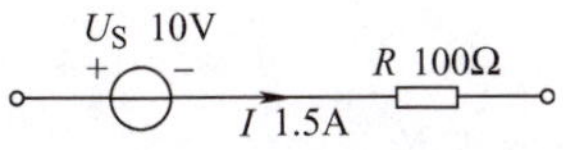

图 2-6-1

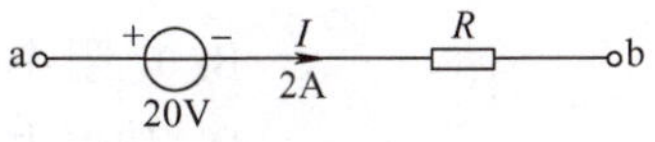

图 2-6-2

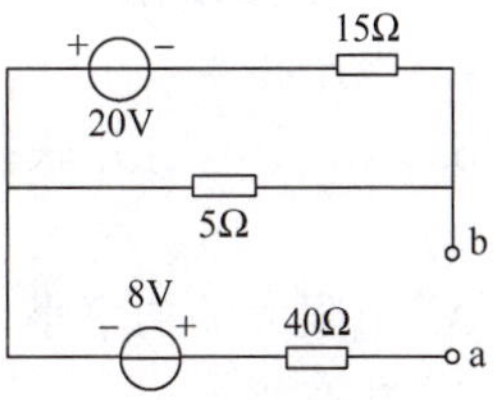

图 2-6-3

9. 电路如图2-6-4所示，ab之间的等效电阻为______Ω

10. 电路如图2-6-5所示，经变换后R=________Ω。

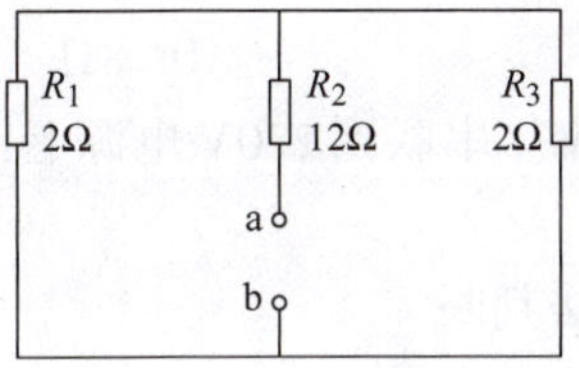

图 2-6-4

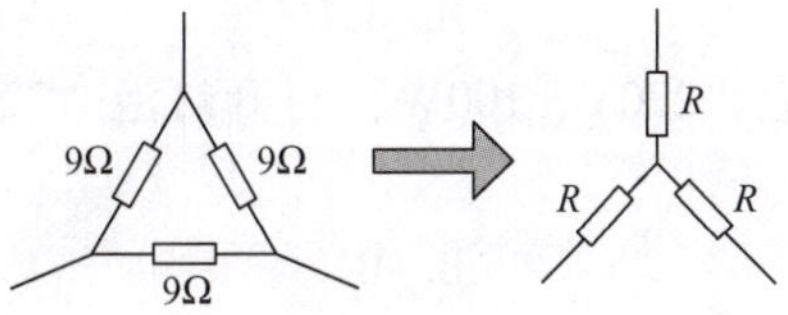

图 2-6-5

11. 可以通过________电阻的方法扩大电流表的量程，通过________电阻的方法扩大电压表的量程。

12. 某有源二端网络的开路电压为60V、短路电流为3A，则该有源二端网络的等效电源的电动势为______V、内阻为______Ω。若将该有源二端网络接上负载，当负载为______Ω时可以得到最大功率______W。

13. 受控源在电路中既具有电源的性质，又具有________的性质。

14. 叠加原理只适用于______电路，而不适用于计算______电路；只能用来计算电压和______，不能用于计算______。

二、选择题

1. 若把电路中原来电位为−5V的一点作为参考点，则电路中各点电位比原来（　　）。

A. 升高　　B. 降低　　C. 不变

2. 由欧姆定律列出一计算公式，$U_{ab}=-(4\times3)$V，其中负号表示（　　）。

A. 电压的参考方向与实际方向相反

B. 电流的参考方向与实际方向相反

C. 电压与电流为非关联参考方向

3. 4个阻值相同的电阻串联，其总电阻等于一个电阻阻值的（　　）。

A. 1/4倍　　B. 4倍　　C. 2倍　　D. 1/2倍

4. 若干个电阻串联接入电路，当它们电阻阻值不相等时，则各电阻中电流的关系为（ ）。

A. 电阻大的电流小　　B. 电阻小的电流小

C. 电流相等

5. 若干个电阻串联接入电路，当它们电阻阻值不相等时，则各电阻上电压的关系为（ ）。

A. 电阻大的电压小　　B. 电阻小的电压小

C. 电压相等　　D. 电压大小与阻值无关

6. 若干个电阻并联接入电路，当它们电阻阻值不相等时，则各电阻上功率的关系为（ ）。

A. 电阻大的功率小　　B. 电阻小的功率小

C. 功率相等　　D. 功率大小与阻值无关

7. 阻值为 10Ω 与 30Ω 的两个电阻，并联后的等效电阻值为（ ），串联后的等效电阻值为（ ）。

A. 30Ω　　B. 40Ω　　C. 20Ω　　D. 7.5Ω

8. 电路如图 2-6-6 所示，a、b 之间的等效电阻为（ ）

A. 2Ω　　B. 4Ω　　C. 6Ω　　D. 8Ω

9. A 灯泡“220V、100W”与 B 灯泡“220V、40W”串联到 220V 电源上，则较亮的灯泡是（ ）。

A. A　　B. B　　C. 无法判断

10. 实际电压源开路时开路电压 U 与电压源 U_S 的关系为（ ）。

A. $U>U_S$　　B. $U<U_S$　　C. $U=U_S$

11. 理想电压源和理想电流源之间（ ）。

A. 有等效变换关系　　B. 没有等效变换关系

C. 在一定条件下有等效变换关系

12. 已知图 2-6-7 所示电路中的 $U_S=4V$，$I_S=2A$，电阻 R_1 和 R_2 消耗的功率由（ ）供给。

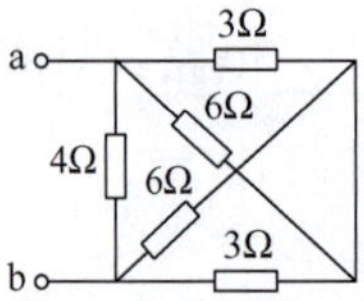

图 2-6-6

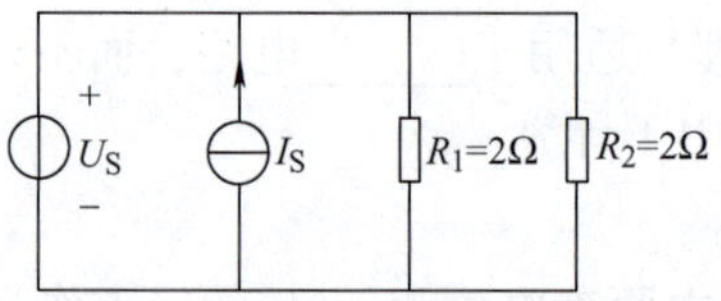

图 2-6-7

A. 电压源　　B. 电流源　　C. 电压源和电流源

13. 某电路有 4 个节点和 7 条支路，采用支路电流法求解各支路电流时，可以列出的独立节点电流方程和回路电压方程的个数分别为（ ）

A. 3、4　　B. 4、3　　C. 2、5　　D. 4、7

14. 电路如图 2-6-8 所示，其节点数、支路数、回路数及网孔数分别为（ ）。

A. 2、5、3、3　　B. 3、6、4、6　　C. 2、4、6、3

15. 电路如图 2-6-9 所示，$I=$（ ）A。

A. 2　　B. 7　　C. 5　　D. 6

16. 电路如图 2-6-10 所示，U_S = （　　）V。

A. 3　　B. 1　　C. －1　　D. －3

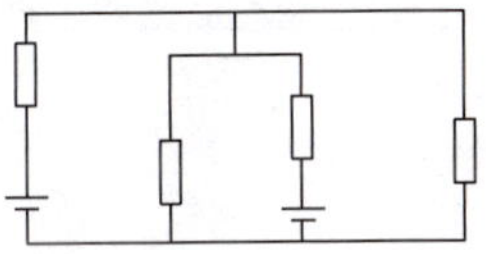

图 2-6-8

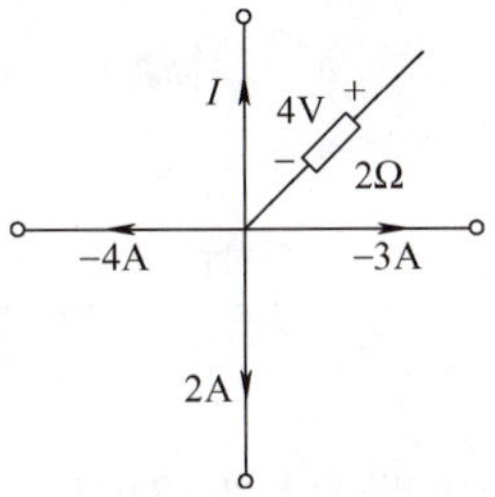

图 2-6-9

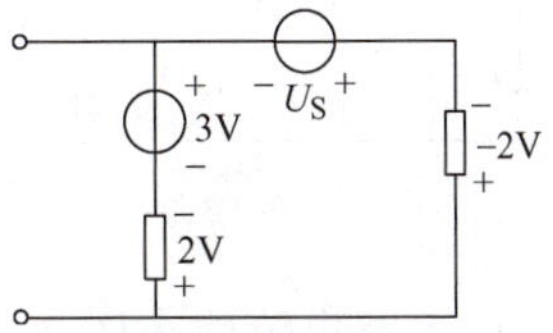

图 2-6-10

三、判断题

1. 电源电动势的大小由电源本身性质决定，与外接电路无关。（　　）
2. 当电路处于通路状态时，负载上的电压等于电源电动势。（　　）
3. 电压源、电流源等效变换前后电源内部不等效。（　　）
4. 网孔就是回路，回路也是网孔。（　　）
5. 根据基尔霍夫电流定律可知，沿任一回路绕行一周，各段电压的代数和为零。（　　）
6. 应用节点电压法求解电路时，参考点可要可不要。（　　）
7. 线性电路的电压、电流、功率可用叠加原理计算。（　　）
8. 应用叠加原理时，所谓的“将不作用的电源置零”，就是将不作用的电压源短路、电流源开路、保留电源的内阻。（　　）

四、综合题

1. 3 个电阻 $R_1=300\Omega$、$R_2=200\Omega$、$R_3=100\Omega$ 串联后接到 $U=6V$ 的直流电源上。求：(1) 电路中的电流；(2) 各电阻上的电压；(3) 各电阻所消耗的功率。

2. 在 220V 电源上并联接入两只白炽灯，它们的功率分别为 100W 和 40W，这两只白炽灯从电源取用的总电流是多少？

3. 将图 2-6-11 中各电路用电源等效变换的方法等效成电压源电路。

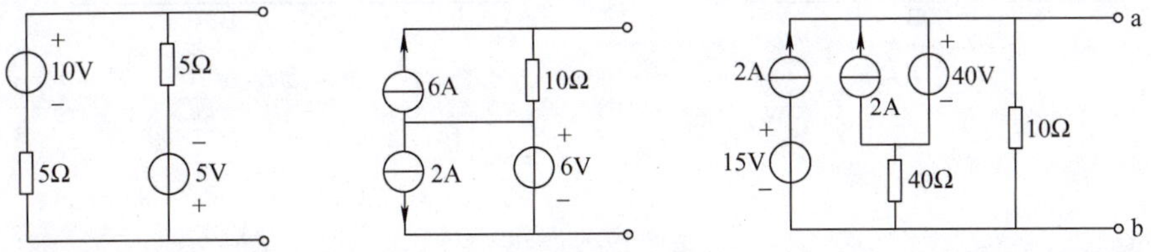

a)　　b)　　c)

图 2-6-11

4. 求图 2-6-12 中电流 I（要画出等效转换过程）。

5. 用戴维南定理求图 2-6-13 电路中电流 I。已知 $R_1=R_2=8\Omega$，$R_L=20\Omega$，$U_{S1}=8V$，

$U_{S2}=16V$。

6. 用戴维南定理求图 2-6-14 电路中电流 I。

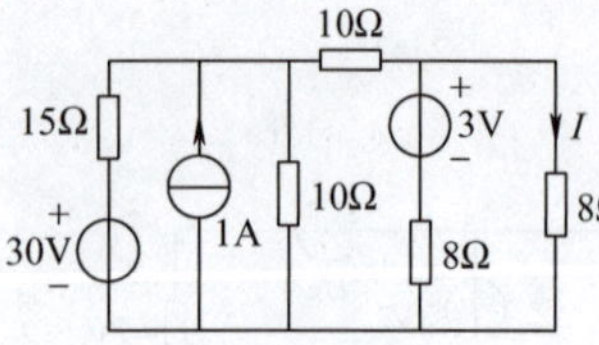

图 2-6-12

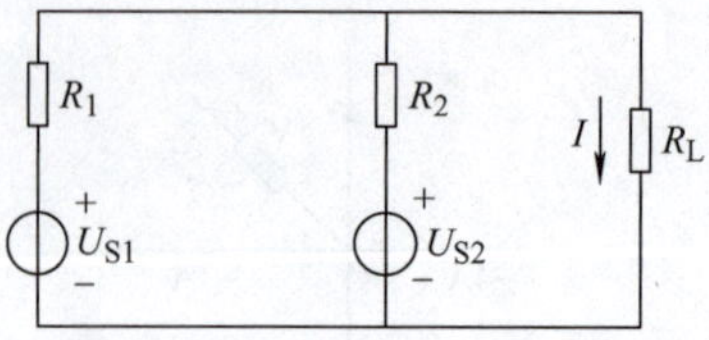

图 2-6-13

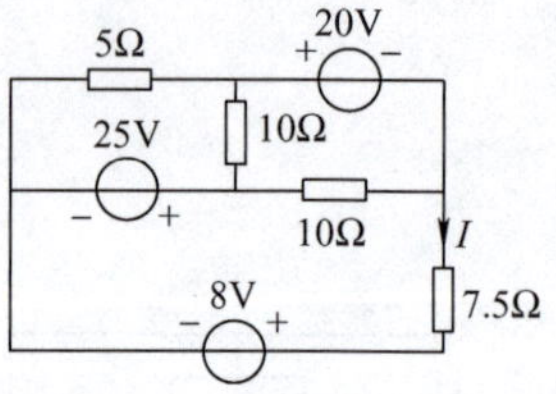

图 2-6-14

7. 用支路电流法求图 2-6-15 所示电路中各支路电流。

8. 用支路电流法求图 2-6-16 所示电路中电流 I_1、I_3。已知 $U_S=12V$，$I_S=1A$，$R_1=R_2=R_3=20\Omega$。

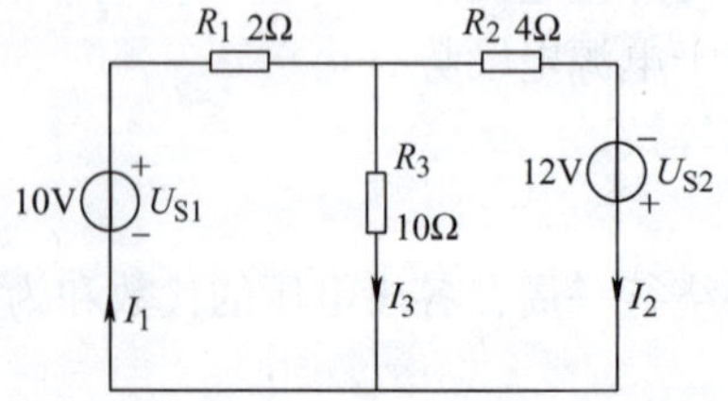

图 2-6-15

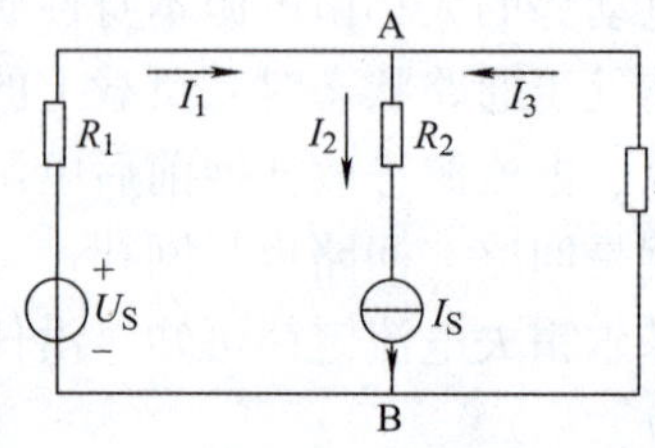

图 2-6-16

9. 电路如图 2-6-17 所示，已知 $U_{S1}=60V$，$U_{S2}=80V$，$R_1=100\Omega$，$R_2=50\Omega$，$R_3=50\Omega$，分别用叠加原理法和节点电压法求各支路电流 I_1、I_2、I_3。

10. 分别用叠加原理和节点电压法求图 2-6-18 所示电路中的电流 I_1、I_2、I_3，并计算电阻 R_3 吸收的功率 P_3。

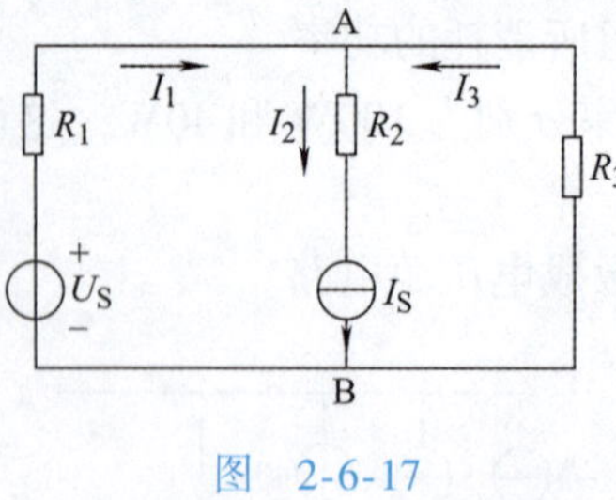

图 2-6-17

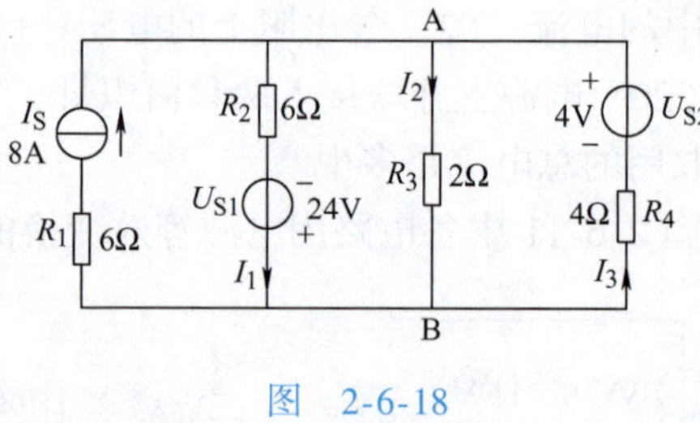

图 2-6-18

项目三

正弦交流电路的测试分析

一、学习目标

终极目标：掌握正弦交流电路的基本概念、基本规律，能应用交流电路知识解决实际问题。

促成目标：

1. 掌握单相、三相正弦交流电的概念。
2. 掌握元件参数分析计算方法。
3. 掌握串并联电路电压、电流、功率的分析及计算方法。
4. 掌握谐振的概念、特点。
5. 掌握三相正弦交流电路电压、电流、功率的分析及计算方法。
6. 能应用交流电路知识解决实际问题。

二、工作任务

1. 测试分析单相正弦交流电路。
2. 测试分析三相正弦交流电路。

模块一 正弦交流电的表示方法

一、学习目标

终极目标：掌握正弦交流电的概念及正弦交流电的表示方法。

促成目标：

1. 掌握正弦交流电的三要素。
2. 会用解析式、波形图、相量等表示正弦交流电。
3. 会使用交流电压表、交流电流表测量正弦交流电压、电流。

二、工作任务

测量正弦交流电流、电压，分析交流电三要素。

三、理论知识

1. 正弦交流电的产生

正弦交流电是指随时间按正弦规律变化的电压、电流或电动势，在日常生活、工业生产中被广泛使用。正弦交流电可以由交流发电机产生，也可以由其他方法获得。

图 3-1-1a 表示直流电，其电压的大小和方向不随时间而变化；图 3-1-1b 表示的是正弦

交流电压。

2. 正弦交流电的三要素

直流电的大小、方向不随时间而改变，描述直流电时只要用直流电参数（电压、电流等）即可，而正弦交流电的大小和方向随时间按正弦规律变化，比直流电复杂，描述交流电所需要的物理量比较多，下面就讨论表征正弦交流电特点的物理量（即交流电的三要素）。

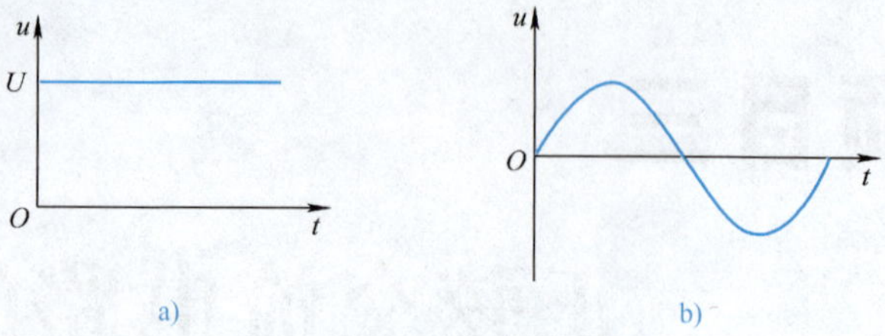

图 3-1-1 直流电和交流电

（1）周期、频率和角频率（反映正弦量变化快慢）

① 周期 T：正弦量完成一次周期性变化所需要的时间。

它的基本单位是秒（s），常用单位还有毫秒（ms）、微秒（μs）、纳秒（ns）等。

$$1\text{s}=10^3\text{ms}=10^6\mu\text{s}=10^9\text{ns}$$

周期越长，表示交流电变化越慢；周期越短，则表示交流电变化越快。

② 频率 f：正弦量在单位时间内完成周期性变化的次数。

它的基本单位是赫兹（Hz），常用单位还有千赫（kHz）、兆赫（MHz）等。

$$1\text{MHz}=10^3\text{kHz}=10^6\text{Hz}$$

周期和频率呈互为倒数的关系，即

$$f=\frac{1}{T}\text{或}\ T=\frac{1}{f} \tag{3-1-1}$$

我国和大多数国家都采用 50Hz（周期是 0.02s）作为电力标准频率，有的国家（如日本）采用 60Hz。这种频率在工业上应用非常广泛，习惯上称为“工频”。

③ 角频率 ω：正弦量在单位时间内所变化的电角度。

在一个周期 T 内，正弦量经历的电角度为 2π 弧度，则角频率为

$$\omega=\frac{2\pi}{T}=2\pi f \tag{3-1-2}$$

角频率的单位为弧度每秒（rad/s）。

（2）有效值、最大值（反映正弦量大小）

① 瞬时值。表示每一瞬间正弦量的值。一般用小写字母表示，如用 i、u、e 表示瞬时电流、瞬时电压、瞬时电动势。瞬时值的大小和方向随时间不断变化。

② 最大值。表示正弦量在整个变化过程中所能达到的最大值，又称峰值或振幅，用大写字母加下标“m”标注，如 I_m、U_m、E_m 分别表示电流、电压、电动势的最大值。

③ 有效值。用来反映交流电能量转换的实际效果，交流电的有效值是根据电流的热效应来确定的：设交流电 i 通过电阻 R，在一段时间内所产生的热量和直流电 I 通过同一电阻 R 在相等时间内所产生的热量相等，则这个直流电 I 的数值就称为该交流电 i 的有效值。有效值要用大写字母来表示，如 I、U、E 分别表示电流、电压、电动势的有效值。

正弦量的最大值等于其有效值的 $\sqrt{2}$ 倍，或正弦量的有效值等于其最大值的 $1/\sqrt{2}$。即

$$I_m=\sqrt{2}I\ \text{或}\ I=\frac{I_m}{\sqrt{2}} \tag{3-1-3}$$

$$U_m=\sqrt{2}U \text{ 或 } U=\frac{U_m}{\sqrt{2}} \tag{3-1-4}$$

$$E_m=\sqrt{2}E \text{ 或 } E=\frac{E_m}{\sqrt{2}} \tag{3-1-5}$$

注意：常用的测量交流电压和交流电流的各种仪表，所测量的数值均为有效值；各种电器铭牌上所标注的一般也都是交流电有效值。在考虑各种器件（如电容器）和电气设备的耐压值时，则应考虑承受电压的最大值而不是有效值，否则会影响正常使用。

（3）相位角、初相位和相位差（反映正弦量状态）

① 相位角（$\omega t+\varphi$）。表示正弦量在某一时刻所处状态的物理量。相位角可以确定瞬时值的大小和方向，还能反映出正弦量的变化趋势。相位角又称为相位。

相位的单位为弧度（rad）或度（°）。

② 初相位 φ。表示正弦量在计时起点即 $t=0$ 时的相位角，它反映了正弦量在计时起点的状态。一般规定初相位绝对值 $|\varphi|$ 用不超过 π 弧度（180°）的角度来表示。

③ 相位差 $\Delta\varphi$。是指两个同频率正弦量的相位之差（也等于它们的初相位之差），用来反映两个同频率交流电的相位关系。

如两个正弦量：

$$u=U_m\sin(\omega t+\varphi_u)$$
$$i=I_m\sin(\omega t+\varphi_i)$$

其相位差为

$$\Delta\varphi=(\omega t+\varphi_u)-(\omega t+\varphi_i)=\varphi_u-\varphi_i \tag{3-1-6}$$

通常规定相位差绝对值 $|\Delta\varphi|$ 也用不超过 π 弧度（180°）的角度来表示。

④ 根据 $\Delta\varphi$ 的数值可判断两正弦量到达最大值（或零值）的先后顺序。

根据下面的关系式可以判断电压、电流之间的相位关系：

若 $\Delta\varphi=\varphi_u-\varphi_i=0$，则表示 u 与 i 同相，即 u 与 i 同时达到零值或最大值；

若 $\Delta\varphi>0$，则表示 u 比 i 超前或 i 比 u 滞后；

若 $\Delta\varphi<0$，则表示 i 比 u 超前或 u 比 i 滞后；

若 $\Delta\varphi=\pm180°$，则表示 u 与 i 反相，即一个正弦量达到正的最大值、另一个正弦量达到负的最大值，变化趋势相反；

若 $\Delta\varphi=\pm90°$，则表示 u 与 i 正交，即一个正弦量达到最大值、另一个正弦量达到零值。

同频率交流电相位关系如图 3-1-2 所示。

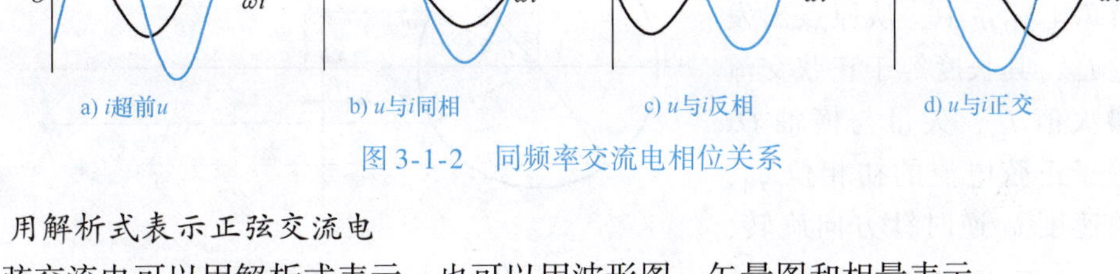

a) i超前u　b) u与i同相　c) u与i反相　d) u与i正交

图 3-1-2　同频率交流电相位关系

3. 用解析式表示正弦交流电

正弦交流电可以用解析式表示，也可以用波形图、矢量图和相量表示。

正弦交流电按正弦规律变化，其瞬时值表达式就是正弦交流电的解析式。如

$$u=U_{\mathrm{m}}\sin(\omega t+\varphi_{\mathrm{u}}),i=I_{\mathrm{m}}\sin(\omega t+\varphi_{\mathrm{i}}),e=E_{\mathrm{m}}\sin(\omega t+\varphi_{\mathrm{e}}) \tag{3-1-7}$$

解析式中包含了交流电的三要素。如果知道了交流电的三要素，也可写出交流电的解析式。

例 3-1-1 有一正弦交流电压，表达式为 $u=311\sin\left(314t-\frac{\pi}{4}\right)$ V，求该交流电压的角频率、频率、周期、最大值、有效值和初相位。

解：从表达式可以得到该交流电压的要素：

角频率 ω 为 314rad；

根据 $\omega=\frac{2\pi}{T}=2\pi f$，可得频率 $f=\frac{\omega}{2\pi}=\frac{314}{2\pi}=50\text{Hz}$，周期 $T=\frac{2\pi}{\omega}=\frac{2\pi}{314}=0.02\text{s}$；

初相位 φ 为 $-\frac{\pi}{4}$；

电压最大值 $U_{\mathrm{m}}=311\text{V}$，有效值 $U=\frac{U_{\mathrm{m}}}{\sqrt{2}}=\frac{311}{\sqrt{2}}\text{V}=220\text{V}$。

4. 用波形图表示正弦交流电

正弦交流电还可以用与解析式相对应的波形图来表示，波形图即正弦曲线，曲线的横坐标表示时间 t 或角度 ωt，纵坐标表示随时间变化的交流电瞬时值，从波形上可以反映交流电最大值、周期、初相位等要素，如图 3-1-3 所示。

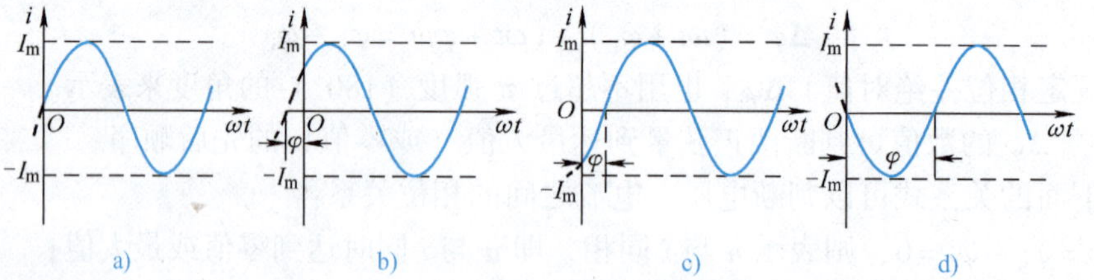

图 3-1-3 正弦交流电波形图

图中，图 3-1-3a 表示交流电的初相位为 0°；图 3-1-3b 表示初相位大于零，在 0° ~180°之间；图 3-1-3c 表示初相位小于零，在 −180° ~0°之间；图 3-1-3d 表示交流电初相位为 −180°。由此可以看出，如果交流电初相位为正值，则曲线的起点（数值为零的点）在坐标原点左边；如果初相位为负值，则曲线的起点在坐标原点右边。

5. 用旋转矢量表示正弦交流电

正弦交流电也可用旋转矢量表示。以 $i=I_{\mathrm{m}}\sin(\omega t+\varphi_{\mathrm{i}})$ 为例，在平面直角坐标系中，从原点出发作一矢量 I_{m}，其长度等于正弦交流电流的最大值 I_{m}，矢量与横轴 Ox 的夹角等于正弦电流的初相位 φ_{i}，矢量以角速度 ω 逆时针方向旋转，如图 3-1-4 所示。

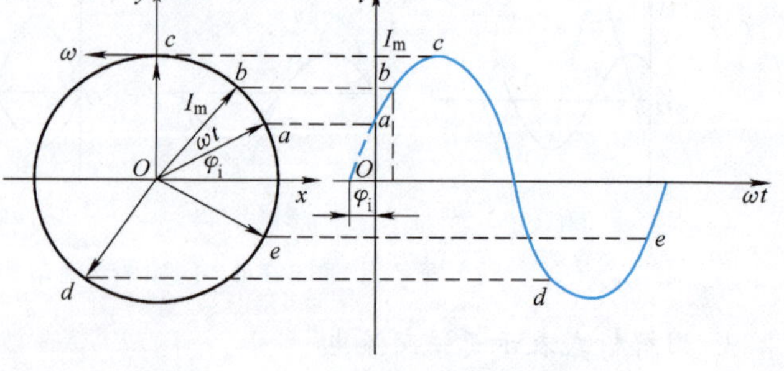

图 3-1-4 用旋转矢量表示交流电

从图中可以看出，旋转矢量在任一瞬间与横轴 Ox 的夹角就是正弦电流的相位 $\omega t+\varphi_i$，旋转矢量在纵轴上的投影对应该时刻正弦电流的瞬时值 i。矢量连续旋转，就可得到电流 i 的波形图。

由此可见，正弦量可以用一个以角速度 ω 逆时针方向旋转的矢量表示。对于这样的矢量，只要画出它的起始位置即可，没有必要把它的每一个瞬间都画出来，即只要用正弦量的最大值和初相位确定矢量即可。

6. 用相量表示正弦交流电

（1）复数　在数学中 $\sqrt{-1}$ 称为虚数单位，并用 i 表示。由于在电工技术中 i 已代表交流电流，因此虚数单位改用 j 表示，即 $j=\sqrt{-1}$。由实数和虚数组合而成的数称为复数。

设 A 为一个复数，其实数和虚数分别为 a 和 jb，则复数 A 可用代数形式表示为 $A=a+jb$。每一个复常数在复平面上都有一个对应的点，连接这一点到复平面上的原点，构成一个有向线段（即复矢量）和复数 A 相对应，如图 3-1-5 所示。矢量 $\overrightarrow{OP}$ 在实轴和虚轴上的投影分别为复数 A 的实部和虚部。

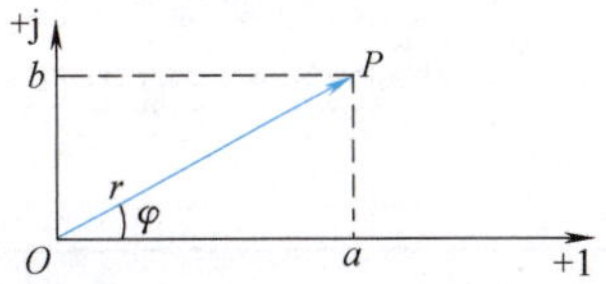

图 3-1-5　复数的矢量表示

矢量 $\overrightarrow{OP}$ 的长度 r 为复数 A 的模，矢量 $\overrightarrow{OP}$ 和实轴正方向的夹角 φ 称为复数 A 的幅角。它们之间的对应关系是

$$\left.\begin{aligned} a&=r\cos\varphi \\ b&=r\sin\varphi \\ r&=\sqrt{a^2+b^2} \\ \varphi&=\arctan\frac{b}{a} \end{aligned}\right\} \tag{3-1-8}$$

这样可得复数 A 的三角式为

$$A=r(\cos\varphi+j\sin\varphi) \tag{3-1-9}$$

根据欧拉公式可得复数 A 的指数形式为

$$A=re^{j\varphi} \tag{3-1-10}$$

复数 A 的极坐标形式为

$$A=r\angle\varphi \tag{3-1-11}$$

复数形式的相互变换和运算规则，是求解交流电路的基本运算，课后可以练习一下。

（2）用复数表示正弦量　正弦量可以用矢量表示，复数也可以用矢量表示，因此正弦量也可以用复数表示，正弦量与复数之间存在对应关系。应用这种对应关系，就可以用复数的模和辐角来表示正弦量的有效值（或最大值）和初相位，这种复数电压（或电流、电动势）就称为相量，用上面加小圆点的大写字母来表示，如 $\dot{U}_m$ 或 $\dot{U}$ 表示电压相量，$\dot{I}_m$ 或 $\dot{I}$ 表示电流相量等。

相量有有效值相量和最大值相量之分，有下标 m 的表示最大值相量，一般常用有效值相量来表示正弦量，如图 3-1-6 所示。

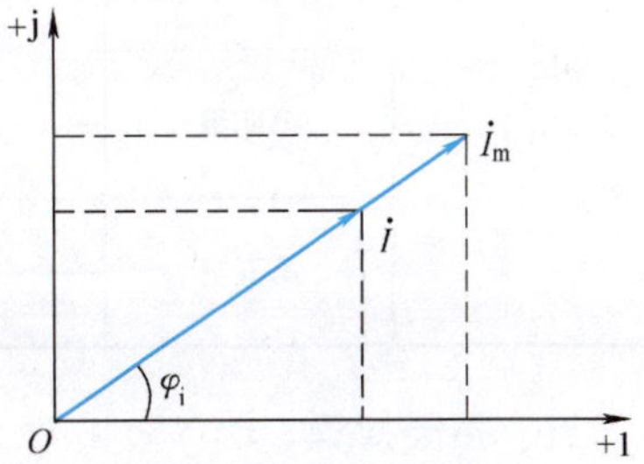

图 3-1-6　电流相量图

同频率的几个正弦交流电的相量，可以画在一张图上，这样的图就称为相量图。不同频率的相量不能画在一张图中。

有了相量以后，就可以用复数的运算计算交流电路了。

例 3-1-2 电流$i_1=3\sqrt{2}\sin\left(\omega t+\frac{\pi}{3}\right)$ A，$i_2=4\sqrt{2}\sin\left(\omega t-\frac{\pi}{6}\right)$ A，写出它们的相量式；求 $i=i_1+i_2=?$

解：根据对应关系，电流的相量式为 $\dot{I}_1=3\angle\frac{\pi}{3}$ A　$\dot{I}_2=4\angle-\frac{\pi}{6}$ A

$$\dot{I}=\dot{I}_1+\dot{I}_2=3\angle\frac{\pi}{3}\text{ A}+4\angle-\frac{\pi}{6}\text{ A}=\left(\frac{3}{2}+\text{j}\frac{3}{2}\sqrt{3}\right)\text{A}+(2\sqrt{3}-\text{j}2)\text{A}=5\angle 6.9^\circ\text{ A}$$

所以 $$i=i_1+i_2=5\sqrt{2}\sin(\omega t+6.9^\circ)\text{ A}$$

四、测试与训练

1）将实验台交流电压输出调至220V，将交流电压参数填入表 3-1-1。

表 3-1-1　交流电压参数

有效值/V	最大值/V	频率/Hz	周期/s	角频率/（rad/s）

2）将实验台交流电压输出调至 100V，按图 3-1-7将“220V、15W”白炽灯、交流电压表、交流电流表连接进电路，慢慢调节电压至220V，测量电路中电流及灯泡两端电压，将数据填入表 3-1-2。将白炽灯换成“220V、40W”的，重新测量电路中电流和电压。

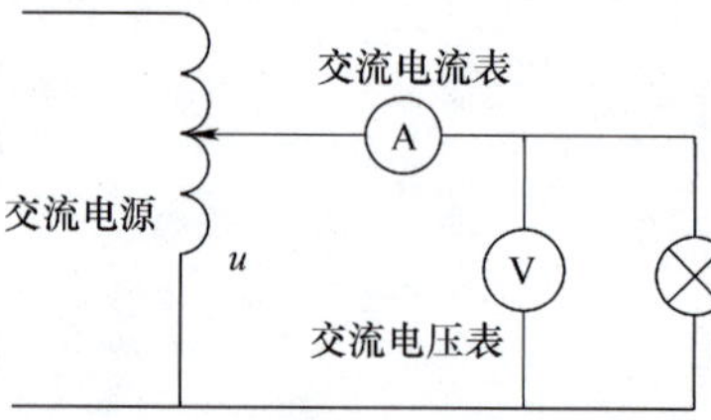

图 3-1-7　交流电测量电路

表 3-1-2　白炽灯电压、电流测量

元件			“220V、15W”白炽灯	“220V、40W”白炽灯
测量参数	第一组	电压表读数/V	100	100
		电流表读数/A		
	第二组	电压表读数/V		
		电流表读数/A		
	第三组	电压表读数/V		
		电流表读数/A		
	第四组	电压表读数/V		
		电流表读数/A		
	第五组	电压表读数/V	220	220
		电流表读数/A		

五、拓展知识

1. 交流电压测量方法

测量交流电压时必须把交流电压表并联在电路中（见图 3-1-8），同时要选择好电压表的量程，使其大于实际电压的数值。

图3-1-9是电工实验室实验台上配套的交流电压表，使用时通过接线将电压表并联在被测电路两端，该电压表有五档量程可选。

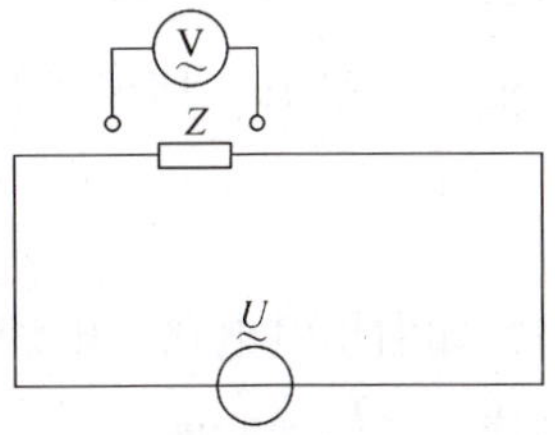

图3-1-8　测量电压接线图

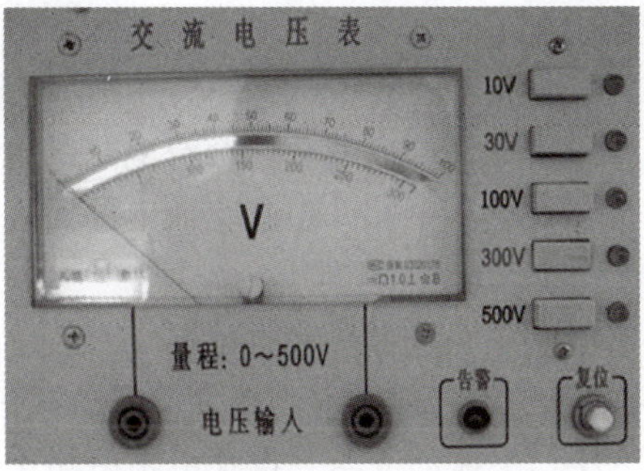

图3-1-9　实验台上的交流电压表

2. 交流电流测量方法

测量电流时必须把电流表串联在电路中（见图3-1-10），同时要选择好电流表的量程，使其大于实际电流的数值。在被测电路不能估计其电流大小时，最好将量程选择足够大，粗测一下，然后根据测量结果，正确选用量程。

图3-1-11是电工实验室实验台上配套的交流电流表，使用时通过接线将电流表串联在被测电路中，该电流表有四档量程可选。

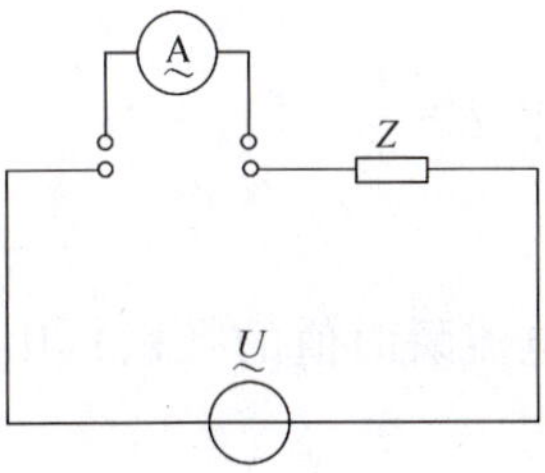

图3-1-10　测量电流接线图

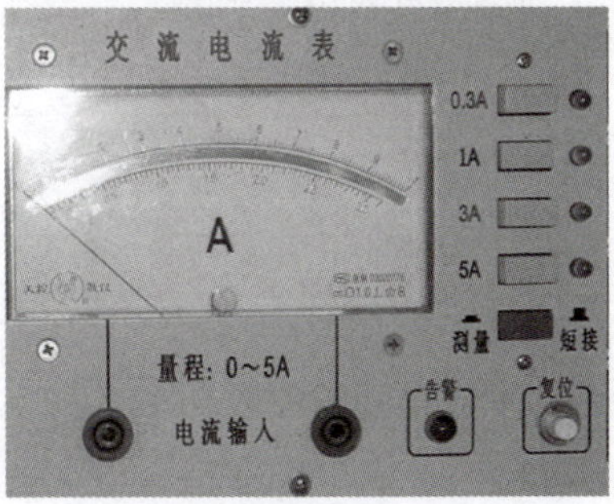

图3-1-11　实验台上的交流电流表

六、练习

1. 有两个电流 $i_1=10\sin(314t+45°)$ A，$i_2=25\sin(314t-30°)$ A。求 i_1、i_2 的有效值、最大值、周期、频率、初相位；求 i_1、i_2 的相位差，哪个电流超前？

2. 有一正弦交流电压，频率100Hz，有效值 $3\sqrt{2}$ V，当 $t=0$ 时电压值为3V，写出该电压瞬时值表达式。

3. 交流电压 $u=220\sqrt{2}\sin(628t+30°)$ V，写出该电压对应相量表达式。

模块二　元件参数的测试分析

一、学习目标

终极目标：会分析计算单个元件正弦交流电路。

促成目标：

1. 会使用交流电压表、交流电流表、功率表测量单个元件正弦交流电路。

2. 能分析纯电阻、纯电容、纯电感正弦交流电路中电压、电流的关系，会计算容抗、感抗、电压、电流及功率。

二、工作任务

1. 测量单个元件构成的正弦交流电路的电流、电压、功率。

2. 分析、计算单个元件正弦交流电路元件参数（阻抗、电压、电流、功率等）。

三、理论知识

1. 纯电阻正弦交流电路分析

交流电路中只有电阻元件，这样的电路就叫作纯电阻电路，如白炽灯电路、电炉电路等。

（1）电压、电流的关系　设在电阻电路中加正弦交流电压 $u=U_m\sin\omega t$，则通过电阻 R 的电流为

$$i=\frac{u}{R}=\frac{U_m}{R}\sin\omega t=I_m\sin\omega t=\sqrt{2}I\sin\omega t$$

在纯电阻电路中，电压、电流相位相同，电压、电流有效值之间（或最大值之间）满足欧姆定律，即

$$I=\frac{U}{R},\ I_m=\frac{U_m}{R} \tag{3-2-1}$$

将 u、i 分别用相量表示，则有

$$\dot{U}=U\angle\varphi_u=U\angle 0°$$

$$\dot{I}=I\angle\varphi_i=I\angle 0°=\frac{U}{R}\angle(\varphi_u+0°)=\frac{\dot{U}}{R}$$

或

$$\dot{U}=\dot{I}R \tag{3-2-2}$$

（2）电路功率　电路的瞬时功率（即电压瞬时值和电流瞬时值的乘积）用字母 p 表示（单位为 W），即

$$p=ui=U_m\sin\omega t\cdot I_m\sin\omega t=U_mI_m\sin^2\omega t\geqslant 0 \tag{3-2-3}$$

纯电阻电路中电压、电流、功率三者的波形如图 3-2-1所示。

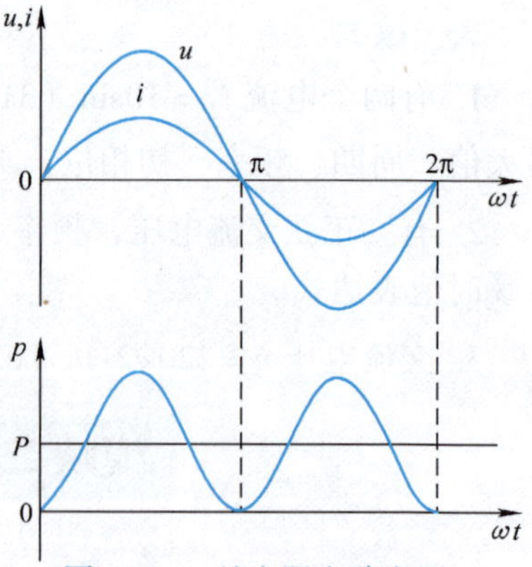

图 3-2-1　纯电阻电路电压、电流、功率的波形

从波形图可以看出，由于电压、电流同相，所以瞬时功率总是正值，即电阻在电路中是消耗功率的，把电能转换成热能。

瞬时功率是变化的，不便于表示电路功率，为了反映电阻消耗功率的大小，引入平均功率（即有功功率）P（单位为 W），P 是瞬时功率在一个周期内的平均值，在纯电阻电路中其数值上等于最大瞬时功率值的一半，即

$$P=\frac{1}{2}P_m=\frac{1}{2}U_mI_m=UI=\frac{U^2}{R}=I^2R$$

在日常生活中所提及的电器的功率，都是指的平均功率。

例 3-2-1 有一正弦交流电压为 $u=311\sin\left(314t-\frac{\pi}{4}\right)$ V，有一个阻值为 22Ω 的电阻元件接在该电压上，求电阻元件上的电流及功率。

解：从表达式可以看出电压的初相位为 $-\frac{\pi}{4}$、最大值 $U_m=311\text{V}$、有效值 $U=\frac{U_m}{\sqrt{2}}=\frac{311}{\sqrt{2}}\text{V}=220\text{V}$。

电压在电阻元件上产生的电流为 $I_R=\frac{U}{R}=\frac{220}{22}\text{A}=10\text{A}$

电流的初相位为 $\varphi_R=\varphi_u=-\frac{\pi}{4}$

所以 $i_R=10\sqrt{2}\sin\left(314t-\frac{\pi}{4}\right)$ A

或者 $\dot{I}=\frac{\dot{U}}{R}=\frac{U\angle\varphi_u}{R}=\frac{220\angle-\frac{\pi}{4}}{22}\text{A}=10\angle-\frac{\pi}{4}\text{A}$

对应的电流瞬时值表达式为 $i_R=10\sqrt{2}\sin\left(314t-\frac{\pi}{4}\right)$ A

电阻元件的功率为 $P=UI=I^2R=2200\text{W}$

2. 纯电容正弦交流电路分析

(1) 电容器对交流电的阻碍作用　电容器两端加直流电压时，电容器两个极板很快充满电荷，电路中电流为零，直流电不能通过电容器。

电容器两端加交流电压时，因为交流电大小、方向随时间做周期性变化，交流电反复给电容器充放电，电路中存在充放电电流，就好像交流电“通过”了电容器。相同数值交流电加在不同的电容器上，产生的电流也不同，即电容器对交流电具有一定的阻碍作用，该阻碍作用叫作容抗，用 X_C 表示。

$$X_C=\frac{1}{\omega C}=\frac{1}{2\pi fC} \tag{3-2-4}$$

容抗 X_C 单位为欧姆（Ω）。

从式(3-2-4) 可以看出，容抗的大小与电容器自身参数 C 有关，还与所加交流电的频率 f 有关。在同样电压下，电容器电容越大，容抗越小，电容器的充电电流和放电电流越大；在同样电容下，通过的交流电频率越高，容抗越小。所以电容器在电路中具有“通交流、隔直流”“通高频、阻低频”的特性，经常用作隔直流耦合电容或高频旁路电容等。

(2) 电压、电流的关系　交流电路中只有电容器元件，这样的电路就叫作纯电容电路。

设在纯电容电路中加正弦交流电压 $u=U_m\sin\omega t$，则电容器 C 上的充放电电流为

$$\begin{aligned}i&=C\frac{\mathrm{d}u}{\mathrm{d}t}=\omega CU_m\cos\omega t=\omega CU_m\sin(\omega t+90^\circ)\\&=I_m\sin(\omega t+90^\circ)\\&=\sqrt{2}I\sin(\omega t+90^\circ)\end{aligned}$$

由此可以看出，在纯电容电路中，电压滞后电流 90°相位（或电流超前电压 90°相位），电压、电流有效值之间、最大值之间的关系为

$$I=\frac{U}{X_C}=\frac{U}{\frac{1}{\omega C}}=U\omega C,\ I_m=\frac{U_m}{X_C}=\frac{U_m}{\frac{1}{\omega C}}=U_m\omega C \tag{3-2-5}$$

电压、电流之间相量关系为

$$\dot{U}=U\angle\varphi_u=U\angle 0^\circ$$

$$\dot{I}=I\angle\varphi_i=I\angle 90^\circ=\frac{U}{X_C}\angle\varphi_u+90^\circ=\mathrm{j}\frac{1}{X_C}\dot{U}=\frac{\dot{U}}{-\mathrm{j}X_C}$$

所以
$$\dot{U}=-\mathrm{j}X_C\dot{I} \tag{3-2-6}$$

（3）电路功率　电路的瞬时功率 p 为

$$\begin{aligned}p&=ui\\&=U_m\sin\omega t\cdot I_m\sin(\omega t+90^\circ)\\&=U_m\sin\omega t\cdot I_m\cos\omega t\\&=\frac{1}{2}U_mI_m\sin 2\omega t\\&=UI\sin 2\omega t\end{aligned} \tag{3-2-7}$$

纯电容电路中电压、电流、功率三者的波形如图3-2-2所示。

从波形图可以看出，由于电压、电流有90°相位差，所以瞬时功率随时间按正弦规律变化，且变化频率为电压、电流频率的2倍。在变化过程中，p 数值为正，电容器充电，从电源吸收能量；p 数值为负，电容器放电，向电源返还电能。在一个周期的时间内，瞬时功率的平均值为零，即 $P=0$，说明电容不消耗功率，是储能元件。

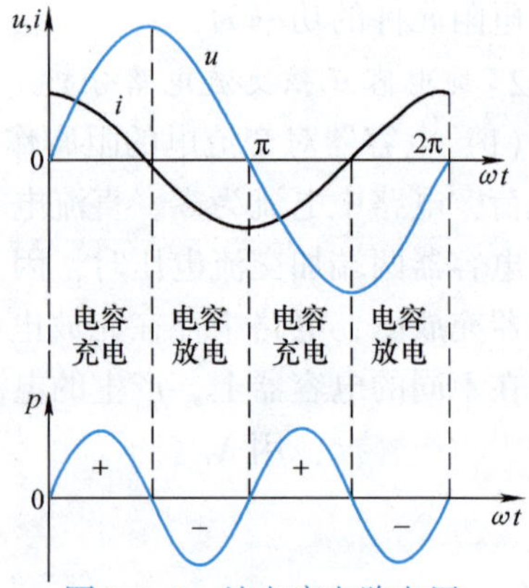

图3-2-2　纯电容电路电压、电流、功率的波形

用无功功率 Q_C 来表示电容器与电源之间能量交换的规模，Q_C 在数值上等于电容器上瞬时功率的最大值，即

$$Q_C=p_m=UI=\frac{U^2}{X_C}=I^2X_C \tag{3-2-8}$$

Q_C 单位为乏（var）。

例3-2-2　一正弦交流电压为 $u=220\sqrt{2}\sin\left(314t-\frac{\pi}{4}\right)$V，有一个电容元件接在该电压上，电容器电容量为29μF，求该电容元件上的电流及功率。

解：从题中可知电压的初相位为 $-\frac{\pi}{4}$、有效值为220V、角频率为314rad/s。

电容器容抗为
$$X_C=\frac{1}{\omega C}=\frac{1}{314\times29\times10^{-6}}\Omega\approx110\Omega$$

电流为
$$I_C=\frac{U}{X_C}=\frac{220}{110}\text{A}=2\text{A}$$

电流的初相位为 $\varphi_i=\varphi_u+\frac{\pi}{2}=-\frac{\pi}{4}+\frac{\pi}{2}=\frac{\pi}{4}$

所以 $i_C=2\sqrt{2}\sin\left(314t+\frac{\pi}{4}\right)\ A$

或者 $\dot{U}=U\angle\varphi_u=220\angle-\frac{\pi}{4}\ V$，$\dot{I}=\frac{\dot{U}}{-jX_C}=\frac{220\angle-\frac{\pi}{4}}{-j110}A=2\angle\frac{\pi}{4}\ A$，相应的电流瞬时值表达式为 $i_C=2\sqrt{2}\sin\left(314t+\frac{\pi}{4}\right)\ A$

电容元件的功率为 $P=0\quad Q_C=I^2X_C=440\text{var}$

3. 纯电感正弦交流电路分析

（1）电感对交流电的阻碍作用　电感元件两端加直流电压时，电感线圈的电阻对直流电有阻碍作用。在理想情况下可以认为线圈电阻为零，电感对直流电阻碍作用为零。

电感两端加交流电压时，因为交流电大小、方向随时间作周期性变化，在电感线圈中产生自感电动势，阻碍交流电的变化，起阻碍作用的是线圈的电阻与电感。理想情况下，忽略线圈的电阻，可以将电感线圈看成纯电感，电感对交流电起阻碍作用，该阻碍作用叫作感抗，用 X_L 表示，单位为欧姆（Ω）。

$$X_L=\omega L=2\pi fL \tag{3-2-9}$$

从式(3-2-9）可以看出，感抗的大小与电感元件的自感系数 L 有关，还与所加交流电的频率 f 有关。在同样电压下，电感越大，感抗越大，阻碍作用越大；在同样电感下，通过的交流电频率越高，感抗越大。所以电感元件在电路中具有“通直流、阻交流”“通低频、阻高频”的特性，经常在电路中用作高频扼流圈或低频扼流圈。

（2）电压、电流的关系　交流电路中只有电感元件，这样的电路就叫作纯电感电路。

设在电感电路中正弦交流电流为 $i=I_m\sin\omega t$，则电感元件上电压为

$$\begin{aligned}u&=L\frac{di}{dt}=I_m\omega L\cos\omega t\\&=\omega LI_m\sin(\omega t+90°)\\&=U_m\sin(\omega t+90°)\\&=\sqrt{2}U\sin(\omega t+90°)\end{aligned}$$

由此可以看出，在纯电感电路中，电压超前电流 90°相位（或电流滞后电压 90°相位），电压、电流有效值之间、最大值之间的关系为

$$I=\frac{U}{X_L}=\frac{U}{\omega L},\quad I_m=\frac{U_m}{X_L}=\frac{U_m}{\omega L} \tag{3-2-10}$$

电压、电流之间相量关系为

$$\dot{I}=I\angle\varphi_i=I\angle0°$$

$$\dot{U}=U\angle\varphi_u=U\angle90°=IX_L\angle\varphi_i+90°=\dot{I}\,jX_L$$

或者

$$\dot{I}=\frac{\dot{U}}{jX_L} \tag{3-2-11}$$

（3）电路功率　电路的瞬时功率 p 为

$$
\begin{aligned}
p &= ui \\
&= U_m \sin(\omega t + 90^\circ)\ I_m \sin \omega t \\
&= U_m \cos \omega t I_m \sin \omega t \\
&= \frac{1}{2} U_m I_m \sin 2\omega t \\
&= UI \sin 2\omega t
\end{aligned}
\tag{3-2-12}
$$

纯电感电路中电压、电流、功率三者的波形如图3-2-3所示。

从波形图可以看出，由于电压、电流有90°相位差，所以瞬时功率随时间按正弦规律变化，且变化频率为电压、电流频率的2倍。在变化过程中，p 数值为正，表明电感从电源吸收能量储存起来；p 数值为负，表明电感向电路释放能量。在一个周期的时间内，瞬时功率的平均值为零，即 $P=0$，说明电感不消耗功率，是储能元件。

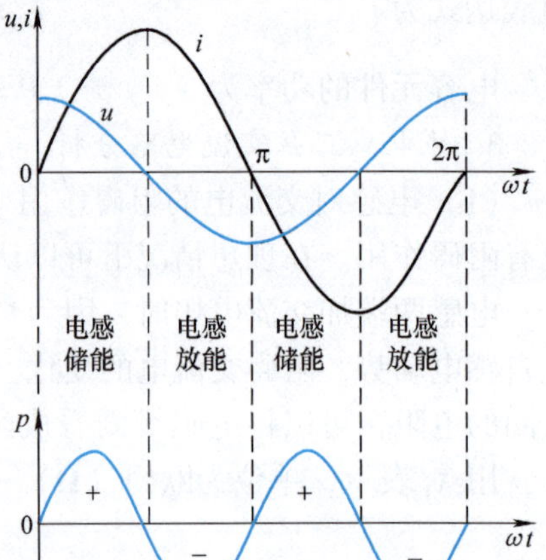

图3-2-3 纯电感电路中电压、电流、功率的波形

用无功功率 Q_L 来表示电感元件与电源之间能量交换的规模，Q_L 数值上等于电感元件上瞬时功率的最大值，即

$$
Q_L = p_m = UI = \frac{U^2}{X_L} = I^2 X_L \tag{3-2-13}
$$

Q_L 单位为乏（var）。

例3-2-3 正弦交流电压 $u = 110\sqrt{2}\sin\left(314t - \frac{2\pi}{3}\right)$ V，有一电感量为350mH的电感元件接在该电压上，求电感元件上的电流及功率。

解：从题中可知电压的初相位为 $-\frac{2\pi}{3}$、有效值为110V、角频率为314rad/s。

电感元件的感抗为 $X_L = \omega L = 314 \times 350 \times 10^{-3}\Omega \approx 110\Omega$

电压在电感元件上产生的电流为 $I_L = \frac{U}{X_L} = \frac{110}{110}\text{A} = 1\text{A}$

电流的初相位为 $\varphi_i = \varphi_u - \frac{\pi}{2} = -\frac{2\pi}{3} - \frac{\pi}{2} = -\frac{7\pi}{6}$

所以 $i_L = \sqrt{2}\sin\left(314t - \frac{7\pi}{6}\right)\text{A} = \sqrt{2}\sin\left(314t + \frac{5\pi}{6}\right)\text{A}$

或者 $\dot{U} = U\angle\varphi_u = 110\angle -\frac{2\pi}{3}\text{V}$，$\dot{I} = \frac{\dot{U}}{jX_L} = \frac{110\angle -\frac{2\pi}{3}}{j110}\text{A} = 1\angle -\frac{7\pi}{6}\text{A}$，相应的，电流瞬时值表达式为 $i_L = \sqrt{2}\sin\left(314t - \frac{7\pi}{6}\right)\text{A} = \sqrt{2}\sin\left(314t + \frac{5\pi}{6}\right)\text{A}$。

电感元件的功率为 $P=0$，$Q_L = I^2 X_L = 110\text{var}$。

电阻、电感、电容元件上电压、电流的关系及功率计算见表3-2-1。

表 3-2-1 电阻、电感、电容元件上电压、电流的关系及功率计算

元件		电阻 R	电感 L	电容 C
元件性质		耗能元件	储能元件（电能与磁场能转换）	储能元件（电能与电场能转换）
阻抗值（欧姆）		R	感抗 $X_L=\omega L=2\pi fL$	容抗 $X_C=\frac{1}{\omega C}=\frac{1}{2\pi fC}$
电压与电流的关系	瞬时值	$u_R=\sqrt{2}IR\sin(\omega t+\varphi_i)$ $=\sqrt{2}U\sin(\omega t+\varphi_u)$	$u_L=\sqrt{2}IX_L\sin(\omega t+\varphi_i+90°)$ $=\sqrt{2}U\sin(\omega t+\varphi_u)$	$u_C=\sqrt{2}IX_C\sin(\omega t+\varphi_i-90°)$ $=\sqrt{2}U\sin(\omega t+\varphi_u)$
	有效值	$U_R=IR$	$U_L=IX_L$	$U_C=IX_C$
	相量关系	$\dot{U}_R=\dot{I}R$	$\dot{U}_L=\dot{I}(jX_L)$	$\dot{U}_C=\dot{I}(-jX_C)$
	相位关系	电压、电流同相	电压相位超前电流 90°	电压相位滞后电流 90°
有功功率/W		$P=UI=I^2R$	0	0
无功功率/var		0	$Q_L=I^2X_L$	$Q_C=I^2X_C$

四、测试与训练

1. 元件识别

识别提供的三个元件“220V、15W”白炽灯（R）、500mH 电感线圈（L）和 4.7μF/500V 电容器（C），用万用表测量其直流参数，数据记入表 3-2-2，判断元件质量。

表 3-2-2 元件检测

元件	检测项目	检测数据	质量判断
白炽灯	直流电阻		
电感线圈	直流电阻		
电容器	充放电情况		

2. 电路测量

按图 3-2-4 连接电路。要注意，电源调节要求是输出电压为 220V，但在接入电感线圈时要降低电压从而使得其中电流小于线圈额定电流。

分别将三个元件单独接入电路，测量元件的电流、电压、功率、功率因数，数据记入表 3-2-3 中。

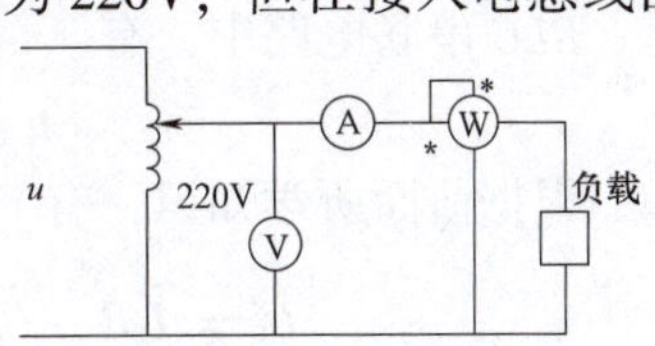

图 3-2-4 元件测量电路

3. 参数计算

计算元件参数，分析数据意义及产生误差的原因。

表 3-2-3 元件测量数据

被测元件	测量值				电路等效参数		
	U/V	I/A	P/W	$\cos\varphi$	R/Ω	L/Hz	C/μF
15W 白炽灯 R						—	—
电感线圈 L					—		—
电容器 C					—	—	

注：电感线圈不是纯粹的电感元件，它还包含电阻的性质，应理解为电感与电阻的串联，但在理想情况下可看成纯电感。同理，电容器在理想情况下可看成纯电容。

五、练习

1. 交流电压 $u=220\sqrt{2}\sin(314t+30°)$ V，加在 50Ω 的电阻元件上。求通过电阻元件

的电流瞬时值表达式及相量表达式；求电阻元件在电路中消耗的功率。

2. 20μF 的电容器元件接在 $u=50\sqrt{2}\sin(1000t-45°)$ V 交流电压上，求电容元件的容抗；求通过电容元件的电流瞬时值表达式及电容器的无功功率。

3. 80mH 的电感元件接到交流电路中，交流电压 $\dot{U}=100\angle 45°$ V，频率为 50Hz。求电感元件的感抗；求电流相量并画出相量图；求电感元件在电路中的无功功率。

模块三 串并联电路的测试分析

一、学习目标

终极目标：掌握交流串并联电路的规律，能分析交流串并联电路。

促成目标：

1. 掌握交流串联电路中电压、电流的关系。
2. 掌握交流并联电路中电压、电流的关系。
3. 会使用交流电压表、交流电流表、功率表测量串并联交流电路；会分析交流电路。

二、工作任务

1. 测量串并联电路电压、电流、电功率。
2. 分析串并联电路。

三、理论知识

交流串并联电路在生产、生活中有着广泛的应用，电路的分析、计算与直流串并联电路有着很大的区别，要复杂得多，但应用相量形式就可将直流电路中涉及的欧姆定律、基尔霍夫定律等用来解决交流电路的问题。

1. 电阻、电容、电感串联电路的电压、电流关系

(1) 交流电路的欧姆定律　如图 3-3-1 所示的 *RLC* 串联电路，在正弦电压 u 的作用下，电路中电流和各元件上的电压为同频率的正弦量。

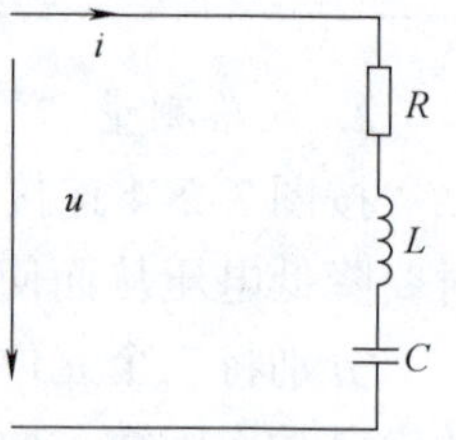

图 3-3-1　*RLC* 串联电路

RLC 串联电路中，有

$$u=u_R+u_L+u_C \tag{3-3-1}$$

根据前面所学知识，有

$$\dot{U}_R=\dot{I}R,\ \dot{U}_L=jX_L\dot{I},\ \dot{U}_C=-jX_C\dot{I}$$

$$\begin{aligned}\dot{U}&=\dot{U}_R+\dot{U}_L+\dot{U}_C\\&=\dot{U}_R+\dot{U}_X=\dot{I}R+\dot{I}(jX_L)+\dot{I}(-jX_C)\\&=\dot{I}R+\dot{I}j(X_L-X_C)\\&=\dot{I}R+\dot{I}jX\\&=\dot{I}Z\end{aligned}$$

可得

$$\dot{I}=\frac{\dot{U}}{Z} \tag{3-3-2}$$

此即为 *RLC* 串联电路欧姆定律的相量形式。

取电流为参考正弦量，即 $\dot{I}=I\angle 0°$，则电压、电流的相量如图 3-3-2 所示。

从相量图可以看出电压有效值之间的关系为

$$U^2 = U_R^2 + U_X^2 = U_R^2 + (U_L - U_C)^2 \quad (3\text{-}3\text{-}3)$$

(2) 复阻抗 Z 电路的复阻抗为

$$Z = R + jX = |Z| \angle \varphi = \sqrt{R^2 + X^2} \angle \varphi \quad (3\text{-}3\text{-}4)$$

它是一个复数，实部 R 是电路的电阻，虚部为电路的电抗，是电路中感抗与容抗之差，即

$$X = X_L - X_C \quad (3\text{-}3\text{-}5)$$

$|Z| = \sqrt{R^2 + X^2}$ 为电路复阻抗的模，其值也等于它的端电压及电流有效值之比，即

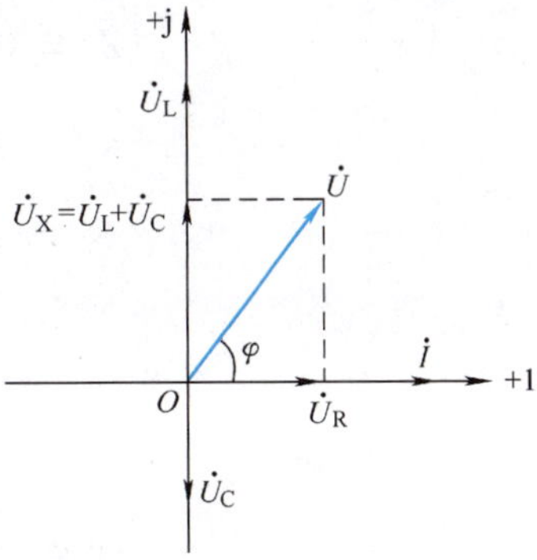

图 3-3-2 电压、电流相量图

$$|Z| = \frac{U}{I} \quad (3\text{-}3\text{-}6)$$

(3) 阻抗角 φ 电路复阻抗的阻抗角为

$$\varphi = \varphi_u - \varphi_i = \arctan \frac{X_L - X_C}{R} \quad (3\text{-}3\text{-}7)$$

电路的性质由电路中的电抗值来决定，根据阻抗角可判断电路呈现的性质：

若 $X_L > X_C$，则 $\varphi > 0$，表示电路的电压超前电流，电路呈感性；

若 $X_L < X_C$，则 $\varphi < 0$，表示电路的电流超前电压，电路呈容性；

若 $X_L = X_C$，则 $\varphi = 0$，表示电路的电压与电流同相，电路处于串联谐振状态，呈电阻性。

2. 电阻、电容、电感串联电路的功率

(1) 视在功率 S 表示电气设备的容量或电源提供的功率。

计算公式为

$$S = UI \quad (3\text{-}3\text{-}8)$$

S 的单位为 V·A（伏安）或 kV·A（千伏安）。

(2) 有功功率（平均功率）P 表示交流负载中电阻元件消耗的功率。

计算公式为

$$P = U_R I = I^2 R = UI\cos\varphi \quad (3\text{-}3\text{-}9)$$

式中，$\cos\varphi$ 称为功率因数；P 的单位为 W（瓦）或 kW（千瓦）。

(3) 无功功率 Q 表示储能元件电感和电容与电源之间进行能量交换的规模。

计算公式为

$$Q = I^2 X = I^2 (X_L - X_C) = UI\sin\varphi \quad (3\text{-}3\text{-}10)$$

Q 的单位为 var（乏）。

(4) 功率之间的关系

$$S = \sqrt{P^2 + Q^2} \quad (3\text{-}3\text{-}11)$$

例 3-3-1 RLC 串联电路中，已知 $R = 50\Omega$，$X_L = 100\Omega$，$X_C = 50\Omega$，$U_R = 150V$。

(1) 试求电路中电流 I、电路电压 U。

(2) 求电路的有功功率、无功功率、视在功率和整个电路的功率因数。

解：(1) $I = \frac{U_R}{R} = \frac{150}{50}A = 3A$

$$Z = R + j(X_L - X_C) = 50\Omega + j(100 - 50)\Omega = 50\Omega + j50\Omega = 50\sqrt{2}\angle 45^\circ\,\Omega$$

$$|Z|=\sqrt{R^2+X^2}=\sqrt{R^2+(X_L-X_C)^2}=50\sqrt{2}\,\Omega$$

$$U=I|Z|=150\sqrt{2}\,\text{V}$$

（2）
$$\varphi=\arctan\frac{X_L-X_C}{R}=45°$$

$$P=UI\cos\varphi=450\text{W}$$

$$Q=UI\sin\varphi=450\text{var}$$

$$S=UI=450\sqrt{2}\,\text{V}\cdot\text{A}$$

$$\cos\varphi=\cos45°=\frac{\sqrt{2}}{2}=0.707>0，电路呈感性$$

例 3-3-2 如图 3-3-3 所示的移相电路，$R=1000\Omega$，输入电压 u_1 的频率为 50Hz，要使输出电压 u_2 的相位比 u_1 超前 30°，则电容 C 的值应为多大？若将频率增高，则 u_2 超前 u_1 的角度如何变化？

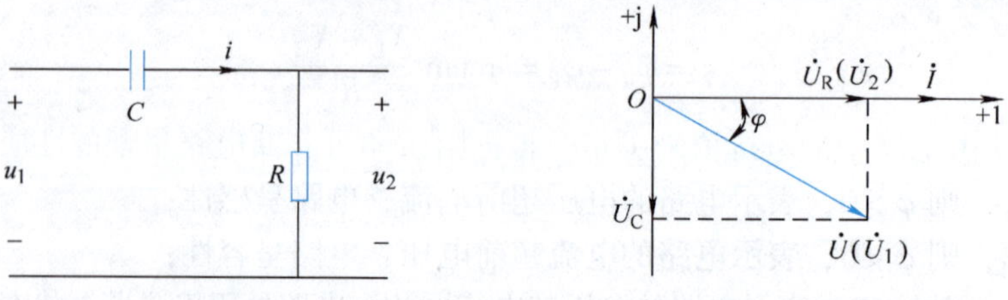

图 3-3-3 *RC* 移相电路及电压、电流相量图

解：以电路电流为参考相量，电路电压、电流相量图如图 3-3-3 所示。

$$U_R=U_2=IR，\ U_C=IX_C，\ U=U_1=I|Z|$$

从相量图可以看出 $\varphi=30°$

$$\tan\varphi=\tan30°=\frac{U_C}{U_R}=\frac{X_C}{R}=\frac{1}{\sqrt{3}}$$

所以 $X_C=\dfrac{1}{2\pi fC}=\dfrac{R}{\sqrt{3}}=\dfrac{1000}{\sqrt{3}}\Omega\approx577.4\Omega$

$$C=\frac{1}{2\pi fX_C}=\frac{1}{2\pi\times50\times577.4}\text{F}\approx5.52\mu\text{F}$$

当电路频率增高时，电容器容抗减小，$\varphi=\arctan\dfrac{X_C}{R}$减小，即 u_2 超前 u_1 的角度减小。

3. 电阻、电容、电感并联电路的电压、电流关系

如图 3-3-4 所示的 *RLC* 并联电路，在正弦电压 u 的作用下，各支路的电流 i_R、i_L、i_C 为同频率的正弦量。电流、电压相量图如图 3-3-5 所示。

设电源电压为 $u=\sqrt{2}U\sin\omega t$，则 $\dot{U}=U\angle0°$。

各支路电流对应的相量为

$$\dot{I}_R=\frac{\dot{U}}{R}=\frac{U}{R}\angle0°=I_R\angle0°$$

$$\dot{I}_L=\frac{\dot{U}}{jX_L}=\frac{U}{X_L}\angle-90°=I_L\angle-90°$$

$$\dot{I}_C = \frac{\dot{U}}{-jX_C} = \frac{U}{X_C}\angle 90° = I_C\angle 90°$$

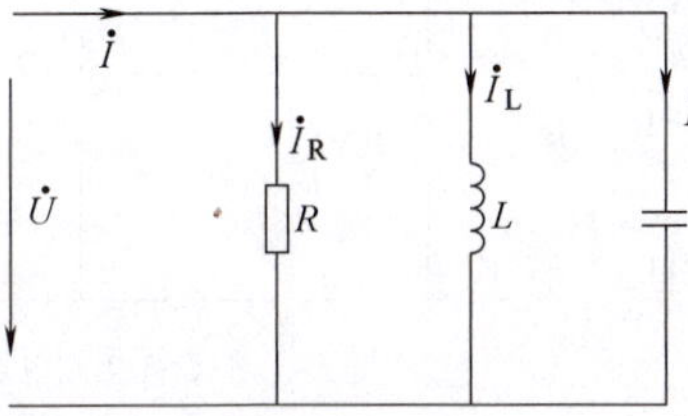

图 3-3-4　*RLC* 并联电路

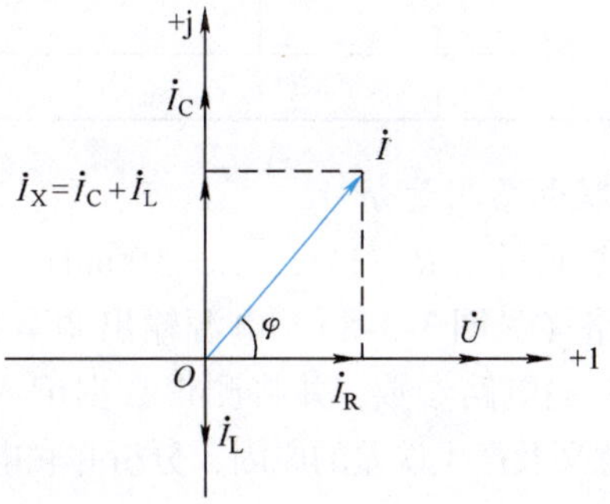

图 3-3-5　电流、电压相量图

由基尔霍夫电流定律，从相量图可得出并联电路的电流相量方程，即

$$\dot{I} = \dot{I}_R + \dot{I}_L + \dot{I}_C = \dot{U}\left(\frac{1}{R} - j\frac{1}{X_L} + j\frac{1}{X_C}\right) = \dot{U}\left[G + j\left(B_C - B_L\right)\right]$$

即

$$\dot{I} = \dot{U}Y, \quad I^2 = I_R^2 + (I_C - I_L)^2 \qquad (3\text{-}3\text{-}12)$$

式中，$G = \frac{1}{R}$，为电路的电导；$B_L = \frac{1}{X_L}$，为电路的感纳；$B_C = \frac{1}{X_C}$，为电路的容纳。

则 $B = B_C - B_L$，为电路的电纳。

电路复导纳为

$$Y = G + j(B_C - B_L) = G + jB = |Y|\angle\varphi_Y \qquad (3\text{-}3\text{-}13)$$

可综合反映电流与电压的大小及相位。

式(3-3-13) 中，$|Y| = \sqrt{G^2 + B^2}$ 为复导纳的模，G、B_L、B_C、B、$|Y|$ 的单位均为 S（西门子）；$\varphi_Y = \arctan\frac{B}{G} = \arctan\frac{B_C - B_L}{G}$，为导纳角。

4. 混联电路

交流电路中既有元件的串联又有元件的并联称为混联，如图 3-3-6所示电路，混联电路的电压、电流计算比较复杂，但其相量形式完全满足欧姆定律、基尔霍夫定律等，有兴趣的同学可以自己学习一下。

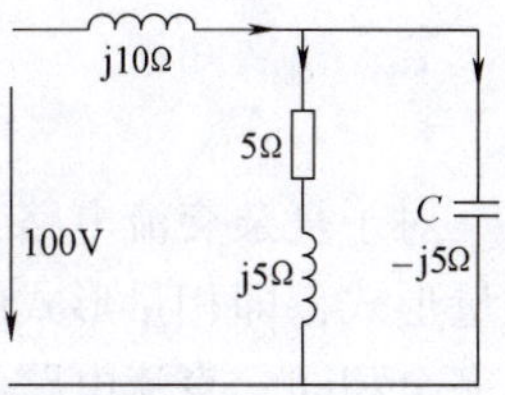

图 3-3-6　混联电路

四、测试与训练

1. 串联电路测试分析

将三个元件（$R = 1\text{k}\Omega$，$L = 100\text{mH}$，$C = 1\mu\text{F}$）组成串联电路（见图 3-3-7），电源输出调至 220V（也可根据元件情况调整，下同）。

测量有关电路参数，并将测得数据记入表 3-3-1 中，分析数据意义及产生误差的原因，分析串联电路的规律。

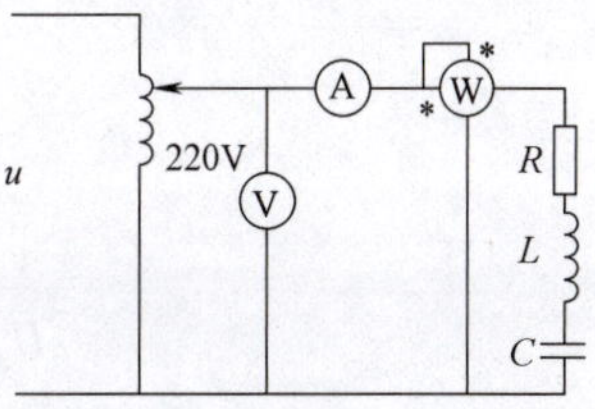

图 3-3-7　串联电路

表 3-3-1　串联电路测量数据

项目	U/V	U_R/V	U_L/V	U_C/V	U_X/V	I/A	P/W	$\cos\varphi$
测量值								
计算值								

2. 并联电路测量分析

将三个元件（$R=1\text{k}\Omega$，$L=100\text{mH}$，$C=1\mu\text{F}$）组成并联电路（见图 3-3-8），电源输出调至 220V。

测量有关电路参数，并将测得数据记入表 3-3-2 中，分析数据意义及产生误差的原因，分析并联电路的规律。

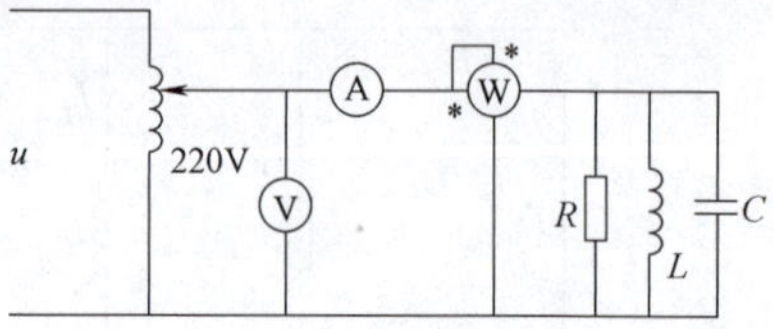

图 3-3-8　并联电路

表 3-3-2　并联电路测量数据

项目	I/A	I_R/A	I_L/A	I_C/A	I_X/A	U/V	P/W	$\cos\varphi$
测量值								
计算值								

3. 混联电路测量分析

将元件 $R=1\text{k}\Omega$、$L=100\text{mH}$ 串联后再与元件 $C=1\mu\text{F}$ 并联组成混联电路，电源输出调至 220V。

测量有关电路参数，并将测得数据记入表 3-3-3 中，分析数据意义及产生误差的原因，分析混联电路的规律。

表 3-3-3　混联电路测量数据

项目	I/A	I_{RL}/A	I_C/A	U/V	P/W	$\cos\varphi$
测量值						
计算值						

五、拓展知识

复杂电路的分析计算方法

对于复杂交流电路，分析与计算仍然以欧姆定律和基尔霍夫定律等为依据，但采用的是相量形式，即相量形式的欧姆定律、基尔霍夫定律等和直流电路中所采用的对应公式在形式上完全相同，直流电路的电阻、电导分别用复阻抗、复导纳代替，直流电压、电流、电动势分别用电压相量、电流相量、电动势相量来代替。部分公式对比如下：

$$U=IR \qquad \dot{U}=\dot{I}Z$$

$$\sum I=0 \qquad \sum \dot{I}=0$$

$$U_{ab}=\frac{\sum\frac{U_S}{R}}{\sum\frac{1}{R}}=\frac{\sum I_S}{\sum G} \qquad \dot{U}_{ab}=\frac{\sum\frac{\dot{U}_S}{Z}}{\sum\frac{1}{Z}}=\frac{\sum \dot{I}_S}{\sum Y}$$

六、练习

1. 根据测量数据总结一下串联电路中各电压之间的关系以及与电流的关系。

2. 根据测量数据总结一下并联电路中各电流之间的关系以及与电压的关系。

3. 在 *RLC* 串联电路中，已知电路电流 $I=2\text{A}$，各电压为 $U_R=20\text{V}$，$U_L=100\text{V}$，$U_C=80\text{V}$。求：

1）电路总电压 U；

2）有功功率 P、无功功率 Q 及视在功率 S；

3）元件参数 R、X_L、X_C。

4. 移相电路如图 3-3-9 所示，电容 $C=10\mu\text{F}$，输入电压 $U_1=10\text{V}$，频率 $f=50\text{Hz}$，要使输出电压 U_2 较输入电压 U_1 相位后移 45°，则电阻 R 值应为多少？输出电压 U_2 数值为多少？

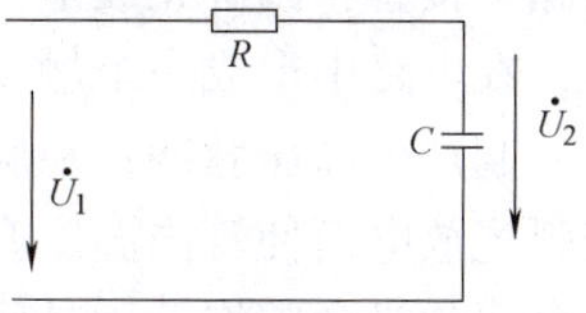

图 3-3-9 移相电路图

模块四 荧光灯电路及功率因数提高的测试分析

一、学习目标

终极目标：掌握荧光灯电路的工作原理及提高功率因数的原理。

促成目标：

1. 掌握荧光灯电路的工作原理。
2. 掌握提高感性电路功率因数的方法。
3. 会用仪表测量荧光灯电路的有关参数并分析。

二、工作任务

1. 分析荧光灯电路的工作原理。
2. 测量分析荧光灯电路。

三、理论知识

荧光灯是一般家庭普遍使用的照明灯具，其相比白炽灯光线柔和，但对电能的利用率较低，从节约能源的角度出发，我们要在利用好荧光灯的同时采取相应措施提高其电能利用率，并将此原理应用到其他电力领域。

1. 荧光灯电路的组成及工作原理

（1）电路组成及元件作用　如图 3-4-1 所示的荧光灯原理电路中显示了荧光灯电路的组成元件，其中：

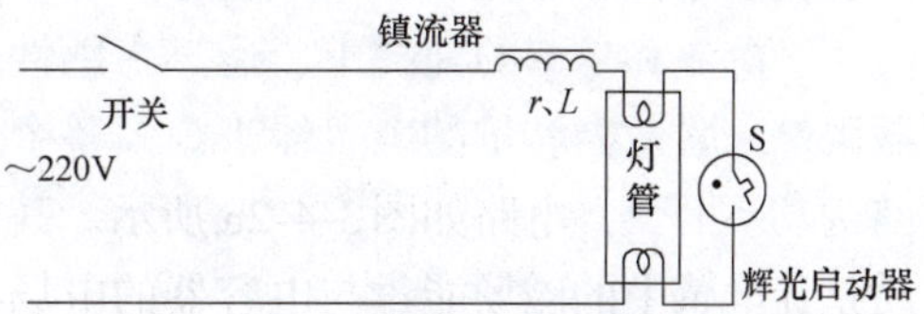

图 3-4-1 荧光灯原理电路

1）灯管：由玻璃管、灯丝和灯丝引出脚（俗称灯脚）等构成。

2）辉光启动器：由氖泡、小电容、引脚和外壳等构成。氖泡内装有动触片和静触片。

3）镇流器：主要由铁心和电感线圈组成，其品种分开启式、半封闭式、封闭式三种，其规格需与灯管功率配用。

4）开关：控制电路的通、断。

5）220V 交流电源：提供能量。

（2）电路工作原理　荧光灯工作全过程分为启辉和工作两种状态。其工作原理是：灯管的灯丝又叫阴极，通电后发热，称阴极预热。但荧光灯管属长管放电发光类型，启辉前内阻较高，阴极预热发射的电子不能使灯管内形成回路，需要施加较高的脉冲电压。此时灯管内阻很大，镇流器因接近空载，其线圈两端的电压降极小，电源电压绝大部分加在辉光启动器上，在较高电压的作用下，氖泡内动、静两触片之间就产生辉光放电而逐渐发热，U 形双金属片因温度上升而动作，触及静触片，于是就形成启辉状态的电流回路。接着，因辉光放电停止，U 形双金属片随温度下降而复位，动、静两触片分断，于是，在电路中形成一个触发，使镇流器电感线圈中产生较高的感应电动势，与原来的电源电压一起产生高压脉冲；在脉冲电压作用下，使灯管内的惰性气体被电离而引起弧光放电，随着弧光放电而使管内温度升高，液态汞就汽化游离，游离的汞分子因运动剧烈而撞击惰性气体分子的机会骤增，于是就引起汞蒸气弧光放电，这时就辐射出紫外线，激励灯管内壁上的荧光材料而发出可见光，因其光色近似“日光色”而俗称为日光灯。

灯管启辉后内阻下降，镇流器两端的电压降随即增大（相当于电源电压的一半以上），加在辉光启动器氖泡两极间的电压也就大为下降，已不足以引起极间辉光放电，两触片保持分断状态，辉光启动器不起作用；电流即由灯管内气体电离而形成通路，灯管进入工作状态。

2. 提高功率因数的意义

1）提高功率因数，可以提高电源设备的利用率。

电源设备如发电机、变压器等是按照它的额定电压与额定电流设计的。根据公式 $P = S\cos\varphi$，在相同的设备容量时，电路的功率因数越高，电源设备发出的视在功率就能较多地形成有功功率供给负载，这样发电设备的能力就能得到充分利用。

2）提高功率因数可以降低输电线路的功率损耗。

在一定的电压下向负载输送一定的有功功率时，由公式 $I = \dfrac{P}{U\cos\varphi}$，在 P、U 一定时，$\cos\varphi$ 越大，电路电流 I 越小，线路上的电压降也越小，线路中的功率损耗也越小，在电源电压一定时，负载的端电压将减小很小，不会影响用电设备的正常工作。在供配电上，我国电力部门规定电力用户功率因数不应低于 0.9，否则不予供电。

功率因数的提高

3. 提高功率因数的方法

提高功率因数就是在不改变感性负载原有电压、电流和功率的前提下，通过在感性负载两端并联适当容量的电容器来提高整个电路的功率因数，电路如图 3-4-2a 所示。其实质是让电感中的磁场能量与电容器的电场能量相交换，从而减少电源与负载间能量的互换，提高整个电路的功率因数。以电路电压作为参考相量，功率因数提高前后的电路相量图如图 3-4-2b 所示。

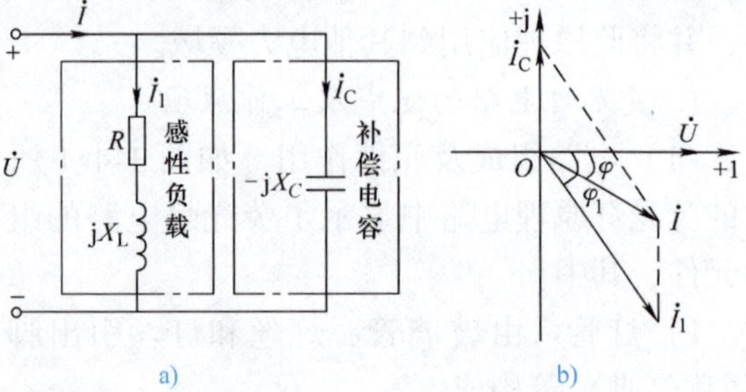

图 3-4-2 功率因数的提高

有关计算公式为

$$C = \frac{P}{\omega U^2}(\tan\varphi_1 - \tan\varphi) \tag{3-4-1}$$

式中，φ_1 是电路在并联电容器前的阻抗角、φ 是电路并联电容器后的阻抗角（分别对应提高前后的功率因数）；P 是电路中电阻元件消耗的功率；U 为电路电压；C 为需要并联的电容器的容量值。

四、测试与训练

1. 分析荧光灯电路的工作原理

用万用表简单测量一下给定的元件，按荧光灯原理电路接线。

讨论各元件的作用、荧光灯启辉原理、荧光灯正常工作原理。

2. 荧光灯电路的测试

按图 3-4-3 将测量仪表接入电路，然后进行启辉数据的测量分析。

接通 220V 电源，调节自耦调压器输出，使其输出电压从零缓慢增大，直到荧光灯刚启辉点亮为止，用电流表测量电路中电流，用电压表分别测量灯管两端电压、镇流器两端电压及总电压，用功率表测量电路中有功功率及功率因数，数据记入表3-4-1 中，分析启辉条件。

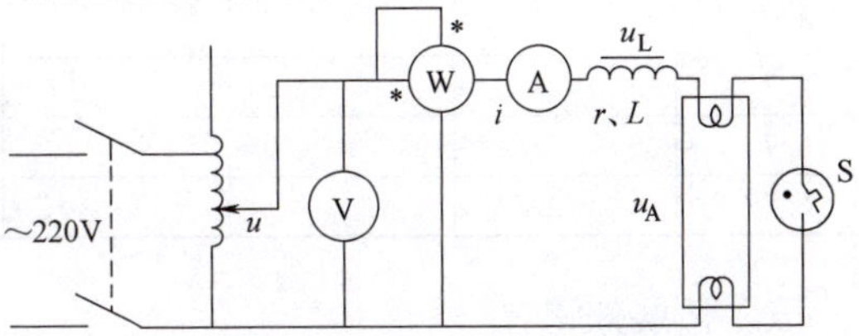

图 3-4-3　荧光灯测试电路

再进行工作数据测量分析。将电压调至 220V，荧光灯正常工作，测量数据并记入表 3-4-1中。

表 3-4-1　荧光灯电路测量数据

	测量数值						计算值
	P/W	$\cos\varphi$	I/A	U/V	U_L/V	U_A/V	$\cos\varphi$
启辉值							
正常工作值							

3. 提高功率因数的研究

电路如图 3-4-4 所示，在荧光灯正常工作的电路两端并联一个电容，用电压表测量电路两端电压，用电流表分别测量荧光灯电流、电容器上电流及电路总电流，用功率表测量电路功率及功率因数，数据记入表 3-4-2 中。

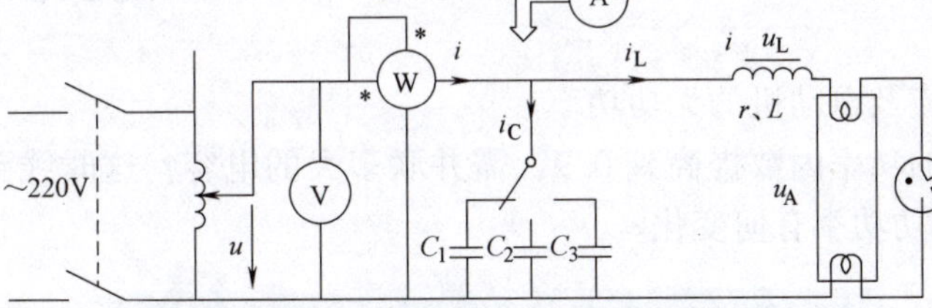

图 3-4-4　提高荧光灯功率因数的实验电路

改变并联电容值，测量电路参数，分析并联电容对实验数据的影响，归纳功率因数提高原理。

表 3-4-2　荧光灯电路的功率因数分析

测量数值							计算值
电容值/μF	P/W	U/V	I/A	I_L/A	I_C/A	$\cos\varphi$	$\cos\varphi$
0							
1							

（续）

测　量　数　值							计　算　值
电容值/μF	P/W	U/V	I/A	I_L/A	I_C/A	cosφ	cosφ
2							
3							
3.2							
4.2							
4.7							
5.7							
6.7							

五、拓展知识

1. 常用的电子镇流器

常用的电子镇流器有常用可调光电子镇流器、常用高强度放电灯电子镇流器、典型冷阴极荧光灯（CCFL）电子镇流器、数控电子镇流器等。具体可查询有关资料。

2. 功率因数提高在电力系统中的重大意义及实际措施

在电力系统的供配电上是采用并联补偿电容的方法提高功率因数的，如图 3-4-5 所示。

提高功率因数在电力系统中是一件比较重要的工作，实施过程远比家庭照明电路的功率因数提高复杂，请查询相关资料了解一下。

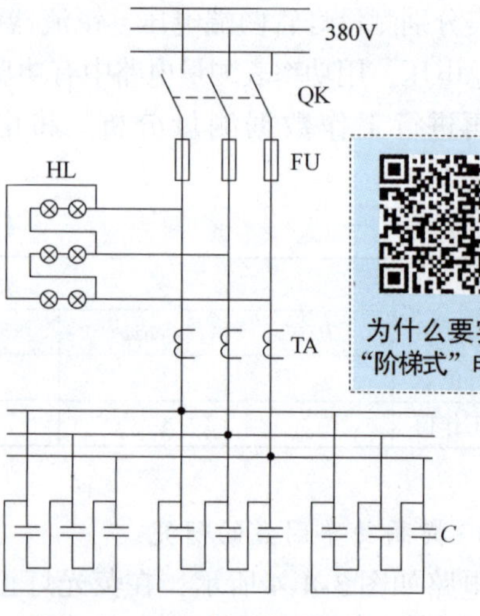

图 3-4-5　电力系统的补偿电容

为什么要实施“阶梯式”电阶?

六、练习

1. 分析荧光灯电路的工作原理。

2. 根据荧光灯电路在并联电容前后的测量数据，分析电容器的作用及容量的确定。

3. 将一台功率因数为 0.75、功率为 1.5kW 的单相家庭用交流电动机接到 220V 的工频电源上，求：

1）线路上的电流及电动机的无功功率。

2）若要将电路的功率因数提高到 0.9，需并联多大的电容？这时线路中的电流及电源供给的有功功率、无功功率有何变化？

模块五　交流电路的谐振分析

一、学习目标

终极目标：掌握谐振的概念及谐振的特点，会分析谐振电路。

促成目标：

1. 掌握交流电路谐振的概念、特点及品质因数的概念。

2. 会测试串联谐振电路幅频特性。

3. 会分析串联谐振电路，会应用谐振解决实际问题。

二、工作任务

1. 测量分析串联谐振电路。

2. 测量分析并联谐振电路。

三、理论知识

谐振的概念比较抽象，谐振电路的测量也比较复杂。我们要在熟练掌握谐振概念的基础上分析谐振电路，并应用于实践。

1. 谐振的概念

含有电感和电容元件的交流电路，在一定条件下，电路呈现电阻性，即电路的电压与电流为同相位，这种电路状态称为谐振。在工程技术中，对工作在谐振状态下的电路常称为谐振电路。

2. 串联谐振

（1）谐振条件　*RLC* 串联电路的复阻抗为

$$Z = R + j(X_L - X_C) = R + j\left(\omega L - \frac{1}{\omega C}\right) = R + jX = |Z|\angle\varphi \tag{3-5-1}$$

式中，$\varphi = \arctan\dfrac{\omega L - \dfrac{1}{\omega C}}{R}$。

当 $X_L = X_C$ 时，$\varphi = 0$，电路呈现电阻性，电压与电流同相位，这时电路发生了串联谐振。

由以上分析可见，*RLC* 串联电路发生谐振的条件是

$$X_L = X_C \tag{3-5-2}$$

即

$$\omega L = \frac{1}{\omega C} \tag{3-5-3}$$

在电路参数 *L*、*C* 一定时，调节电源的频率使电路发生谐振时的角频率称为谐振角频率，用 ω_0 表示，则有

$$\omega_0 = \frac{1}{\sqrt{LC}} \tag{3-5-4}$$

相应的谐振频率为

$$f_0 = \frac{\omega_0}{2\pi} = \frac{1}{2\pi\sqrt{LC}} \tag{3-5-5}$$

其中 *L* 的单位为 H（亨利），*C* 的单位为 F（法拉），f_0 的单位为 Hz（赫兹）。谐振时的角频率和频率仅决定于电路的电感和电容的值，是电路所固有的，所以，f_0 和 ω_0 常称为电路的固有频率和固有角频率。当电源频率等于电路的固有频率时，电路处于谐振状态。

（2）谐振特点

1）谐振时电路复阻抗 *Z* 就等于电路中的电阻 *R*，复阻抗的模达到最小值，即 $|Z| = R$。

2）谐振时电路中的电流 *I* 达到最大值，用 I_0 表示，并称为谐振电流。即

$$I_0 = \frac{U}{R} \tag{3-5-6}$$

3）发生串联谐振时，电阻上的电压等于总电压；电感、电容上的电压大小相等、相位相反，数值上都等于总电压的 *Q* 倍。

各元件上的电压分别为

$$U_R = I_0R = \frac{U}{R}R = U \tag{3-5-7}$$

$$U_L = U_C = I_0X_L = I_0X_C = \frac{\omega_0 L}{R}U = \frac{1}{\omega_0 CR}U = QU \tag{3-5-8}$$

式中，Q 称为谐振电路的品质因数，$Q = \frac{U_L}{U} = \frac{\omega_0 L}{R} = \frac{1}{R\omega_0 C} = \frac{1}{R}\sqrt{\frac{L}{C}}$。

4）谐振时电能仅供给电路中的电阻元件消耗，电源与电路之间不发生能量转换，只在电感与电容间进行磁场能与电场能的转换。

（3）品质因数 Q　Q 是一个仅与电路参数有关的常数，其值为几十以上。因此，发生串联谐振时电感及电容上的电压可以达到电源电压的 Q 倍，即 $U_{L0} = U_{C0} = QU$，故串联谐振也称为电压谐振。

3. 通频带与选择性

（1）幅频特性　对于一个 RLC 串联电路，当外加电源电压的频率变化时，电路中的电流、阻抗等都随频率而变化，这种随频率变化的关系称为频率特性。

将串联谐振回路中电流有效值 I（或电阻上电压有效值 U_R）大小随电源频率变化的曲线称为电流（或电压）谐振曲线，又称为幅频特性曲线，如图 3-5-1 所示。

（2）Q 值与幅频特性曲线　品质因数 Q 值不同，谐振曲线也不同。较大的 Q 值对应着较尖锐的电流谐振曲线，如图 3-5-2 所示，而较尖锐的电流谐振曲线就有较高的回路选择性。因此 Q 值越大，回路选择性就越好。

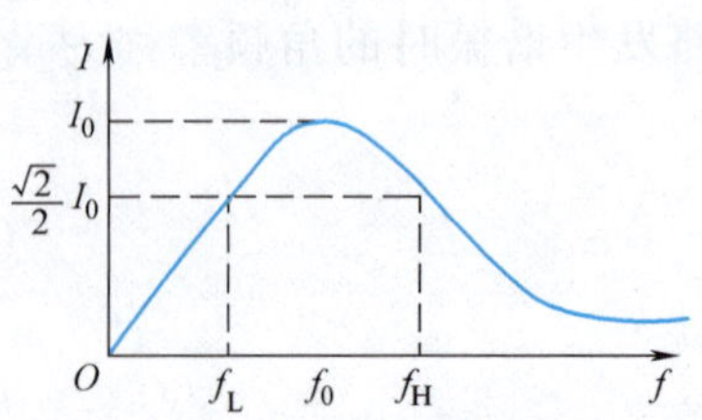

图 3-5-1　谐振曲线

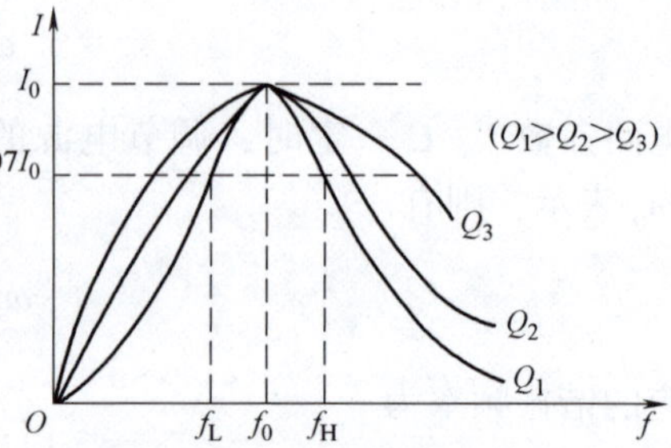

图 3-5-2　Q 值与谐振曲线

（3）通频带与选择性　在实际应用中常把回路电流 I 不小于 $\frac{\sqrt{2}}{2}I_0$（即 0.707 I_0）的频率范围称为该回路的通频带，以 Δf 表示，如图 3-5-1 所示。则通频带为

$$\Delta f = f_H - f_L \tag{3-5-9}$$

式中，f_H 为上限截止频率；f_L 为下限截止频率，分别为电路电流值下降为谐振电流值的 $\frac{\sqrt{2}}{2}$ 倍时所对应的最高频率和最低频率。

Q 值与通频带之间的关系为

$$\Delta f = \frac{f_0}{Q} \tag{3-5-10}$$

通频带规定了谐振电路允许通过信号的频率范围。可以看出，Q 值越大，通频带就越窄，电路的选择性越好；反之，通频带越宽，选择性越差。实际工作中要根据需要协调好电路的选择性与通频带的关系。

例 3-5-1 收音机输入电路可看成是一个 RLC 串联调谐回路，电感为 250μH，电阻为 25Ω，调节电容器至 150pF。求谐振频率及品质因数。

解：根据 $f_0=\dfrac{\omega_0}{2\pi}=\dfrac{1}{2\pi\sqrt{LC}}$，有

$$f_0=\frac{1}{2\pi\sqrt{LC}}=\frac{1}{2\pi\sqrt{250\times10^{-6}\times150\times10^{-12}}}\text{Hz}=822\text{kHz}$$

$$Q=\frac{1}{R}\sqrt{\frac{L}{C}}=\frac{1}{25}\sqrt{\frac{250\times10^{-6}}{150\times10^{-12}}}=51.6$$

4. 并联谐振

在图 3-3-4 所示的并联电路中，复导纳为 $Y=G+\text{j}(B_\text{C}-B_\text{L})=G+\text{j}B$。

当 $B=B_\text{C}-B_\text{L}=0$ 时，电路电压与电流同相位，电路发生并联谐振。谐振条件为

$$B_\text{L}=B_\text{C},\ \frac{1}{X_\text{L}}=\frac{1}{X_\text{C}},\ X_\text{L}=X_\text{C} \tag{3-5-11}$$

所以 $\omega L=\dfrac{1}{\omega C}$，与串联谐振条件相同。

谐振角频率、谐振频率为

$$\omega_0=\frac{1}{\sqrt{LC}} \qquad f_0=\frac{\omega_0}{2\pi}=\frac{1}{2\pi\sqrt{LC}} \tag{3-5-12}$$

并联谐振特点：

1）谐振时电路复导纳最小，即 $Y=G$；阻抗最大，$|Z|=R$。

2）在电压一定时，电路总电流最小，等于通过电阻元件的电流，即 $I_0=\dfrac{U}{R}$。

3）电感和电容上电流大小相等、相位相反，数值上都等于总电流的 Q 倍，即

$$I_\text{L}=I_\text{C}=\frac{U}{\omega_0 L}=\frac{R}{\omega_0 L}\frac{U}{R}=QI_0 \tag{3-5-13}$$

$$Q=\frac{I_\text{L}}{I_0}=\frac{R}{\omega_0 L}=R\omega_0 C \tag{3-5-14}$$

Q 称为并联谐振电路品质因数，并联谐振又称为电流谐振。

4）谐振时电能仅供给电路中的电阻元件消耗，电源与电路之间不发生能量交换，只在电感与电容间进行磁场能与电场能的转换。

四、测试与训练

1. 电路准备

按图 3-5-3 给出的电路接线，取 $R=510\Omega$，$C=0.1\mu\text{F}$，$L=30\text{mH}$，调节信号源输出电压为 1V 正弦信号，并在整个实验过程中保持不变。调整示波器和毫伏表待用。

2. 确定电路的谐振频率 f_0

将交流毫伏表跨接在电阻 R 两端，令信号源的频率由小逐渐变大（注意要维持信号源

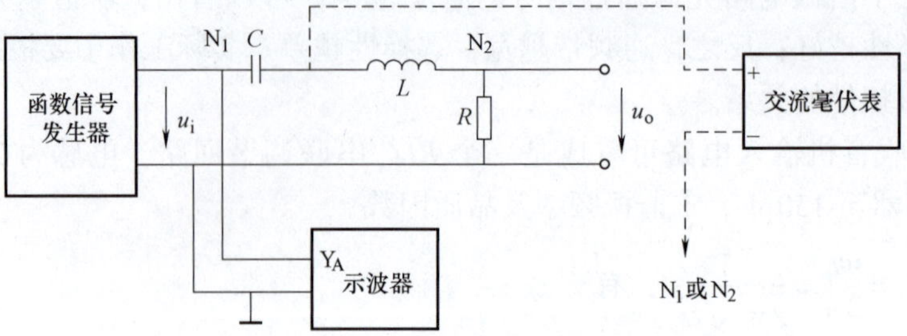

图 3-5-3　串联谐振测量电路

的输出幅度不变），当 U_o 的读数为最大时，读得频率计上的频率值即为电路的谐振频率 f_0，并测量元件上电压 U_o、U_L、U_C 之值（注意及时更换毫伏表的量限）。数据记入表3-5-1中。

表 3-5-1　谐振测量数据 1

$R=510\Omega$，$C=0.1\mu F$，$f_0=$　　，$\Delta f=$　　，$Q=$										
f/kHz										
U_o/V										
U_L/V										
U_C/V										

3. 绘制幅频特性曲线

1）在谐振点两侧，按频率递增或递减 500Hz 或 1kHz，依次取若干测量点，逐点测出 U_o、U_L、U_C，测得的数据记入表 3-5-1 中。绘制曲线，计算通频带及 Q 值。

2）取 $R=2k\Omega$，重新测量数据，测得的数据记入表 3-5-2 中，绘制曲线，计算通频带及 Q 值。

表 3-5-2　谐振测量数据 2

$R=2k\Omega$，$C=0.1\mu F$，$f_0=$　　，$\Delta f=$　　，$Q=$										
f/kHz										
U_o/V										
U_L/V										
U_C/V										

3）取 $R=510\Omega$，$C=0.01\mu F$，重新测量，测得的数据记入表 3-5-3 中，绘制曲线，计算通频带及 Q 值。

表 3-5-3　谐振测量数据 3

$R=510\Omega$，$C=0.01\mu F$，$f_0=$　　，$\Delta f=$　　，$Q=$										
f/kHz										
U_o/V										
U_L/V										
U_C/V										

4）取 $R=2k\Omega$，$C=0.01\mu F$，重新测量，测得的数据记入表 3-5-4 中，绘制曲线，计算通频带及 Q 值。

表 3-5-4　谐振测量数据 4

$R=2\text{k}\Omega$，$C=0.01\mu\text{F}$，$f_0=$　　，$\Delta f=$　　，$Q=$										
f/kHz										
U_o/V										
U_L/V										
U_C/V										

4. 分析数据

对照各次计算数据 Δf、Q 值及得到的曲线，分析数据、曲线产生差异的原因。

五、拓展知识

1. 收音机调谐原理

收音机选台，实质就是利用了谐振电路的原理。天空中有很多电台信号，收音机通过天线将信号接收下来，送到 LC 选频电路，只有与选频电路频率相等的信号才会谐振，被选送到后级放大，我们才会听到该电台的声音。收音机输入电路原理图如图 3-5-4 所示。具体可查找相关收音机原理的书籍进行学习。

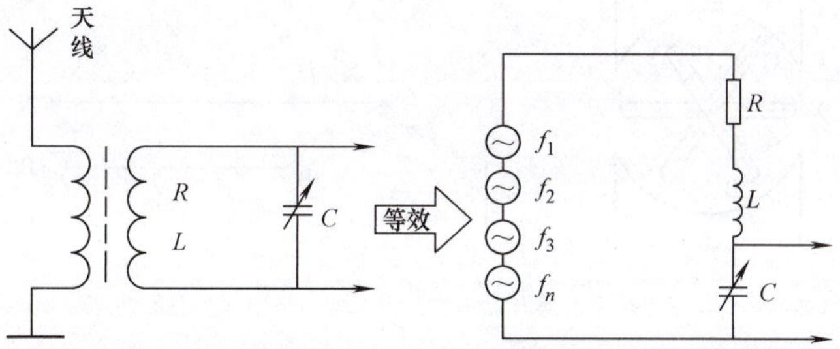

图 3-5-4　收音机输入电路原理图

2. 谐振在电力传输中的避免

谐振在许多地方得到应用，但在电力系统中要注意，有时候谐振将产生巨大的危险，原因就在于电力电路电压很高，谐振时谐振元件上的电压更高，会产生放电等现象，人体也将因此增加触电的危险。具体解释可参考有关资料。

六、练习

1. 根据测量数据绘制的幅频特性曲线是不同的，分析其中的原因。

2. 三个元件组成 RLC 串联电路，元件参数为 $L=30\mu\text{H}$，$C=220\text{pF}$，$R=10\Omega$，电源电压为 0.1V。若电路产生串联谐振，试求电源频率 f_0、回路的品质因数 Q 及谐振时电感上电压 U_{L0}。

3. 有一串联谐振电路，谐振频率为 600kHz，通频带为 15kHz，求该电路的品质因数。若电容器电容为 165pF，求电感值为多少。

模块六　三相交流电路电压、电流的测试分析

一、学习目标

终极目标：掌握三相交流电路电压、电流的关系，会分析三相交流电路。

促成目标：

1. 理解三相交流电的概念。
2. 掌握与三相电路的电压、电流有关的规律。
3. 会使用仪表测量三相电路的电压、电流。
4. 会分析三相星形、三角形电路。

二、工作任务

1. 测量分析三相星形电路的电压、电流。
2. 测量分析三相三角形电路的电压、电流。

三、理论知识

三相电路比单相电路复杂，实际应用中电压值也比较高，我们首先要注意安全操作，其次要掌握正确的测量、分析方法。

1. 对称三相电源

（1）对称三相电源　三相交流电压通常是由三相交流发电机产生的。发电机的定子由结构相同、彼此独立的三相绕组 A－X、B－Y、C－Z 构成，A、B、C 是三相绕组的始端，X、Y、Z 是三相绕组的末端，三相绕组在空间彼此相隔 120°放置，如图 3-6-1 所示。

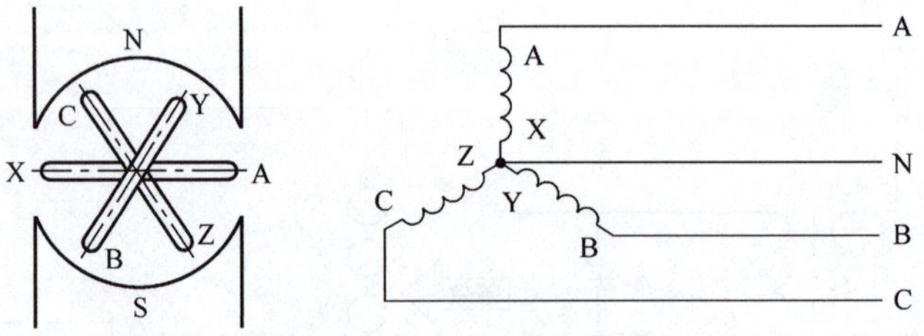

图 3-6-1　三相交流发电机

当转子以角速度 ω 匀速转动时，在定子三相绕组中将产生三个振幅相同、频率相同、相位上彼此相差 120°的正弦感应电动势，对外输出三相电压，用三个电压 u_A、u_B、u_C 分别表示三相交流发电机三相绕组的两端电压，这三个电压也频率相同、振幅相等、相位上彼此相差 120°。

以 A 相电压为参考正弦量（即初相位为 0°），A 相、B 相、C 相的电压分别为 u_A、u_B、u_C，则表达式为

$$u_A = U_m \sin\omega t$$
$$u_B = U_m \sin(\omega t - 120°)$$
$$u_C = U_m \sin(\omega t + 120°)$$

这组电压源称为对称三相电源。对称三相电源相量图如图 3-6-2 所示。

（2）相序　三相电压依次达到最大值（或零值）的先后次序称为相序。上式中，三相电压达到正的最大值的顺序是 $u_A \to u_B \to u_C \to u_A$，其相序为 A →B →C →A，这样的相序称为正序（或顺序），反之，A →C →B →A 这样的相序称为负序（或逆序）。

三相电源有两种连接方式：星形、三角形，可组成三相四线制或三相三线制。

2. 三相对称负载

三相对称负载指三相负载复阻抗的模及辐角都相等，即三相负载应完全相等，$Z_A = Z_B = Z_C = Z$。否则就称为不对称负载。

3. 三相负载星形联结时电压、电流关系

星形联结电路如图 3-6-3 所示。

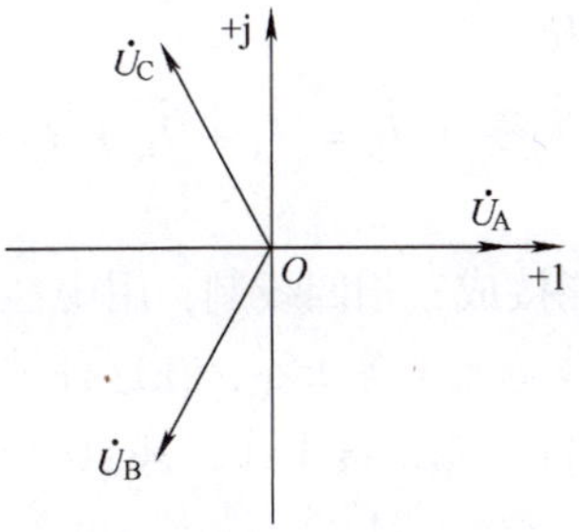

图 3-6-2 对称三相电源相量图

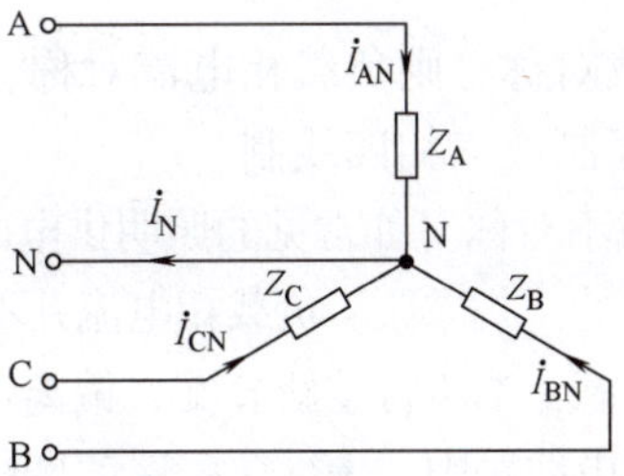

图 3-6-3 星形联结电路

(1) 电源线的概念

1) 端线：由电源始端 A、B、C 分别引出的三根导线称为端线，又称相线。

2) 中性线：电源三个末端 X、Y、Z 连在一起构成公共点 N，又称为中性点、中点或零点。由中性点 N 引出的导线称为中性线，又称零线。

(2) 有关电压、电流的概念

1) 负载的相电压（U_p）：每相负载两端承受的电压称为负载的相电压。在星形联结电路中即为相线与中性线之间的电压。若忽略线路损耗，则负载相电压等于电源相电压，即 $\dot{U}_A$、$\dot{U}_B$、$\dot{U}_C$。

2) 负载的线电压（U_L）：两根相线之间的电压，方向与相序一致，即 $\dot{U}_{AB}$、$\dot{U}_{BC}$、$\dot{U}_{CA}$。

3) 负载相电流（I_P）：流过各相负载的电流叫作负载相电流，方向从相线指向中性线，即 $\dot{I}_{AN}$、$\dot{I}_{BN}$、$\dot{I}_{CN}$。

4) 负载线电流（I_L）：流过电源相线的电流叫作线电流，方向从电源指向负载，即 $\dot{I}_A$、$\dot{I}_B$、$\dot{I}_C$。

5) 中性线电流（I_N）：流过中性线的电流，方向从负载中点指向电源中点。

(3) 星形电路电压、电流关系　负载作星形联结，若忽略线路损耗，则负载线电压等于电源线电压，相电压对称、线电压对称。

$$\dot{U}_{AB}=\dot{U}_A-\dot{U}_B \quad \dot{U}_{BC}=\dot{U}_B-\dot{U}_C \quad \dot{U}_{CA}=\dot{U}_C-\dot{U}_A \tag{3-6-1}$$

以 A 相相电压为参考相量，电压相量图如图3-6-4所示。

从相量图可以得出：

$$\dot{U}_{AB}=\sqrt{3}\,\dot{U}_A\angle 30^\circ \quad \dot{U}_{BC}=\sqrt{3}\,\dot{U}_B\angle 30^\circ \quad \dot{U}_{CA}=\sqrt{3}\,\dot{U}_C\angle 30^\circ \tag{3-6-2}$$

即负载线电压大小等于负载相电压的$\sqrt{3}$倍，相位上超前相应的相电压 30°。

负载作星形联结时，负载的线电流等于负载的相电流。

$$\dot{I}_A=\frac{\dot{U}_A}{Z_A} \quad \dot{I}_B=\frac{\dot{U}_B}{Z_B} \quad \dot{I}_C=\frac{\dot{U}_C}{Z_C} \tag{3-6-3}$$

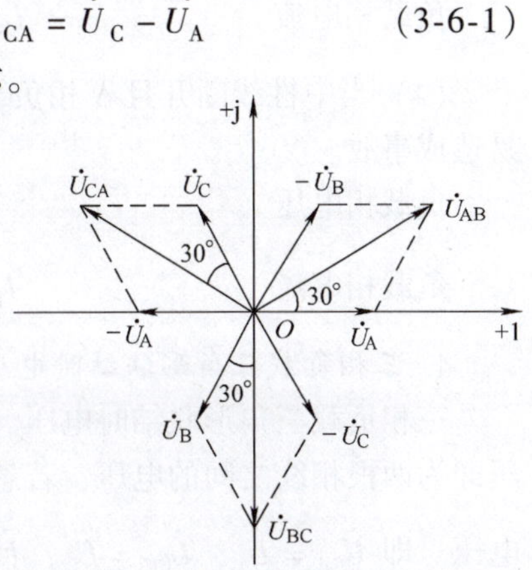

图 3-6-4 线电压、相电压相量图

中性线电流 $\dot{I}_N = \dot{I}_A + \dot{I}_B + \dot{I}_C$ (3-6-4)

如果负载对称，则负载相电流对称，中性线电流为零（$\dot{I}_N = \dot{I}_A + \dot{I}_B + \dot{I}_C = 0$），电路可接成三相三线制或三相四线制。

如果负载不对称（如常见的照明供电电路），则只能接成三相四线制，用中性线来保证三相负载得到对称的三相电压。负载相电流并不对称，中性线电流不等于零，在这种情况下如果将中性线断开，负载上电压将重新分配，偏离额定值，负载将不能正常工作，甚至酿成事故。因此，在实际生活用电线路中，中性线要保证良好的机械性能，在中性线上不能安装开关和熔断器。

例 3-6-1 如图 3-6-5 所示的三相四线制电路，已知线电压为 380V，每相负载阻抗为 55Ω，求：

(1) 负载的线电压、相电压、相电流和线电流；

(2) 当中性线断开时，负载的相电压、相电流和线电流；

(3) 当中性线断开且 A 相负载断路时，其余两相负载的相电压、相电流；

(4) 当中性线断开且 A 相负载短路时，其余两相负载的相电压、相电流。

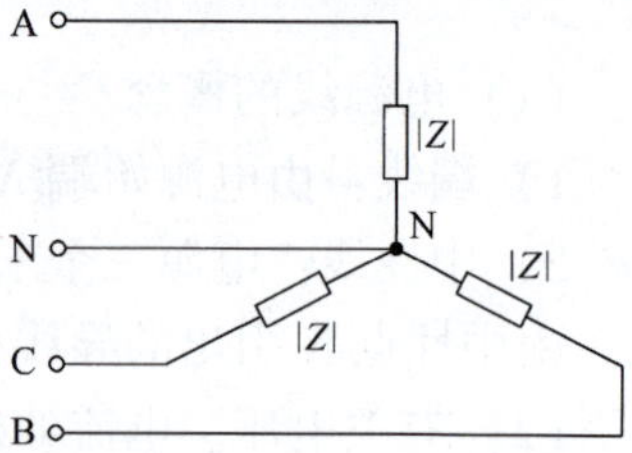

图 3-6-5 三相四线制电路

解：(1) 在三相四线制电路中，线电压是相电压的$\sqrt{3}$倍，线电流等于相电流，所以

线电压 $U_l = 380V$，相电压 $U_p = \frac{U_l}{\sqrt{3}} = 220V$

线电流、相电流 $I_l = I_p = \frac{U_p}{|Z|} = \frac{220}{55}A = 4A$

(2) 当中性线断开时，因为三相负载是对称的，负载上电压、电流的数值与中性线没有断开时是一样的。

(3) 当中性线断开且 A 相负载断路时，则 B、C 两相负载呈串联状态，承受电源线电压，所以

负载相电压 $U_B = U_C = \frac{1}{2}U_l = 190V$

负载相电流 $I_B = I_C = \frac{U_B}{|Z|} = \frac{190}{55}A = 3.45A$

(4) 当中性线断开且 A 相负载短路时，则 B、C 两相负载直接承受电源线电压，这样容易造成事故。

负载相电压 $U_B = U_C = U_l = 380V$

负载相电流 $I_B = I_C = \frac{U_B}{|Z|} = \frac{380}{55}A = 6.9A$

4. 三相负载三角形联结时电压、电流关系

三相负载三角形联结时电压、电流关系如图 3-6-6 所示，在三角形联结电路中负载相电压即为两根相线之间的电压，若忽略线路损耗，则负载相电压等于负载线电压、等于电源线电压。即 $\dot{U}_{AB} = \dot{U}_A$、$\dot{U}_{BC} = \dot{U}_B$、$\dot{U}_{CA} = \dot{U}_C$。

负载作三角形联结时，电路应是三相三线制，在这种情况下负载一般是对称的（如电

机电路)，负载相电流（$\dot{I}_{AB}$、$\dot{I}_{BC}$、$\dot{I}_{CA}$）对称、线电流（$\dot{I}_A$、$\dot{I}_B$、$\dot{I}_C$）也对称。

$$\dot{I}_{AB}=\frac{\dot{U}_{AB}}{Z_A}\qquad \dot{I}_{BC}=\frac{\dot{U}_{BC}}{Z_B}\qquad \dot{I}_{CA}=\frac{\dot{U}_{CA}}{Z_C} \tag{3-6-5}$$

$$\dot{I}_A=\dot{I}_{AB}-\dot{I}_{CA}\quad \dot{I}_B=\dot{I}_{BC}-\dot{I}_{AB}\quad \dot{I}_C=\dot{I}_{CA}-\dot{I}_{BC} \tag{3-6-6}$$

以 A 相相电流为参考相量，作电流相量图如图 3-6-7 所示。

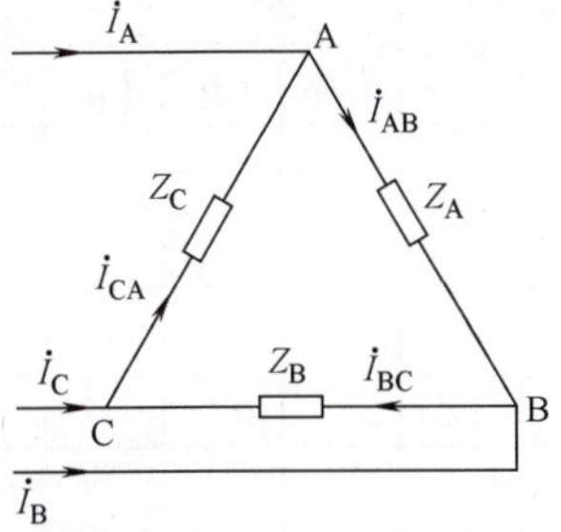

图 3-6-6　三角形联结电路

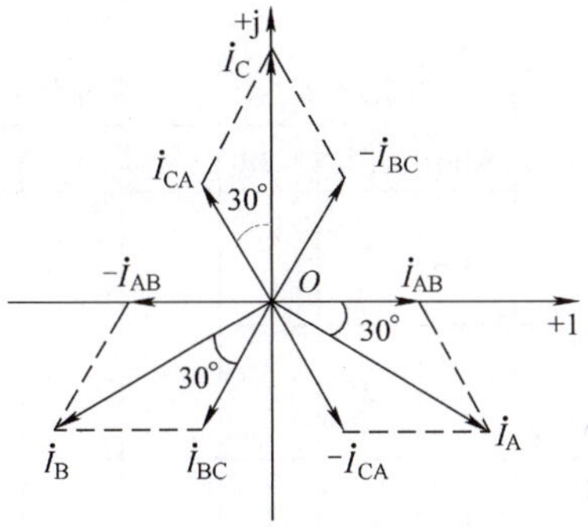

图 3-6-7　线电流、相电流相量图

从相量图可以看出，负载的线电流比相电流大，是它的$\sqrt{3}$倍；相位上，线电流滞后相应的相电流 30°。即

$$\dot{I}_A=\sqrt{3}\,\dot{I}_{AB}\angle-30^\circ\qquad \dot{I}_B=\sqrt{3}\,\dot{I}_{BC}\angle-30^\circ\qquad \dot{I}_C=\sqrt{3}\,\dot{I}_{CA}\angle-30^\circ \tag{3-6-7}$$

四、测试与训练

1. 测量分析三相对称星形负载电路的电压、电流

按图 3-6-8 所示组接电路，即三相灯组负载接成星形，经三相自耦调压器接通三相对称电源。

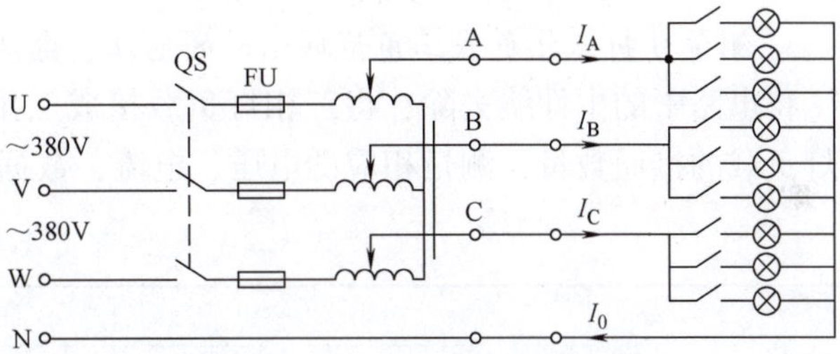

图 3-6-8　三相星形负载实验电路

调节调压器的输出，使输出的三相电源线电压为 220V。

将三相灯负载全部接通，测量在中性线接通和断开两种情况下负载的电压、电流，数据填入表 3-6-1 中。

表 3-6-1　星形对称负载测量数据

负载情况	测量数据												中性线电流 I_0/A	中性点电压 U_{N0}/V
	开灯盏数			线电流/A			线电压/V			相电压/V				
	A 相	B 相	C 相	I_A	I_B	I_C	U_{AB}	U_{BC}	U_{CA}	U_{A0}	U_{B0}	U_{C0}		
中性线接通（对称负载）	3	3	3											
中性线断开（对称负载）	3	3	3											

分析相电压、线电压之间的关系，分析相电流、线电流之间的关系，分析中性线是否断开对测量结果有无影响。

2. 测量分析三相不对称星形负载电路的电压、电流

改变灯负载接通数量，使三相负载不对称，测量在中性线接通和断开两种情况下负载的电压、电流，数据填入表3-6-2中。

表3-6-2 星形不对称负载测量数据

负载情况	测量数据												中性线电流 I_0/A	中性点电压 U_{N0}/V
	开灯盏数			线电流/A			线电压/V			相电压/V				
	A相	B相	C相	I_A	I_B	I_C	U_{AB}	U_{BC}	U_{CA}	U_{A0}	U_{B0}	U_{C0}		
中性线接通（不对称负载）	1	2	3											
中性线断开（不对称负载）	1	2	3											
中性线接通（B相断）	1	0	3											
中性线断开（B相断）	1	0	3											

根据以上测得的数据分析相电压、线电压之间的关系，分析相电流、线电流之间的关系，分析中性线是否断开对测量结果有无影响。

3. 测量分析三相负载三角形联结时的电压、电流

将电路中的中性线去除，将三相灯负载接成三角形，电源调压器的输出调至220V，改变灯负载的接通数量，测量相应的电压、电流，数据填入表3-6-3中。

表3-6-3 三角形负载测量数据

负载情况	测量数据											
	开灯盏数			线电流/A			相电流/A			线电压/V		
	A相	B相	C相	I_A	I_B	I_C	I_{AB}	I_{BC}	I_{CA}	U_{AB}	U_{BC}	U_{CA}
对称负载	3	3	3									
不对称负载	1	2	3									
不对称负载	1	2（电源线断）	3									
不对称负载	1	0	3									
不对称负载	3	2	3									
不对称负载	3	0	3									

根据以上测得的数据分析相电压、线电压之间的关系，分析相电流、线电流之间的关系。

测试中还可以在保证安全的前提下模拟实际生活中的情况连接电路，例如断开中性线，

同时断开一条相线，观察负载现象，测量数据，还有一些短路情况也可以模拟，这样做比较具有实用价值。当然为了安全，电源电压数值可以调低至某一安全范围。

五、拓展知识

在三相负载的各种连接方式中，如果出现一相或若干相负载短路，各相电压、电流将发生怎样的变化？会产生什么后果？

六、练习

1. 什么是三相对称电源？人们生活用三相电的典型数值是多少？

2. 分析教学楼的负载连接方式，画出供电电路。实际测量教学楼各楼层的供电电压、电流，分析测量数据。

共享电网

3. 某大楼采用荧光灯照明，所有荧光灯对称接在三相电源上，电源线电压为380V，荧光灯表现出来的每相负载为电阻6Ω、感抗8Ω，求负载的相电压、相电流。

模块七 三相交流电路功率的测试分析

一、学习目标

终极目标：掌握三相交流电路功率的计算方法，会分析三相电路。

促成目标：

1. 能掌握与三相电路功率有关的规律。
2. 会使用电压表、电流表、功率表测量三相电路。
3. 会分析三相星形、三角形联结电路的功率。

二、工作任务

1. 测量分析三相星形联结电路的功率。
2. 测量分析三相三角形联结电路的功率。

三、理论知识

在生产中经常发生三相电动机刚接通电源就烧毁的现象，这是什么原因呢？三相负载不同于单相负载，接在电路中可能承受线电压，也可能承受相电压。因此，电压不同，三相负载消耗的功率也不同，一旦与其功率额定值不一致，就会工作不正常甚至产生事故，而这往往是由于负载的接法不正确引起的。这一点要引起注意。图3-7-1所示是某电动机的铭牌，上面列出了电动机的各项参数、规定了电动机的接法，使用中要参照执行。

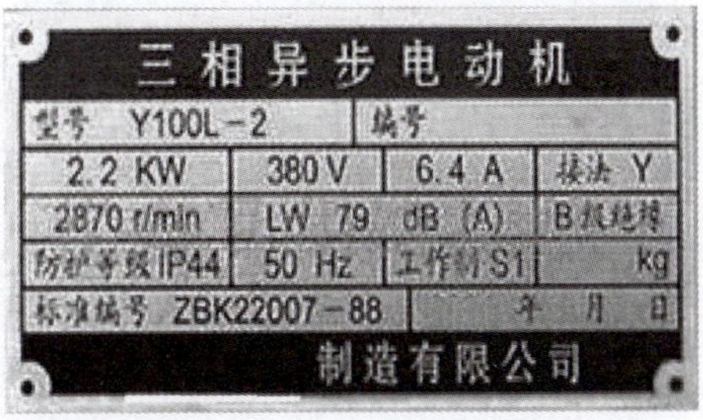

图 3-7-1 某电动机铭牌

1. 三相电路的功率

三相负载不论对称或不对称，不论是星形联结还是三角形联结，三相负载的有功功率应等于各相负载有功功率之和。即

$$P = P_A + P_B + P_C = U_{AP}I_{AP}\cos\varphi_A + U_{BP}I_{BP}\cos\varphi_B + U_{CP}I_{CP}\cos\varphi_C \tag{3-7-1}$$

同理有

$$Q = Q_A + Q_B + Q_C = U_{AP}I_{AP}\sin\varphi_A + U_{BP}I_{BP}\sin\varphi_B + U_{CP}I_{CP}\sin\varphi_C \tag{3-7-2}$$

$$S^2=P^2+Q^2 \tag{3-7-3}$$

式中，U_{AP}、U_{BP}、U_{CP}是指各相负载的相电压；I_{AP}、I_{BP}、I_{CP}是指各相负载的相电流；φ_A、φ_B、φ_C是指各相负载的阻抗角，也是各相负载的相电压与相电流的相位差。

若负载对称，则三相负载的相电压、相电流都对称，即 $U_{AP}=U_{BP}=U_{CP}=U_P$，$I_{AP}=I_{BP}=I_{CP}=I_P$，$\varphi_A=\varphi_B=\varphi_C=\varphi_Z$，因此，各相负载的有功功率相等，三相负载的总有功功率为每相有功功率的3倍，即

$$\left.\begin{aligned}P&=3U_PI_P\cos\varphi_Z=\sqrt{3}U_LI_L\cos\varphi_Z\\Q&=3U_PI_P\sin\varphi_Z=\sqrt{3}U_LI_L\sin\varphi_Z\\S&=3U_PI_P=\sqrt{3}U_LI_L\end{aligned}\right\} \tag{3-7-4}$$

例3-7-1 三相四线制电源分别接入三相星形负载，已知 $Z_A=(6-j8)\Omega$，$Z_B=10\angle 45°\ \Omega$，$Z_C=10\Omega$，对称三相电源的线电压为 $\dot{U}_{BC}=380\angle -90°\ \mathrm{V}$，求：

（1）各相负载电压；

（2）各相负载电流；

（3）三相总的有功功率 P、无功功率 Q、视在功率 S。

解：（1）因为 $\dot{U}_{BC}=380\angle -90°\ \mathrm{V}$，根据对称性可知

$$\dot{U}_{AB}=380\angle 30°\ \mathrm{V}\qquad \dot{U}_{CA}=380\angle 150°\ \mathrm{V}$$

根据三相四线制电路中线电压、相电压之间的关系，可有

$$\dot{U}_A=220\angle 0°\ \mathrm{V}\qquad \dot{U}_B=220\angle -120°\ \mathrm{V}\qquad \dot{U}_C=220\angle 120°\ \mathrm{V}$$

（2）各相负载电流为

$$\dot{I}_A=\frac{\dot{U}_A}{Z_A}=\frac{220\angle 0°}{6-j8}\mathrm{A}=\frac{220\angle 0°}{10\angle -53°}\mathrm{A}=22\angle 53°\ \mathrm{A}$$

$$\dot{I}_B=\frac{\dot{U}_B}{Z_B}=\frac{220\angle -120°}{10\angle 45°}\mathrm{A}=22\angle -165°\ \mathrm{A}$$

$$\dot{I}_C=\frac{\dot{U}_C}{Z_C}=\frac{220\angle 120°}{10}\mathrm{A}=22\angle 120°\ \mathrm{A}$$

由此可以看出，负载电流不对称，中性线上电流不为零，中性线不能除去，否则将影响负载、电源的正常使用。

（3）由于负载不对称，因此求三相电路总功率应先求三个单相负载功率，再进行叠加。

$$P_A=U_AI_A\cos\varphi_A=220\times 22\times\cos(-53°)\ \mathrm{W}=2904\mathrm{W}$$

$$Q_A=U_AI_A\sin\varphi_A=220\times 22\times\sin(-53°)\ \mathrm{var}=-3872\mathrm{var}$$

$$P_B=U_BI_B\cos\varphi_B=220\times 22\times\cos 45°\mathrm{W}=3422\mathrm{W}$$

$$Q_B=U_BI_B\sin\varphi_B=220\times 22\times\sin 45°\mathrm{var}=3422\mathrm{var}$$

$$P_C=U_CI_C\cos\varphi_A=220\times 22\times\cos 0°\mathrm{W}=4840\mathrm{W}$$

$$Q_C=U_CI_C\sin\varphi_A=220\times 22\times\sin 0°\mathrm{var}=0$$

$$P = P_A + P_B + P_C = 11166\text{W}$$

$$Q = Q_A + Q_B + Q_C = -450\text{var}$$

$$S = \sqrt{P^2 + Q^2} = 11175\text{V} \cdot \text{A}$$

2. 三相功率的测量方法

在实际测量中，可对三个单相负载的功率一一测量，相加后得到三相电路总功率；如果电路对称，则可只测一相电路的功率，电路总功率是此一相电路功率的三倍。

1）一表法：三相四线制电路中，用一只功率表测量单相负载的功率。若负载是对称的，再乘以3，就可得到三相负载的总功率；若不对称，测得三个单相功率后相加即可。这种测量方法称为一表法。

2）二表法：对于三相三线制电路，不论负载对称与否，都可用图3-7-2所示电路来测量总功率。这种测量方法称为二表法。

两只功率表的接线方法是：两只功率表的电流线圈分别串联在任意两根端线中，而电压线圈则分别并联在本端线与第三根端线之间，两只功率表的读数之和就是三相电路的总功率，即 $P = P_1 + P_2$。

3）三表法：三相四线制电路中，负载一般是不对称的，需分别测出各相功率后再相加，才能得到三相负载的总功率，测量电路如图3-7-3所示。这种测量方法称为三表法，即 $P = P_1 + P_2 + P_3$。

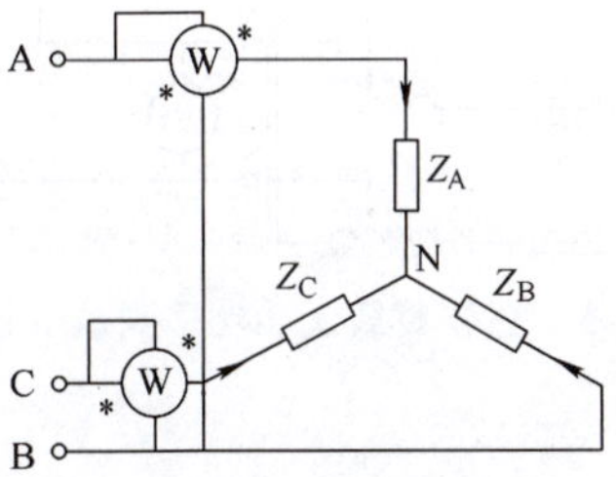

图3-7-2 二表法测功率

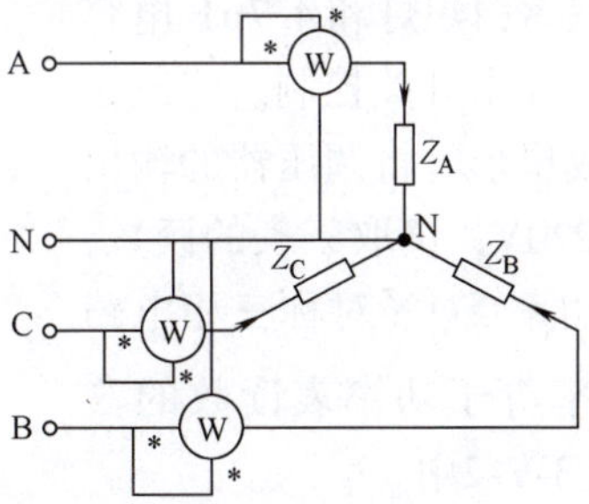

图3-7-3 三表法测功率

四、测试与训练

1. 测量分析三相星形负载电路的有功功率

按图3-7-4所示电路接线，将电路接成星形。电路中的电流表和电压表用于监视三相电流和电压，不得超过功率表电压和电流的量程。调节调压器输出，使输出线电压为220V。

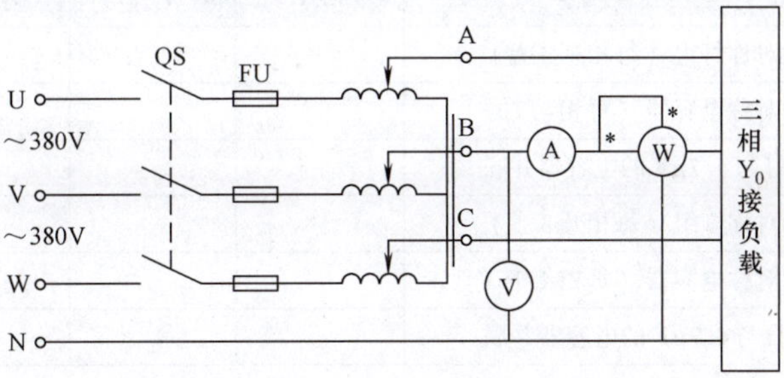

图3-7-4 三相有功功率测量电路

首先将三只表按图3-7-4接入B相测量P_B，然后分别将三只表换接到A相和C相，再测量P_A和P_C，数据记入表3-7-1中，并计算总功率。将各测量数据与计算数据进行比较，分析两种数据产生差异的原因。

表 3-7-1　三相负载有功功率测量数据

负载情况	开灯盏数			测量数据			计算值
	A相	B相	C相	P_A/W	P_B/W	P_C/W	ΣP/W
Y_0接对称负载（测量）	3	3	3				
Y_0接对称负载（计算）	3	3	3				
Y_0接不对称负载（测量）	1	2	3				
Y_0接不对称负载（计算）	1	2	3				
三角形对称负载（测量）	3	3	3	P_1/W	P_2/W	—	
三角形对称负载（计算）	3	3	3				
Y_0接对称负载（测量）	3，4.7μF	3，4.7μF	3，4.7μF				
Y_0接不对称负载（测量）	1，4.7μF	2，4.7μF	3，4.7μF				

比较两种连接方式下功率的数据，找出两种联结方式下功率之间的关系。

2. 测量分析三相对称星形联结负载电路的无功功率

按图3-7-5接线：I_U、U_{VW}接法，每相负载由三盏白炽灯和4.7μF电容器并联而成，并由开关控制。将三相容性负载接成星形。将调压器的输出线电压调到220V，读取三表的读数，并计算无功功率ΣQ（对称三相电路总的无功功率等于功率表读数的$\sqrt{3}$倍），记入表3-7-2中。

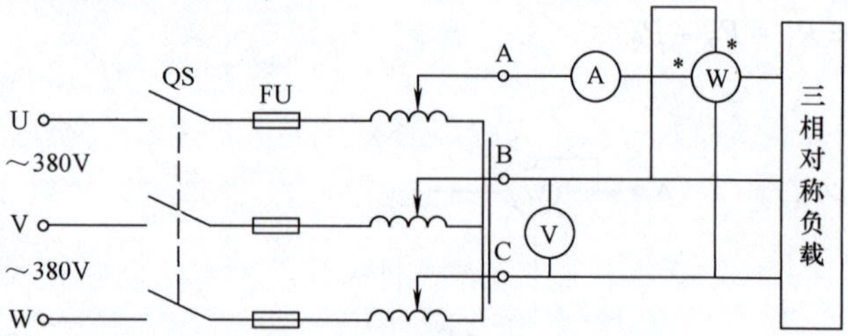

图 3-7-5　三相负载无功功率测量电路

分别按I_V、U_{WU}和I_W、U_{UV}接法，重复测量，并比较各自的ΣQ值，分析数据差异产生的原因。

将三相负载接成三角形，重新测量、分析。

表 3-7-2　三相负载无功功率测量数据

测量仪表接法	负载情况	测量值			计算值
		U/V	I/A	Q/var	$\Sigma Q=\sqrt{3}Q$
I_U U_{VW}	（1）三相对称灯组（每相开3盏）				
	（2）三相对称电容器（每相4.7μF）				
	（3）3盏灯与4.7μF的电容器并联				
I_V U_{WU}	（1）三相对称灯组（每相开3盏）				
	（2）三相对称电容器（每相4.7μF）				
	（3）3盏灯与4.7μF的电容器并联				

（续）

测量仪表接法	负载情况	测量值			计算值
		U/V	I/A	Q/var	$\Sigma Q=\sqrt{3}Q$
I_W U_{UV}	（1）三相对称灯组（每相开3盏）				
	（2）三相对称电容器（每相4.7μF）				
	（3）3盏灯与4.7μF的电容器并联				

五、拓展知识

同一对称负载接在同一三相电源上，星形联结和三角形联结时负载上电压、电流、负载消耗的功率有何不同？为什么三相电动机要按规定的接法接入电源？如果接错会产生什么后果？图3-7-6是某三相异步电动机的定子绕组接头，如何将电动机以星形联结或三角形联结接入三相电源？画出接线图。

图3-7-6 三相异步电动机定子绕组接头

六、练习

1. 三相负载对称或不对称，功率的测量方法有何不同？

2. 三相负载可以有几种接法？如何确定接法？

3. 对称三相负载星形联结，每相负载为电阻$R=4\Omega$、感抗$X_L=3\Omega$的串联，接于线电压为$U_L=380V$的对称三相电源上，试求负载的相电压、线电压、相电流、线电流及三相功率；若将负载三角形联结，再求负载的相电压、线电压、相电流、线电流及三相功率。

4. 三相异步电动机绕组接成三角形，电源线电压为380V，电动机功率因数为0.8、消耗功率10kW，求线电流、相电流。

项目三习题

一、填空题

1. 已知一交流电为$i=\sqrt{2}\sin(314t+45°)$ A，则该交流电的最大值为________A、有效值为________A、频率为________Hz、周期为________s、初相位为________。

2. 交流电$u=220\sqrt{2}\sin(314t+45°)$ V，其对应的有效值相量表达式为$\dot{U}=$________V。

3. 交流电$\dot{I}=3\angle\frac{2\pi}{3}$ A，周期是0.02s，其对应的瞬时值表达式为$i=$____________A。

4. 一个50mH的电感线圈（电阻忽略不计）接在220V、50Hz的交流电源上，该线圈的感抗大小为__________Ω，流过线圈的电流是____________A。

5. 正弦交流电$u=100\sqrt{2}\sin(500t+15°)$ V，将它加到100Ω的电阻两端，流过该电阻的电流瞬时值表达式为____________________________A；将它加到10μF的电容两端，流过该电容的电流瞬时值表达式为____________________________A；将它加到10mH的电感两端，流过该电感的电流瞬时值表达式为____________________________A。

6. 流过47μF的电容的电流为2A（频率为50Hz），则电容的容抗大小为________Ω，加在电容两端的电压是__________V。

7. RLC 串联电路中，$R = 10\Omega$，$L = 100\text{mL}$，$C = 10\mu\text{F}$，电路的谐振频率为_______Hz、谐振角频率为_______rad/s、品质因数为_______、通频带为_______Hz。若电路电压为1V，则谐振时电路电流为__________A、电感上电压为_______V。

8. RLC 并联电路中，$R = 50\Omega$，$L = 20\text{mL}$，$C = 5\mu\text{F}$，则电路谐振时频率为_______Hz。

9. 三相四线制是由_______根_______线和_______根中性线构成的供电系统。在该系统中，线电压是相电压的___倍，且线电压在相位上_______相应的相电压30°。

10. 中性线在三相四线制电路中的作用是_________________________________。

11. 同一个三相对称负载以不同方式接在三相电源上，负载三角形联结时的线电压是星形联结时的_______倍、相电压是星形联结时的_______倍、相电流是星形联结时的_____倍、线电流是星形联结时的_______倍、有功功率是星形联结时的_______倍。

二、选择题

1. 已知一个交流电流初相位为30°，$t=0$ 时的数值为2A，则该电流的有效值为（　　）。

A. 1A　　B. 2A　　C. $2\sqrt{2}$A　　D. $\sqrt{2}$A

2. 在纯电感电路中，正确的表达式是（　　）。

A. $I=\dfrac{U}{L}$　　B. $I=\dfrac{U}{\omega L}$　　C. $I=\omega LU$　　D. $I=\dfrac{u}{X_L}$

3. 在纯电容电路中，正确的表达式是（　　）。

A. $I=\dfrac{U}{C}$　　B. $I=\dfrac{U}{\omega C}$　　C. $I=\omega CU$　　D. $I=\dfrac{U_m}{X_C}$

4. 在纯电容电路中，若电流的初相位是 −75°，则电压的初相位是（　　）。

A. −75°　　B. −165°　　C. 15°　　D. 0°

5. RLC 串联电路中，属于电感性电路的是（　　）。

A. $R=10\Omega$、$X_L=15\Omega$、$X_C=20\Omega$　　B. $R=10\Omega$、$X_L=20\Omega$、$X_C=15\Omega$

C. $R=10\Omega$、$X_L=10\Omega$、$X_C=10\Omega$　　D. $R=10\Omega$、$X_L=20\Omega$、$X_C=20\Omega$

6. 白炽灯与电感线圈串联接到交流电源上，若电源频率增大（电压不变），则灯的亮度（　　）。

A. 变亮　　B. 变暗　　C. 不变　　D. 无法确定

7. RLC 串联电路谐振后，若提高电源频率（其他不变），则电路的电流将（　　）。

A. 变大　　B. 变小　　C. 不变　　D. 无法确定

8. 属于三相对称负载的是（　　）

A. 10Ω、j10Ω、−j10Ω　　B. $10\sqrt{2}\Omega$、10 + j10Ω、10 − j10Ω

C. 10Ω、10Ω、10Ω　　D. 10Ω、$10\angle 30°\ \Omega$、$10\angle -30°\ \Omega$

三、判断题

1. 用交流电压表测量得到的交流电压是220V，则该电压的最大值为 $220\sqrt{3}$V。（　　）

2. 用交流电表测量得到的交流电的数值是其平均值。（　　）

3. 正弦交流电的三要素是指周期、频率、初相位。（　　）

4. 只有在纯电阻电路中，才会出现端电压和电流的相位差为零。（　　）

5. 在纯电感电路中，电压和电流是频率相同的正弦量，且电压相位超前电流90°。 ( )

6. 在 RLC 串联电路中，若 $X_L < X_C$，则电路中电流的相位超前电压，电路为电容性电路。 ( )

7. 在 RLC 串联电路中，电感或电容上的电压有可能超过总电压。 ( )

8. 串联谐振电路的品质因数越高，电路的通频带越宽，选择性也越好。 ( )

9. RLC 串联电路发生谐振时，电感和电容上电压相等，且不与电路其他部分发生能量转换，因此电感和电容在电路中不起作用，所以可以去除。 ( )

10. 三相负载作星形联结时，无论负载对称与否，线电流必等于相电流。 ( )

11. 三相负载作三角形联结时，无论负载对称与否，线电流必等于相电流的 $\sqrt{3}$ 倍，且线电流的相位超前相应的相电流30°。 ( )

12. 为了保证中性线的良好保护作用，应该在中性线上安装熔断器或开关。 ( )

13. 三相对称交流电是由频率、有效值和相位都相同的三个单相交流电按一定方式组合而成的。 ( )

14. 三相对称星形联结时功率计算公式为 $P = 3U_P I_P \cos\varphi_z = \sqrt{3}U_L I_L \cos\varphi_z$，若负载是三角形联结则此公式不成立。 ( )

15. 如果 A →B →C 为正相序，则 B →C →A 为逆相序。 ( )

16. 三相电动机采用三相三相制供电，因此照明电路也可采用三相三相制供电。( )

四、综合题

1. 我们家庭用的交流电电压是220V，而工厂车间所用的交流电电压是380V，它们的有效值、最大值分别是多大?

2. 已知一交流电为 $u = 282.8\sin(314t + 30°)$ V，求该交流电的周期、频率、有效值、初相位。

3. 已知两交流电流 $i_1 = 4\sqrt{2}\sin(314t - 30°)$ A，$i_2 = 3\sqrt{2}\sin(314t + 60°)$ A，求它们的最大值、有效值、周期、频率、角频率、初相位以及它们之间的相位差，说明它们的相位关系（超前、滞后）。

4. 交流电压 $u = 220\sqrt{2}\sin(100\pi t + 45°)$ V，加在80Ω的电阻上。求：通过该电阻的电流瞬时值表达式及相量表达式；电阻消耗的功率。

5. 100μF的电容接在 $u = 220\sqrt{2}\sin(314t - 60°)$ V交流电压上，求：电容的容抗；求通过电容的电流瞬时值表达式；求电容的无功功率。

6. 交流电压 $\dot{U} = 100\angle 37°$ V（频率为50Hz）加在100mH的电感上，求电感的感抗；电流相量表达式；电感的无功功率。

7. RLC 串联电路中，已知电路端电压 $U = 220$V、频率为50Hz，电阻 $R = 30\Omega$，电感 $L =$ 445mL，电容 $C = 32\mu$F。求：电路的阻抗角、电路中的电流及三个元件上的电压；电路的有功功率、无功功率、视在功率和整个电路的功率因数。说明电路呈现什么性质?

8. RC 串联电路如图3-8-1所示，电容 $C = 0.47\mu$F，电压频率为800Hz，输出电压 U_2 的相位落后于输入电压 U_1 60°，求电阻 R 的数值。

9. 某电感线圈（看成电阻与电感的串联）接到100V直流电源上电流为20A，接到

220V 工频交流电上电流为30A，求该线圈参数（电阻和电感）。

10. 电路如图3-8-2 所示，已知电源电压为 $U=100\text{V}$，电容容抗为 $X_C=30\Omega$，开关 S 合上或断开时，电流表的读数均为2A，求电阻值和感抗值。

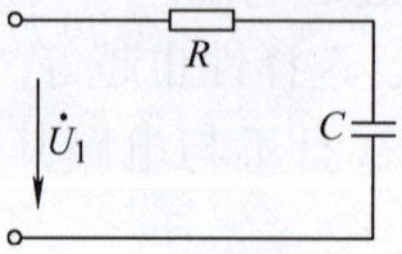

图 3-8-1

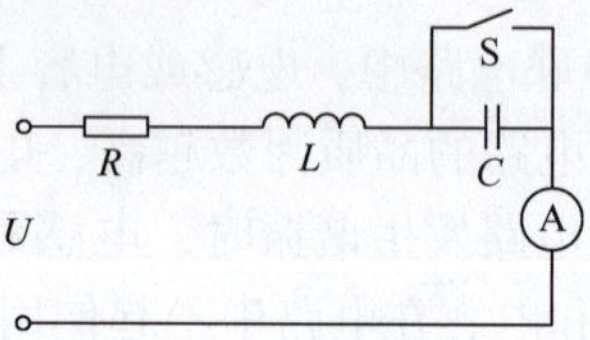

图 3-8-2

11. 电路如图3-8-3 所示，已知电源电压为 $U=220\text{V}$，各元件参数为 $R=30\Omega$、$X_L=40\Omega$、$X_C=80\Omega$，求各电压表、电流表的读数。

12. 电路如图3-8-4 所示，已知电源电压为 $U=100\text{V}$，各元件参数为 $R=X_L=X_C=100\Omega$，求各电压表、电流表的读数。

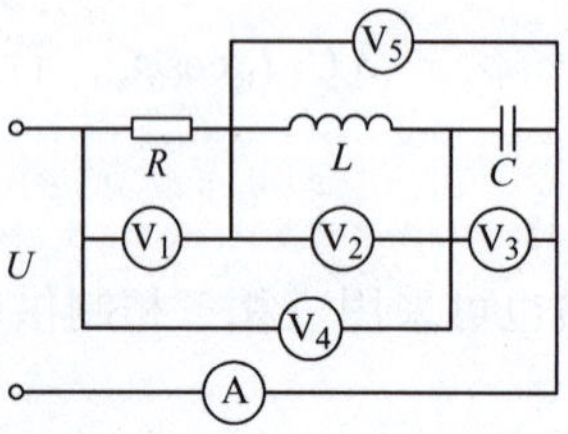

图 3-8-3

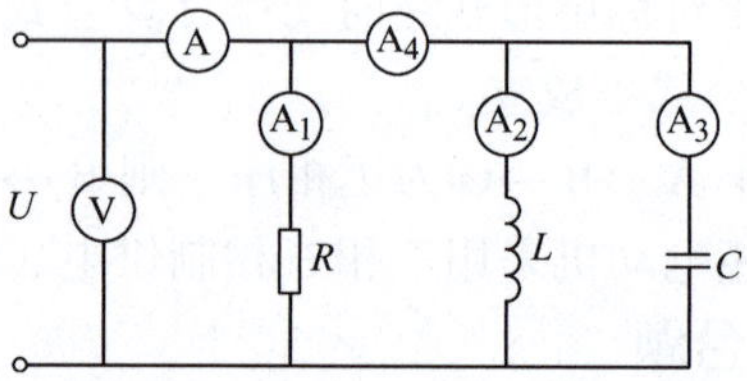

图 3-8-4

13. 在做荧光灯电路测试时，某同学测量的数据是：电路电压220V、灯管电压110V、镇流器两端电压190V，因为 $220\neq110+190$，因此他认为自己的数据是错误的，你认为如何？

14. 将“220V、40W”的荧光灯的功率因数从0.5 提高到0.9，需要并联多大的电容器？并联前后荧光灯电流、电路总电流、电路的有功功率等如何变化？

15. RLC 串联谐振电路中，电感 $L=400\text{mL}$，电容 $C=40\mu\text{F}$，品质因数 $Q=80$，电路电流 $I=0.1\text{A}$，求：（1）谐振频率 f_0；（2）电阻值 R；（3）电路电压 U；（4）电容上电压 U_C。

16. 三相四线制电路中，相电压为 $u_A=220\sqrt{2}\sin(314t+45°)$ V，写出另外两个相电压的表达式、三个线电压的表达式。

17. 三相对称负载，每相负载的电阻 $R=4\Omega$、感抗 $X_L=3\Omega$，接于线电压为 $U_L=380\text{V}$ 的对称三相电源上，求：（1）负载星形联结时，负载的相电压、线电压、相电流、线电流及各三相功率；（2）负载三角形联结时，负载的相电压、线电压、相电流、线电流及各三相功率。

18. 电路如图3-8-5 所示，已知 $Z_A=(10+\text{j}10)\Omega$，$Z_B=(10-\text{j}10)\Omega$，$Z_C=10\Omega$，对称三相电源的线电压为 $\dot{U}_{AB}=380\angle30°$ V，求：（1）各相负载电压；（2）各相负载电流；中性线电流；（3）三相总的有功功率 P、无功功率 Q、视在功率 S。

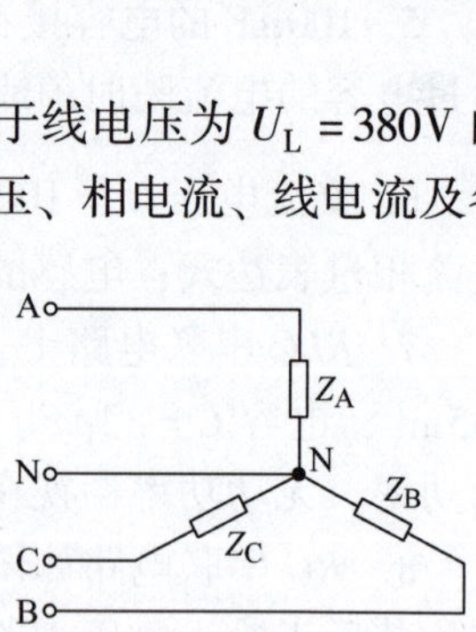

图 3-8-5

项目四

磁路与变压器的测试

一、学习目标

终极目标：掌握磁路的基本概念及分析方法，掌握变压器的结构、工作原理，会测试分析交流铁心线圈、变压器。

促成目标：

1. 掌握磁路的基本概念及分析方法。
2. 掌握变压器的结构、类型及工作原理。
3. 会测试、分析交流铁心线圈、变压器。

二、工作任务

认识、测试交流接触器及变压器。

模块一 磁 路

一、学习目标

终极目标：掌握磁路的基本概念及基本分析方法，会测试分析交流铁心线圈。

促成目标：

1. 理解磁场的基本物理量。
2. 了解磁性材料的磁性能。
3. 掌握磁路的分析方法。
4. 了解交流铁心线圈的工作原理，会测试分析交流铁心线圈。

二、工作任务

交流接触器测试分析。

三、理论知识

1. 磁场的基本物理量

（1）磁感应强度 磁感应强度用来表示磁场中某点磁场的强弱和方向，是个矢量，用符号 B 表示。

在磁场中某一点放置一段长度为 L、通过的电流为 I 的导体，导体与磁场方向垂直，导体所受到的磁场力为 F，则该点磁感应强度的大小为

$$B=\frac{F}{IL} \tag{4-1-1}$$

该点磁感应强度的方向与放置在该点的小磁针 N 极所指方向一致，这个方向就是该点磁场的方向。

国际单位制中，B 的单位为特斯拉，简称为特（T）。

通常用磁感应线来描述磁场中各点的情况：磁感应线上各点的切线方向表示该点磁场方向，磁感应线疏密程度表示该点磁场的强弱（磁感应线越密表示磁场越强，磁感应线越疏表示磁场越弱）。

磁感应线是连续闭合的曲线，磁场中任意两根磁感应线互不相交。

如果磁场内各点的磁感应强度大小相等、方向相同，则这个磁场称为匀强磁场。匀强磁场的磁感应线是一些分布均匀的平行直线。

（2）磁通　磁场中某一面积 S 的磁感应强度 B 的通量称为磁通，用 Φ 表示，表达式为

$$\Phi = \int_{s} B\mathrm{d}S$$

若是匀强磁场，且磁场方向与 S 面垂直，则

$$\Phi = BS \qquad (4\text{-}1\text{-}2)$$

在国际单位制中，Φ 的单位为韦伯，简称为韦（Wb）。

根据 $\Phi = BS$ 可得 $B = \Phi/S$，磁感应强度可以看作是单位面积通过的磁通，所以磁感应强度通常又称为磁通密度。

（3）磁导率　磁导率是用来表示物质导磁性能的物理量，用 μ 表示，单位是亨/米（H/m）。

实验证明，磁场中各点的磁感应强度，不仅与产生磁场的电流和导体形状有关，还与磁场中媒介质的性质有关。媒介质不同，即 μ 不同，则磁场中同一点的磁感应强度也不同。

真空磁导率 μ_0 是一个常数，其数值为

$$\mu_0 = 4\pi \times 10^{-7}\mathrm{H/m}$$

物质按导磁性能可分成非磁性物质和磁性物质两类。非磁性物质如空气、玻璃、木材、铜、铝等，磁导率与真空磁导率接近，导磁性能较差；磁性物质如铁、钴、镍等金属及其合金，导磁性能比真空好很多，这类物质又称为铁磁性物质。

为了便于比较物质的导磁性能，引入“相对磁导率”。相对磁导率是指某种物质的磁导率与真空磁导率的比值，用 μ_r 表示，即

$$\mu_r = \frac{\mu}{\mu_0} \text{或} \mu = \mu_r \mu_0 \qquad (4\text{-}1\text{-}3)$$

相对磁导率没有单位，它表示在其他条件相同的情况下，媒介质中的磁感应强度是真空中的多少倍。

非磁性物质的 $\mu_r \approx 1$；磁性物质的 $\mu_r >> 1$，且不是常数，在其他条件相同的情况下，磁性物质中所产生的磁场要比真空中的磁场强几千倍甚至几万倍，因而具有广泛的应用。

（4）磁场强度　由于磁性物质的磁导率不是常数，使得磁场的计算比较复杂，不便于确定磁场与产生磁场的电流之间的关系，为此引入一个新的物理量——磁场强度 H 来描述磁场性质。在磁场中，各点的磁场强度的大小与电流的大小及导体的形状有关，与媒介质的磁导率无关。磁场中某点磁场强度的大小等于该点磁感应强度与该点媒介质磁导率的比值，即

$$H = \frac{B}{\mu} \text{或} B = \mu H \qquad (4\text{-}1\text{-}4)$$

磁场强度也是一个矢量，其方向与该点的磁感应强度方向一致。

国际单位制中，H 的单位为安/米（A/m）。

2. 磁性材料的磁性能

（1）高导磁性　本来不具有磁性的物质，由于受外磁场的作用而具有磁性的现象称为磁化。只有磁性物质才能被磁化，非磁性物质是不能被磁化的。

磁性物质之所以能被磁化，是因为磁性物质是由许多称为磁畴的磁性小区域组成，磁畴由分子电流产生，在无外磁场作用时，小磁畴杂乱无章地排列，磁性相互抵消，对外不显磁性，如图 4-1-1a 所示。但在外磁场的作用下，磁畴就会沿着磁场的方向排列，形成附加磁场，从而使原来的磁场增强，如图 4-1-1b 所示。有些磁性物质在去掉外磁场后，对外仍然能显示磁性，成为永久磁铁。

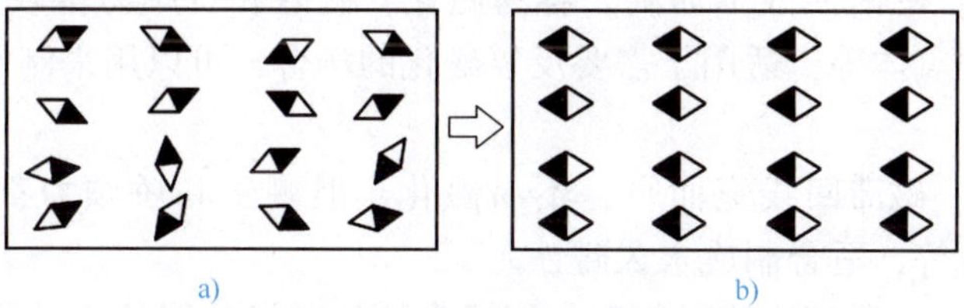

图 4-1-1　磁性物质磁化

由于磁性材料的磁导率很高，$\mu_r >> 1$，可达数百、数千乃至数万，所以磁性材料具有被强烈磁化的特性。

利用磁性材料的高导磁性，可将变压器、电动机等设备的线圈绕在由磁性材料做成的铁心上，线圈中通入不大的励磁电流便可以产生较强的工作磁场，从而减少线圈匝数，减轻设备的体积和重量。

（2）磁饱和性　将磁性材料放入磁场强度为 H 的磁场中（该磁场由线圈的励磁电流产生），磁性材料会被磁化，其磁化曲线（磁性材料的 B 随 H 的变化曲线，又称为 B—H 曲线）如图4-1-2所示，开始时 B 随着 H 近乎正比例增长，而后，随着 H 的增加，B 的增加缓慢下来，最后趋向磁饱和，即 B 不会随着 H 的增强而无限增强。当磁场强度（由励磁电流 I 决定）增大到一定数值时，磁感应强度 B 达到饱和状态，即使再增加励磁电流，磁性材料的磁场也不会变得更强。

（3）磁滞性　在铁心线圈中通入交流电，铁心受到交变磁化，交流电变化一周，铁心中磁感应强度 B 随磁场强度 H 而变化的关系如图 4-1-3 所示。

从图中可以看出，磁感应强度的变化总是滞后于磁场强度的变化，这就称为磁滞性，图 4-1-3的磁化曲线称为磁滞回线。

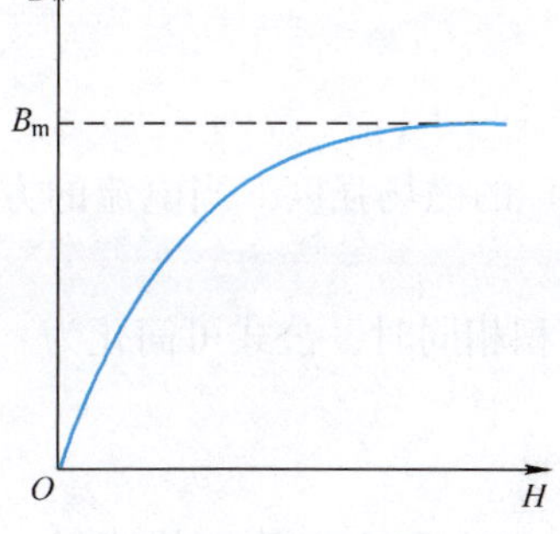

图 4-1-2　初始磁化曲线

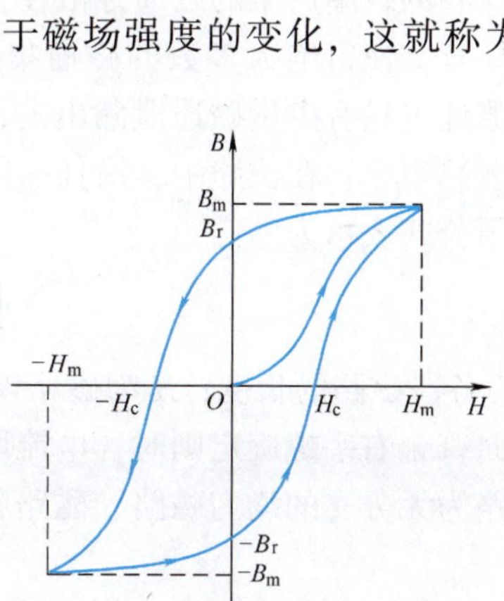

图 4-1-3　磁滞回线

当线圈中电流减小到零值（即 $H=0$）时，铁心中磁化时得到的磁性并没有完全消失，而是保留一定的磁感应强度，即剩磁感应强度 B_r（剩磁）。永久磁铁的磁性就是由剩磁产生的。

要使铁心的剩磁消失，就需要改变线圈中励磁电流的方向（改变磁场强度 H 的方向）来对铁心反方向磁化，使铁心中磁感应强度 B 数值为零的磁场强度 H 称为矫顽力，用 H_c 表示。

不同的磁性物质，其磁滞回线也不同。磁性物质根据磁滞回线的形状可以分成软磁性物质、硬磁性物质和矩磁性物质三种类型。

1）软磁性物质：磁滞回线窄而陡，容易磁化，剩磁和矫顽力都较小，常见的有铸铁、硅钢、坡莫合金、铁氧体等，适用于需要反复磁化的场合，可以用来制造电机、变压器铁心及录音机的磁头等。

2）硬磁性物质：磁滞回线宽而平，不易磁化，但剩磁和矫顽力都较大，常见的有钨钢、碳钢、钯铁氧体等，适合制成永久磁铁。

3）矩磁性物质：磁滞回线接近矩形，用很小的外磁场就能让它达到饱和状态，去掉外磁场后磁感应强度仍然保持与饱和时一样，剩磁较大、矫顽力较小，常见的有锰镁铁氧体、锂镁铁氧体等，适用于制作计算机和控制系统的记忆元件等。

3. *磁路的分析方法*

磁路就是磁通所经过的路径，图 4-1-4 所示就是几种常见的磁路。

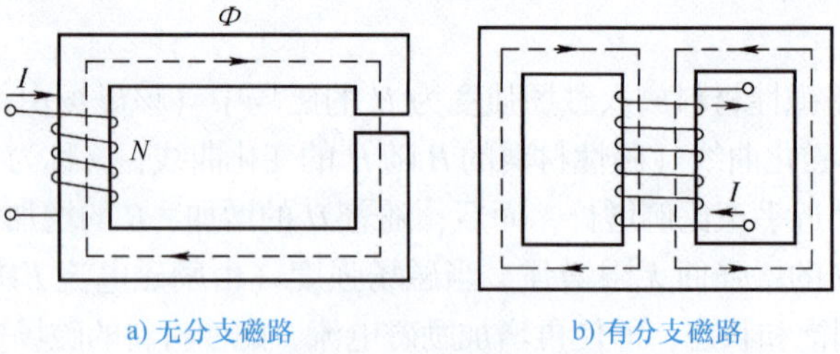

a) 无分支磁路　　b) 有分支磁路

图 4-1-4　磁路

没有铁心的线圈产生的磁通弥散在空间中；线圈绕在铁心上，由于铁心的磁导率远大于空气的磁导率，使得绝大多数的磁通集中在铁心内部，并形成通路，即使磁路上存在空气隙，空气隙处也只有少量磁通泄漏出去，可以认为空气隙处磁通和铁心内磁通相等。

安培环路定律：在磁路中，沿任一闭合路径，磁场强度的线积分等于闭合路径内电流的代数和，用公式表示为

$$\oint H \mathrm{d}L = \sum I$$

式中，L 为各段磁路的长度；H 为磁路铁心（或空气隙）的磁场强度。当电流的方向与磁场强度的方向符合右手螺旋定则时，电流取正，否则取负。

当磁路为无分支的均匀磁路、磁路各段材料和截面积相同时，公式可简化为

$$HL = NI \tag{4-1-5}$$

式中，N 为线圈匝数；L 为磁路平均长度；HL 称为磁压降。

当磁路为无分支的均匀磁路、磁路由不同材料（如铁心和空气隙）构成时，公式可简

化为

$$\sum HL = NI \tag{4-1-6}$$

根据公式 $B = \mu H$、$\Phi = BS$，可得

$$\Phi = BS = \mu HS = \mu \frac{NI}{L} S = \frac{NI}{\frac{L}{\mu S}} = \frac{F}{R_m} \tag{4-1-7}$$

该公式称为磁路的欧姆定律。

式中，$F = NI$，F 称为磁动势，单位是安（A）；$R_m = \frac{L}{\mu S}$，R_m 称为磁阻，表示磁路对磁通的阻碍作用。

需要注意的是，由于铁磁材料的 μ 不是常数，所以磁阻 R_m 也不是常数，因此磁路欧姆定律一般不用来对磁路进行计算，而是常用来对磁路进行定性分析。

磁路欧姆定律与电路欧姆定律在形式上相似。磁路与电路对应的物理量及其关系见表 4-1-1。

表 4-1-1 磁路与电路的比较

磁路	电路
磁动势 F	电动势 E
磁通 Φ	电流 I
磁阻 $R_m = \frac{L}{\mu S}$	电阻 $R = \frac{l}{\gamma S}$
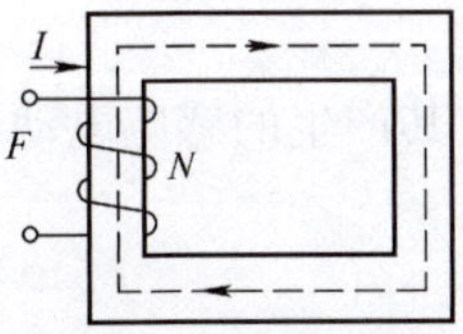	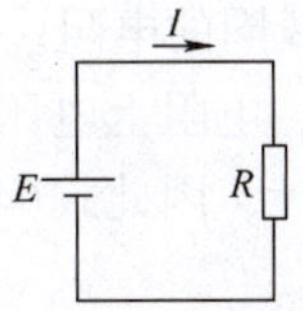
$\Phi = \frac{F}{R_m} = \frac{NI}{\frac{L}{\mu S}}$	$I = \frac{E}{R} = \frac{E}{\frac{l}{\gamma S}}$

例 4-1-1 如图 4-1-4a 所示磁路，铁心平均长度 $L_1 = 100\text{cm}$，空气隙长度 $L_0 = 2\text{cm}$，铁心和空气隙的截面积 $S = 10\text{cm}^2$。当磁路中磁通 $\Phi = 0.0012\text{Wb}$ 时，铁心中磁场强度 $H_1 = 600\text{A/m}$。求铁心和空气隙的磁阻及线圈磁动势。

解：先求铁心与空气隙的磁感应强度

$$B_1 = \frac{\Phi}{S} = \frac{0.0012\text{Wb}}{10 \times 10^{-4}\text{m}^2} = 1.2\text{T} = B_0$$

求铁心磁导率

$$\mu_1 = \frac{B_1}{H_1} = \frac{1.2\text{T}}{600\text{A/m}} = 2 \times 10^{-3}\text{H/m}$$

再求空气隙中磁场强度

$$H_0 = \frac{B_0}{\mu_0} = \frac{1.2\text{T}}{4\pi \times 10^{-7}\text{H/m}} \approx 955414\text{A/m}$$

分别求铁心和空气隙磁阻

$$R_{m1}=\frac{L_1}{\mu_1 S}=\frac{100\times10^{-2}\text{m}}{2\times10^{-3}\text{H/m}\cdot10\times10^{-4}\text{m}^2}=5\times10^5\text{H}^{-1}$$

$$R_{m0}=\frac{L_0}{\mu_0 S}=\frac{2\times10^{-2}\text{m}}{4\pi\times10^{-7}\text{H/m}\times10\times10^{-4}\text{m}^2}=1.59\times10^7\text{H}^{-1}$$

求线圈中磁动势

$$\begin{aligned}F&=NI=H_1L_1+H_0L_0\\&=600\text{A/m}\times100\times10^{-2}\text{m}+955414\text{A/m}\times2\times10^{-2}\text{m}\\&\approx19708\text{A}\end{aligned}$$

4. 交流铁心线圈

铁心线圈分成直流铁心线圈和交流铁心线圈两种。直流铁心线圈用直流电来励磁，因为是直流电，产生的磁通恒定。在一定电压下，线圈中电流只和线圈本身的直流电阻有关，电路分析比较简单。

交流铁心线圈通入交流电，电路如图4-1-5所示，设交流电压为u，线圈中产生的电流为i，线圈匝数为N，磁动势Ni产生交变磁通，磁通的大部分通过铁心闭合，即主磁通Φ，还有少部分磁通通过空气或其他非导磁介质闭合，即漏磁通Φ_σ。主磁通和漏磁通在线圈中分别产生感应电动势——主电动势e和漏电动势e_σ。

铁心线圈交流电路的电压和电流之间的关系由基尔霍夫电压定律可以得出：

$$u=u_R+(-e)+(-e_\sigma)=Ri+N\frac{d\Phi}{dt}+N\frac{d\Phi_\sigma}{dt}\tag{4-1-8}$$

式中，R是铁心线圈的电阻。

一般情况下，电阻上电压降$u_R=Ri$很小，漏磁通Φ_σ及其产生的感应电动势e_σ也很小，通常可以忽略不计，因此式(4-1-8)可以简化成

$$u\approx N\frac{d\Phi}{dt}\tag{4-1-9}$$

设主磁通$\Phi=\Phi_m\sin\omega t$（Φ_m是铁心中交变磁通的最大值，单位为Wb），则

$$u\approx N\frac{d\Phi}{dt}=N\omega\Phi_m\cos\omega t=2\pi fN\Phi_m\cos\omega t=2\pi fN\Phi_m\sin(\omega t-90°)$$

铁心线圈上电压最大值为

$$U_m=2\pi fN\Phi_m=2\pi fNB_mS\tag{4-1-10}$$

式中，B_m是铁心磁感应强度的最大值，单位为T；S是铁心截面积，单位为m^2。

铁心线圈上电压有效值为

$$U=\frac{U_m}{\sqrt{2}}=4.44fN\Phi_m=4.44fNB_mS\tag{4-1-11}$$

交流铁心线圈的功率损耗由铜损耗ΔP_{Cu}和铁损耗ΔP_{Fe}两部分组成。铜损耗即线圈电阻R的功率损耗I^2R；铁损耗即铁心的功率损耗，又包括磁滞损耗ΔP_h和涡流损耗ΔP_e。

由磁滞产生的损耗称为磁滞损耗，它与磁滞回线包围的面积成正比，磁滞损耗会引起铁心发热，为了减小磁滞损耗，应选用磁滞回线狭小的软磁性材料（如硅钢片等）制作铁心。

由涡流产生的损耗称为涡流损耗。由于铁磁材料既导磁又导电，当线圈中通入交流电时，产生的交变磁通不仅在线圈里产生感应电动势，而且在铁心里也产生感应电动势和感应电流，感应电流在铁心中与磁通垂直的平面上呈旋涡状，称为涡流，如图 4-1-6 所示。涡流损耗也会引起铁心发热，整块铁心涡流路径短、电阻小，产生的涡流很大，这样形成的涡流会使铁心急剧发热，为了减小涡流损耗，可将彼此绝缘的硅钢片叠成铁心，这样可加大铁心回路电阻，减小涡流。当然，涡流效应也有有益的一面，如工业上感应加热炉就利用涡流来冶炼金属、家庭中使用的电磁炉就是利用电磁感应原理产生涡流将电能转化成热能加热食物等。

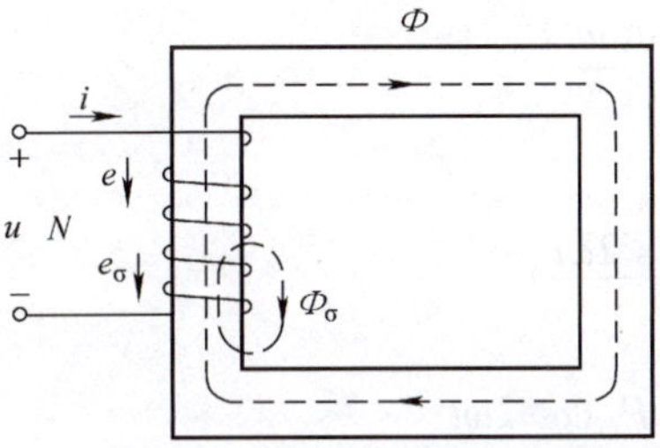

图 4-1-5 交流铁心线圈电路

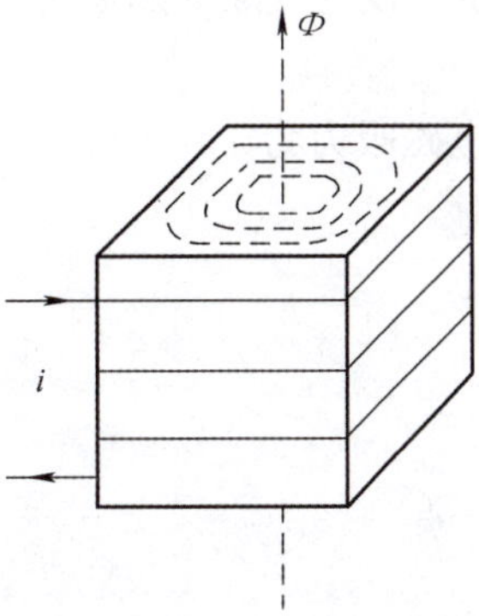

图 4-1-6 铁心中的涡流

5. 电磁铁

电磁铁是根据电磁感应原理，利用通电的铁心线圈吸引衔铁动作的一种电器，衔铁的动作使其他机械装置发生联动，完成机械控制或电路控制。电磁铁可分为线圈、铁心、衔铁三部分，其结构通常有图 4-1-7 所示的几种。电磁铁的工作原理为：线圈通电，励磁电流在铁心中产生磁场，吸力使衔铁吸合；线圈断电，励磁电流消失，铁心中磁场消失，失去吸力，衔铁释放。

电磁铁在生产生活中的应用极为普遍，如可以用它来提放较重材料（如钢铁等）、夹持工件、电动机抱闸制动，还可以以电磁铁为核心制作自动控制电器，如接触器、继电器、电磁阀等。

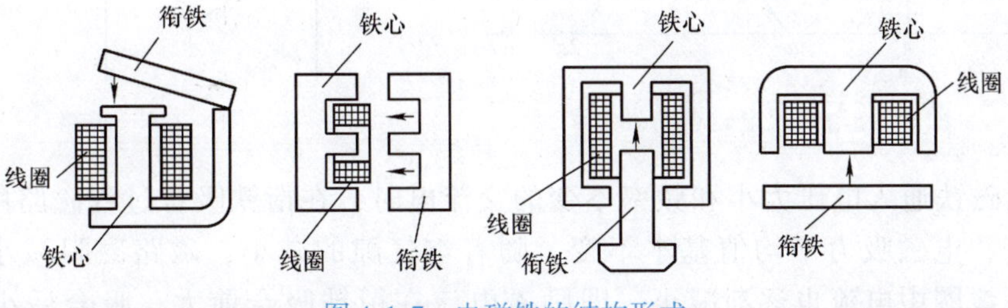

图 4-1-7 电磁铁的结构形式

电磁铁的吸力是它的主要参数之一。电磁铁铁心线圈通电后，对衔铁的吸力计算公式为

$$F=\frac{10^7 B^2 S}{8\pi}=\frac{10^7 \Phi^2}{8\pi S} \qquad (4\text{-}1\text{-}12)$$

式中，B 是空气隙中磁感应强度，单位是 T（Φ 是空气隙中磁通，单位是 Wb），与铁心中磁感应强度（磁通）近似相等；S 是空气隙截面积，单位是 m^2；F 为铁心对衔铁的吸力，单位是 N（牛）。

对于直流电磁铁，励磁电流与线圈电阻有关，与空气隙无关，因此在衔铁吸合前后线圈中电流不变、磁动势 NI 不变。但是随着吸合过程，空气隙变小，磁路磁阻变小，磁通增大，吸力增大。衔铁吸合后，磁路中磁通比吸合前大得多，吸力也比吸合前大得多。直流电磁铁的铁心一般由整块的铸钢、软钢等制成。

对于交流电磁铁，通入交变励磁电流，产生交变磁通，产生的吸力也随时间而变化，如图 4-1-8 所示。设空气隙处磁通为

$$\Phi = \Phi_m \sin \omega t$$

则交变电磁吸力为

$$\begin{aligned} f &= \frac{10^7 (\Phi_m \sin \omega t)^2}{8\pi S} \\ &= F_m \sin^2 \omega t \\ &= F_m \left(\frac{1-\cos 2\omega t}{2}\right) \\ &= \frac{1}{2}F_m - \frac{1}{2}F_m \cos 2\omega t \end{aligned}$$

式中，$F_m = \dfrac{10^7 \Phi_m{}^2}{8\pi S}$ 为电磁吸力的最大值。

电磁吸力的平均值为

$$F = \frac{1}{2}F_m = \frac{10^7 \Phi_m{}^2}{16\pi S} \tag{4-1-13}$$

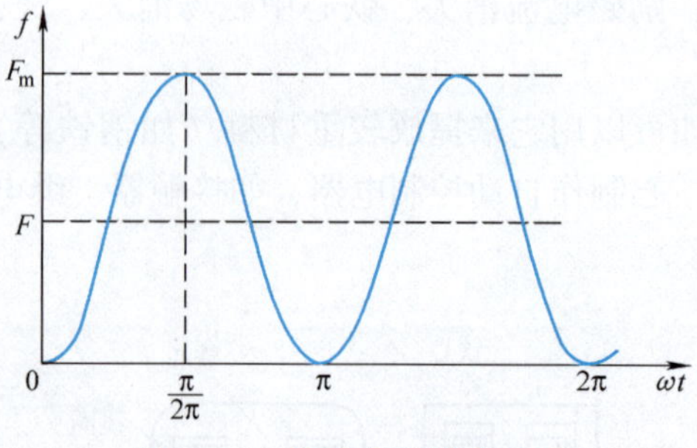

图 4-1-8 交流电磁铁的吸力

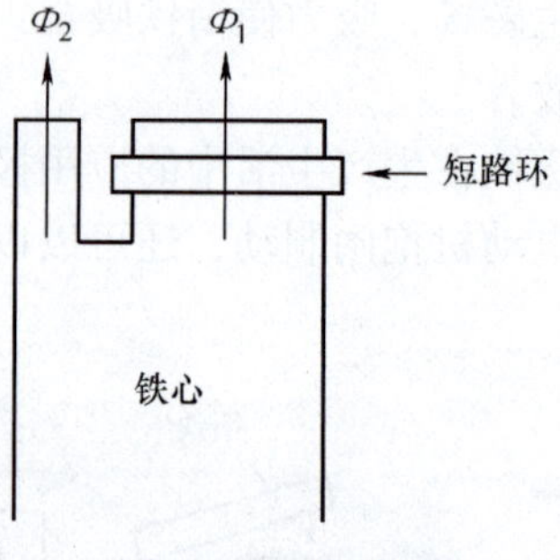

图 4-1-9 短路环

交流电磁铁通入电压大小和频率不变的交流电时，在衔铁吸合过程磁路中磁通最大值基本不变，电磁吸力平均值基本不变，随着空气隙的减小，磁路磁阻减小，磁动势随之减小，线圈中电流也逐渐减小，即励磁电流在衔铁吸合前大、吸合后小（吸合前电流比吸合后电流大几倍至几十倍）。在衔铁频繁开、合的情况下，交流电磁铁线圈中的冲击电流很大，很容易造成线圈过热损坏，所以应减少交流电磁铁单位时间内操作次数。

另外，从图 4-1-8 可以看出，交流电磁铁的电磁吸力是周期性变化的（在某一瞬间吸力

为零)，会引起衔铁振动，产生噪声，造成机械磨损，降低电磁铁使用寿命。为了消除这种现象，可在铁心的部分端面上套一个短路环，如图 4-1-9 所示。工作时短路环上产生感应电流，阻碍原磁通的变化，使得这部分铁心上磁通与其他部分铁心上磁通出现相位差，因此铁心各部分吸力也就不会同时为零，这样就消除了衔铁的振动。

为了减小损耗，交流电磁铁的铁心和衔铁由硅钢片叠成。

例 4-1-2 有一交流接触器，加 24V 直流电时电流为 1A。将其接在电路中，加 220V 交流电，电流为 1.5A，消耗功率 110W。求接触器感抗，工作时铜损、铁损及功率因数。

解：(1) 接触器接直流电，接触器直流电阻起作用，则 $R=\dfrac{U}{I}=\dfrac{24}{1}\Omega=24\Omega$

(2) 接触器接上交流电，其阻抗为 $|Z|=\dfrac{U}{I}=\dfrac{220}{1.5}\Omega=146.7\Omega$

因为 $|Z|=\sqrt{R^2+X_L^2}$，所以 $X_L=\sqrt{|Z|^2-R^2}=\sqrt{146.7^2-24^2}\Omega=144.7\Omega$

接触器铜损为 $\Delta P_{Cu}=I^2R=1.5^2\times24W=54W$

接触器铁损为 $\Delta P_{Fe}=P-\Delta P_{Cu}=110W-54W=56W$

接触器功率因数为 $\cos\varphi=\dfrac{P}{S}=\dfrac{P}{UI}=\dfrac{110}{220\times1.5}=0.33$

四、测试与训练

1. 分析 CJX1－9/22 交流接触器的工作原理

CJX1－9/22 交流接触器（见图 4-1-10）在电力系统中供远距离接通和分断电路使用，适用于控制交流电动机的起动、停止和反转。有 3 对常开主触点（L_1-T_1、L_2-T_2、L_3-T_3）、2 对常开辅助触点（13-14、43-44）、2 对常闭辅助触点（21-22、31-32），额定工作电流 9A（AC－3/380V）。分析该交流接触器的工作原理。

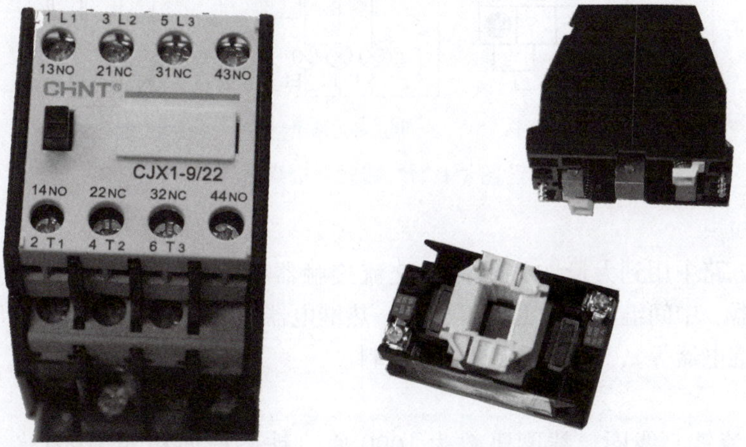

图 4-1-10　CJX1－9/22 交流接触器及其线圈

2. CJX1－9/22 交流接触器静电测试

将 CJX1－9/22 交流接触器不通电，用万用表测量接触器线圈电阻、各触点之间电阻。按下接触器衔铁，重新测量数据。数据填入表 4-1-2，判断接触器质量。

表 4-1-2　接触器静电测试

项目	线圈	主 L_1-T_1	主 L_2-T_2	主 L_3-T_3	辅 13－14	辅 21－22	辅 31－32	辅 43－44
电阻值/Ω								
电阻值/Ω（压下衔铁）								

3. CJX1－9/22 交流接触器通电测试

按图 4-1-11 连接电路，合上开关，将观察到的现象填入表 4-1-3 中。

表 4-1-3　接触器通电测试

项目	线圈	主触点			辅助触点			
	衔铁	EL_1	EL_2	EL_3	EL_1	EL_2	EL_3	EL_4
未合上开关时								
合上开关								

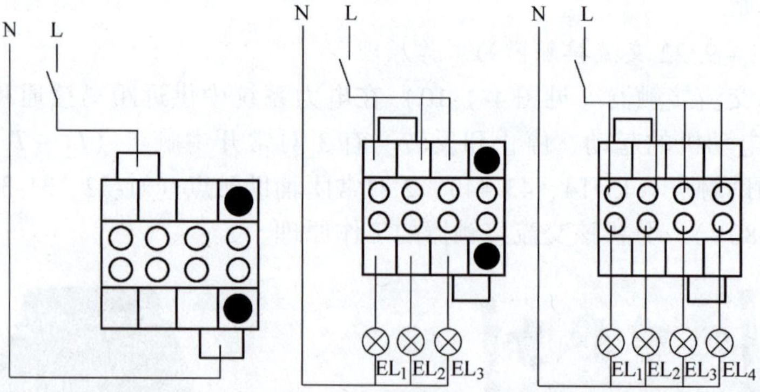

a) 线圈接线　　b) 主触点接线　　c) 辅助触点接线

图 4-1-11　接触器接线图

五、拓展知识

电气控制电路中用到大量的接触器（交流接触器、直流接触器）、继电器（电流继电器、电压继电器、中间继电器、时间继电器、热继电器以及温度继电器、压力继电器、计数继电器、频率继电器等），具体介绍见相关资料。

六、练习

1. 有一交流铁心线圈，线圈匝数为 1000 匝，铁心截面积为 $10cm^2$，磁路的平均长度为 31.4cm，铁心的相对磁导率为 3500，线圈中电流为 0.2A，求线圈铁心中磁通大小。

2. 有一交流线圈，接在交流电路中，电压为 220V、电流为 2A、消耗功率 100W。求线圈电阻和感抗、线圈功率因数。

模块二 变压器的测试与使用

一、学习目标

终极目标：掌握变压器的结构及工作原理，会测试变压器。

促成目标：

1. 了解变压器的类型。
2. 掌握变压器的结构及工作原理。
3. 会测试小型变压器。

二、工作任务

1. 变压器工作原理分析。
2. 变压器常规测试。

三、理论知识

变压器是输变电能的常用电器，它可以把电能进行同频率的电压、电流、阻抗和相位变换，在日常生产、生活中应用十分广泛。

1. 变压器的类型

变压器有很多类型，常见的分类方法有以下几种：

（1）按用途不同分类　分为电力变压器（又可分为升压变压器、降压变压器、配电变压器、厂用变压器等）、特种变压器（电炉变压器、整流变压器、电焊变压器等）、仪用互感器（电压互感器、电流互感器）、试验用的高压变压器和调压器等。部分变压器实物如图 4-2-1 所示。

图 4-2-1　按用途分类的部分变压器实物图

（2）按绕组结构不同分类　分为双绕组变压器、三绕组变压器、多绕组变压器和自耦变压器。部分变压器如图 4-2-2 所示。

a) 双绕组变压器　b) 三绕组变压器　c) 自耦变压器

图 4-2-2　按绕组结构分类的部分变压器实物图

(3) 按铁心结构不同分类　分为心式变压器和壳式变压器。

(4) 按工作电压相数不同分类　分为单相变压器、三相变压器、多相（如整流用的六相）变压器。

(5) 按调压方式不同分类　分为无励磁调压变压器、有载调压变压器。

(6) 按冷却方式不同分类　分为干式变压器、油浸自冷变压器、油浸风冷变压器、强迫油循环冷却变压器、强迫油循环导向冷却变压器、充气式变压器等。

(7) 按容量不同分类　分为小型变压器（容量为630kV·A及以下）、中型变压器（容量为800～6300kV·A）、大型变压器（容量为8000～63000kV·A）、特大型变压器（容量为90000kV·A及以上）。

2. 变压器的结构

(1) 铁心　铁心是变压器的磁路部分。为了减小涡流损耗和磁滞损耗，变压器的铁心一般由含硅量约为5%、相互绝缘的0.35mm或0.5mm厚的硅钢片叠压而成。为了减小气隙，硅钢片通常采用交错方式叠装，如采用E形、F形、日形、C形，使硅钢片的接缝错开，如图4-2-3所示。如图4-2-4所示为E形铁心实物图。

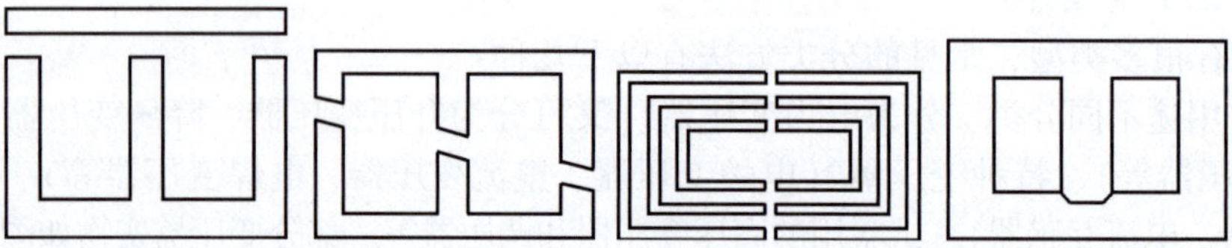

图4-2-3　小型变压器的铁心硅钢片

变压器铁心可分为心式和壳式两种。

心式变压器的结构特点是绕组包围铁心，构造比较简单，这种结构在单相和三相电力变压器中应用最多。壳式变压器的结构特点是铁心包围绕组，这种结构在单相和小容量变压器中普遍应用，某些特殊变压器也采用此结构，如电焊变压器等。图4-2-5为心式和壳式变压器结构示意图。

图4-2-4　E形铁心实物图

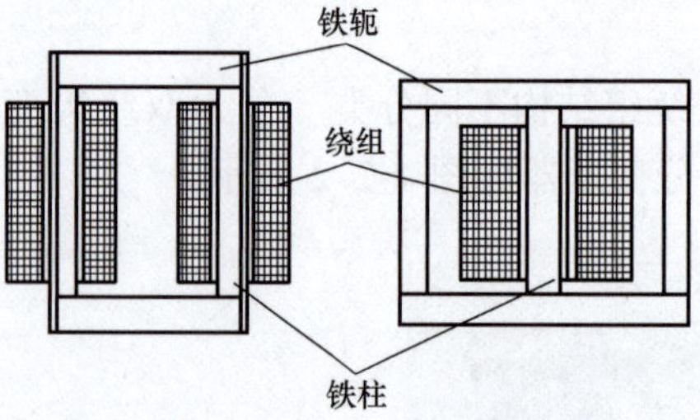

图4-2-5　心式和壳式变压器结构

铁心的紧固方式分铁柱夹紧和铁轭夹紧。铁柱的夹紧可用楔柱楔紧、夹紧螺杆夹紧及绝缘带或金属带扎紧，如采用夹紧螺杆必须与硅钢片绝缘。

(2) 绕组　绕组是变压器的电路部分。绕组由绝缘铜导线或铝导线绕制而成。

变压器中，和电源相连的绕组称为一次绕组（旧称初级绕组），和负载相连的绕组称为二次绕组（旧称次级绕组），如图 4-2-6 所示。

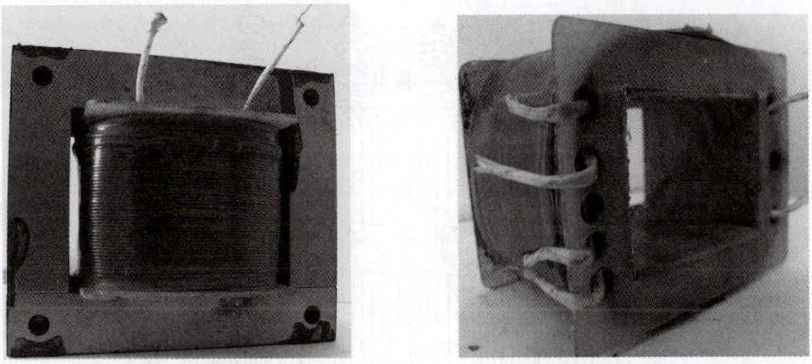

a) 一次绕组　　b) 二次绕组

图 4-2-6　变压器绕组

小容量变压器的绕组可制成长方形或正方形，结构简单，制造方便。电力变压器和其他容量较大的心式变压器的绕组都做成圆筒形，按照一、二次绕组套在铁心上的位置不同，可分为同心式绕组和交叠式绕组。

同心式绕组是将一、二次绕组套在同一铁柱上，为了便于绝缘，一般将低压绕组放在内层，如图 4-2-7a 所示。同心式绕组结构简单、制造方便，是一种常用的形式。

交叠式绕组是将一、二次绕组交替地套在铁柱上，为了便于绝缘，通常在铁轭处放置低压绕组，如图 4-2-7b 所示。

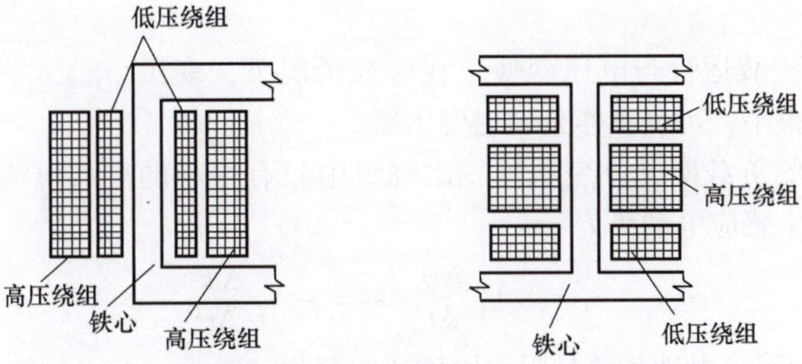

a) 同心式　　b) 交叠式

图 4-2-7　变压器绕组的结构

大多数电力变压器都采用同心式绕组。

(3) 附件　为了保证变压器的安全和可靠运行，变压器还要装配有一些其他部件，如铁壳、铝壳外罩、冷却设施等。工农业生产上用的电力变压器就有油箱、储油柜、分接开关、安全气道、气体继电器、绝缘套管等附件。图 4-2-8 所示为三相油浸式电力变压器外形结构图。

3. 变压器的工作原理

变压器是根据电磁感应原理工作的。图 4-2-9 为变压器的工作原理图。

当变压器一次绕组通以交流电流时，交变电流将在铁心中产生交变磁通，这个变化的磁

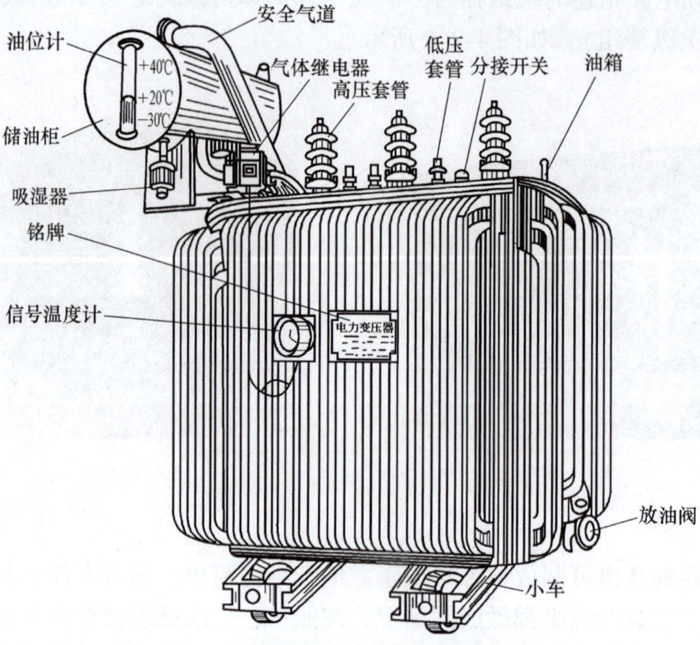

图 4-2-8　三相油浸式电力变压器外形结构图

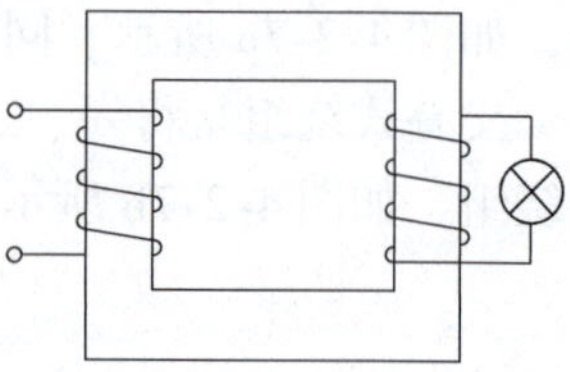

图 4-2-9　变压器工作原理图

通经过闭合磁路同时穿过一次绕组、二次绕组，根据电磁感应原理，在一、二次绕组都产生感应电动势（即自感电动势、互感电动势）。对于负载来说，二次绕组的感应电动势相当于电源，电能将通过负载进行能量转换。这就是变压器的基本工作原理。

（1）变压器的空载运行与电压变换　在一般情况下，变压器的损耗和漏磁都很小，可以看作是理想变压器。

将变压器二次侧负载断开，变压器一次绕组中只有很小的空载电流（励磁电流），在一、二次绕组中产生感应电动势为

$$e_1 = -N_1 \frac{\Delta\varphi}{\Delta t} \quad e_2 = -N_2 \frac{\Delta\varphi}{\Delta t}$$

式中，“－”号表示感应电动势总是阻碍原磁通的变化。

感应电动势的绝对值为　$e_1 = N_1 \left|\frac{\Delta\varphi}{\Delta t}\right|$　　$e_2 = N_2 \left|\frac{\Delta\varphi}{\Delta t}\right|$

感应电动势的有效值为　$E_1 = 4.44fN_1\Phi_m$　$E_2 = 4.44fN_2\Phi_m$

一、二次绕组两边的电压近似等于一、二次绕组的电动势，即 $U_1 \approx E_1$、$U_2 \approx E_2$。所以有

$$\frac{U_1}{U_2} \approx \frac{E_1}{E_2} = \frac{4.44fN_1\Phi_m}{4.44fN_2\Phi_m} = \frac{N_1}{N_2} = K \tag{4-2-1}$$

K 称为变压器的电压比，可见变压器一、二次绕组的端电压之比等于这两个绕组的匝数比。

1）$K>1$ 时，$N_1>N_2$，$U_1>U_2$，变压器为降压变压器。

2）$K<1$ 时，$U_1<U_2$，$N_1<N_2$，变压器为升压变压器。

3）$K=1$ 时，$N_1=N_2$，$U_1=U_2$，变压器用作隔离变压器。

（2）变压器的负载运行与电流变换　当变压器接上负载后，一次绕组上的电流为 i_1（比空载电流大）、二次绕组中的电流为 i_2，一、二次绕组的电阻、铁心的磁滞损耗和涡流损耗都会损耗一定的能量，但该能量通常远小于负载消耗的电能，在分析计算时可忽略不计，也认为是理想状况。此时，变压器输入功率等于负载消耗的功率，即

$$U_1 I_1 \cos\varphi_1 = U_2 I_2 \cos\varphi_2 \qquad \cos\varphi_1 = \cos\varphi_2$$

所以有

$$\frac{I_1}{I_2}=\frac{U_2}{U_1}=\frac{N_2}{N_1}=\frac{1}{K} \tag{4-2-2}$$

可见变压器带负载工作时，一、二次电流有效值之比等于匝数比的反比。变压器在变换电压的同时，电流也跟着变换。

（3）变压器的阻抗变换　变压器的阻抗变换如图4-2-10所示。对于理想变压器，忽略掉各种功率损耗，变压器一、二次侧的视在功率、有功功率、无功功率均相同。设变压器二次回路阻抗为 Z_L，一次回路的等效阻抗为 Z'_L，可以推导出：

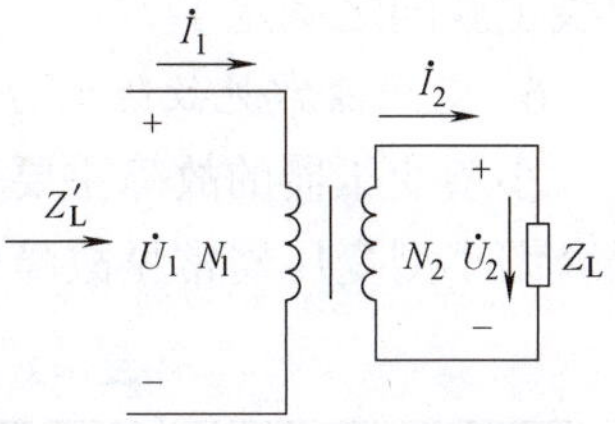

图4-2-10　变压器的阻抗变换

$$|Z'_L|=\frac{U_1}{I_1}=\frac{\frac{N_1}{N_2}U_2}{\frac{N_2}{N_1}I_2}=\left(\frac{N_1}{N_2}\right)^2\frac{U_2}{I_2}=\left(\frac{N_1}{N_2}\right)^2|Z_L| \tag{4-2-3}$$

可见，二次侧接入的阻抗 $|Z_L|$ 就相当于从一次侧的电源上直接接上一个阻抗，即

$$|Z'_L|=K^2|Z_L| \tag{4-2-4}$$

4. 变压器的额定容量、效率

（1）额定容量　额定容量表示在额定工作条件下变压器的输出功率，是指变压器的视在功率。

1）对单相变压器，二次绕组的额定电压 U_2 与额定电流 I_2 的乘积是其容量，一次绕组的额定电压 U_1 与额定电流 I_1 的乘积也是其容量，即 $S=U_2I_2=U_1I_1$。

2）对三相变压器，其容量为 $S=\sqrt{3}U_2I_2=\sqrt{3}U_1I_1$。

S 的单位为 V·A（伏安）、kV·A（千伏安）、MV·A（兆伏安）。

（2）效率　变压器是应用电磁感应原理，把输入的交流电升高或降低为同频率的交流电压输出。传输电能过程中，不可避免地要产生损耗（主要是铁损耗和铜损耗两部分），表现为变压器一次侧输入有功功率 P_1 和二次侧输出有功功率 P_2 之差。

我们将变压器的输出功率 P_2 与输入功率 P_1 的比值定义为变压器的效率，用符号 η 表示。计算公式为

$$\eta=\frac{P_2}{P_1}\times 100\% \tag{4-2-5}$$

变压器的效率高低反映了变压器运行的经济性，是运行性能的重要指标。由于变压器是

一种静止的电气设备，在能量传输过程中没有机械损耗，所以它的效率很高。

5. 变压器的外特性

当一次电压 U_1 和负载的功率因数 $\cos\varphi_2$ 一定时，二次绕组输出的电压 U_2 与负载电流 I_2 的关系，称为变压器的外特性。

1）当负载为纯电阻时，$\cos\varphi_2 = 1$，随着负载电流 I_2 的增大，变压器二次绕组的输出电压逐渐降低，即变压器输出电压具有下降的外特性，但下降并不多。

2）当负载为电感性时，$\cos\varphi_2 < 1$，随着负载电流 I_2 的增大，变压器二次绕组的输出电压下降较快。

3）当负载为电容性时，$\cos\varphi_2 < 1$，φ_2 为负值，U_2 会随 I_2 的增加而增加。

即功率因数对变压器外特性的影响是很大的，负载的功率因数确定后，变压器的外特性曲线也就随之确定了。

6. 变压器常见故障的分析与处理

小型变压器的故障主要是铁心故障和绕组故障，此外还有装配或绝缘不良等故障。这里只介绍小型变压器常见故障的现象、原因与处理方法，见表 4-2-1。

表 4-2-1 小型变压器常见故障的现象、原因与处理方法

故障现象	造成原因	处理
电源接通后无电压输出	1. 一次绕组断路或引出线脱焊 2. 二次绕组断路或引出线脱焊	1. 拆换修理一次绕组或焊牢引出线接头 2. 拆换修理二次绕组或焊牢引出线接头
温升过高或冒烟	1. 绕组匝间短路或一、二次绕组间短路 2. 绕组匝间或层间绝缘老化 3. 铁心硅钢片间绝缘太差 4. 铁心叠厚不足 5. 负载过重	1. 拆换绕组或修理短路部分 2. 重新绝缘或更换导线重绕 3. 拆下铁心，对硅钢片重新涂绝缘漆 4. 加厚铁心或重做骨架、重绕绕组 5. 减轻负载
空载电流偏大	1. 一、二次绕组匝数不足 2. 一、二次绕组局部匝间短路 3. 铁心叠厚不足 4. 铁心质量太差	1. 增加一、二次绕组匝数 2. 拆开绕组，修理局部短路部分 3. 加厚铁心或重做骨架、重绕绕组 4. 更换或加厚铁心
运行中噪声过大	1. 铁心硅钢片未插紧或未压紧 2. 铁心硅钢片不符合设计要求 3. 负载过重或电源电压过高 4. 绕组短路	1. 插紧铁心硅钢片或固紧铁心 2. 更换质量较高的同规格硅钢片 3. 减轻负载或降低电源电压 4. 查找短路部位，进行修复
二次电压下降	1. 电源电压过低或负载过重 2. 二次绕组匝间短路或对地短路 3. 绕组对地绝缘老化 4. 绕组受潮	1. 增加电源电压，使其达到额定值或降低负载 2. 查找短路部位，进行修复 3. 重新绝缘或更换绕组 4. 对绕组进行干燥处理
铁心或底板带电	1. 一次或二次绕组对地短路或一、二次绕组间短路 2. 绕组对地绝缘老化 3. 引出线头碰到铁心或底板 4. 绕组受潮或底板感应带电	1. 加强对地绝缘或拆换修理绕组 2. 更新绝缘或更换绕组 3. 排除引出线头与铁心或底板的短路点 4. 对绕组进行干燥处理或将变压器置于环境干燥场合使用

四、测试与训练

1. 分析变压器的工作原理

图 4-2-11 是 BK－50 型控制变压器，容量为 50V · A。在额定容量下可长期连续工作，广泛应用于机床等机械设备中的一般电器和控制电源、局部照明及指示灯电源。一次侧可以接 220V、380V 两种电源电压使用，二次侧有 6.3V、12V、24V、36V、127V 等几组电压输出，还可进行适当组合输出需求电压。

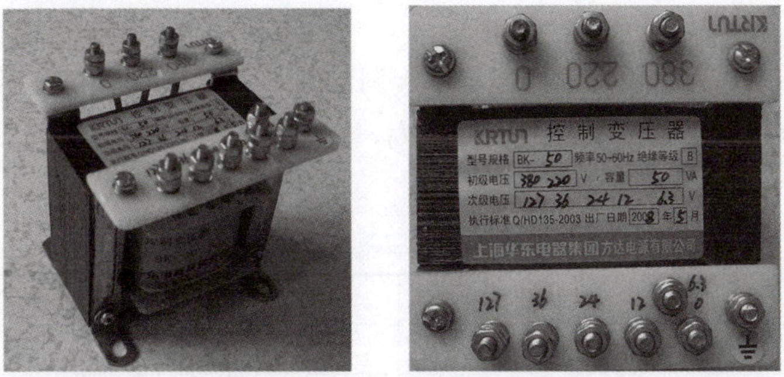

图 4-2-11　BK－50 型控制变压器

分析该变压器的工作原理及具体工作数据的意义。测量变压器各绕组的直流电阻，连同绕组电压指标一起填入表 4-2-2。

表 4-2-2　变压器直流电阻数值

绕组电压指标/V						
绕组直流电阻/Ω						

2. 绝缘检查

用绝缘电阻表测量 BK-50 型控制变压器各绕组间、绕组与铁心间、绕组与屏蔽层间的绝缘电阻。一般小型电源变压器应在几十到一百多兆欧以上。对于 400V 以下的变压器，其值应不低于 50MΩ。变压器绝缘检查见表 4-2-3。

表 4-2-3　变压器绝缘检查

项目	一次侧与二次测	一次侧与铁心	二次侧与铁心	一次侧与屏蔽层	二次侧与屏蔽层
绝缘电阻/Ω					
绝缘判断					

3. 空载试验

（1）测定 BK－50 型控制变压器的空载电流、电压比　按图 4-2-12 连接电路，接通电源使变压器空载运行，当一次电压加到额定值时，电流表 A 的读数即为空载电流。一般变压器的空载电流约为额定电流值的 5%～8%，若空载电流大于额定电流的 10% 时，损耗较大；当空载电流超过额定电流的 20% 时，它的温升将超过允许值，不能使用。

将待测变压器接入电路，接通电源使其空载运行，当一次电压加到额定值时，电压表 V_2 的读数即为该变压器的空载电压。各绕组的空载电压允许误差为：二次高压绕组误差范围为≤±10%；二次低压绕组误差范围为≤±5%；中心抽头电压误差范围为≤±2%。

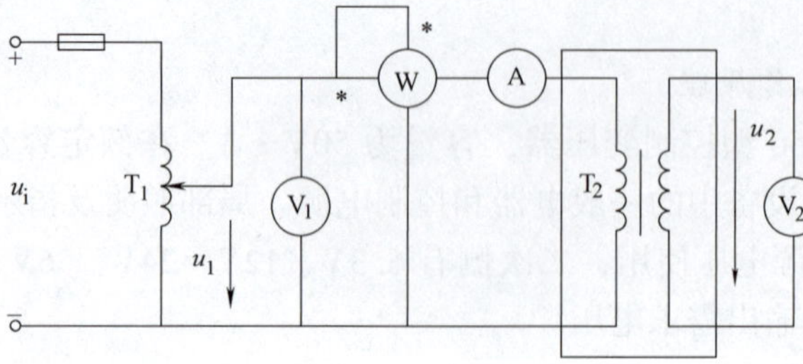

图 4-2-12 变压器空载试验

选择变压器一组输入、输出，接通电源，调节调压变压器，使输入一次绕组的电压从零逐步增大到额定值的 1.2 倍，记录空载电流 I_0，并测量二次绕组两端的电压 U_2，将数据填入表 4-2-4 中。

表 4-2-4 空载试验数据

U_1/V							
U_2/V							
I_0/mA							
K							

计算电压比 K 的平均值。

按表 4-2-4 分别测量数据，计算其他几组输出电压时的电压比平均值。

（2）测试 BK－50 型控制变压器的外特性　接入若干灯泡作为负载，逐步增加负载直至一次电流 I_1 到额定值，在表 4-2-5 中记录每次负载变动后的一次电流 I_1、功率 P_1 以及二次绕组的电压 U_2 和电流 I_2。在负载变动过程中必须调节调压变压器，使输入一次绕组的电压 U_1 始终保持在额定电压。

表 4-2-5 外特性测试数据

灯泡	U_1/V	I_1/A	P_1/W	U_2/V	I_2/A	P_2/W（计算值）	η
无							
1							
2							
3							

计算有关数据，绘制变压器外特性曲线 $U_2=f(I_2)$。

4. 测试 BK－50 型控制变压器的电压调整率

电压调整率是衡量变压器负载特性的重要指标，是指当输入电压不变时，负载电流从零升到额定值时输出电压 U_2 的相对变化值，电压调整率越小越好，一般变压器的电压调整率在 5% 左右。

$$\Delta U=\frac{U_{20}-U_2}{U_{20}}\times 100\% \tag{4-2-6}$$

式中，ΔU 为电压调整率；U_{20} 为空载输出电压（V）；U_2 为变压器额定负载时的输出电压（V）。

分别测量变压器空载时二次电压、额定状态时二次电压和电流，数据记入表 4-2-6 中，计算电压调整率，分析变压器的负载特性。

表 4-2-6　电压调整率测试

U_{20}	U_2	I_2	ΔU

5. 损耗与温升的测定

若要求进一步测定变压器的损耗功率与温升，可按图 4-2-13 所示测试电路进行。

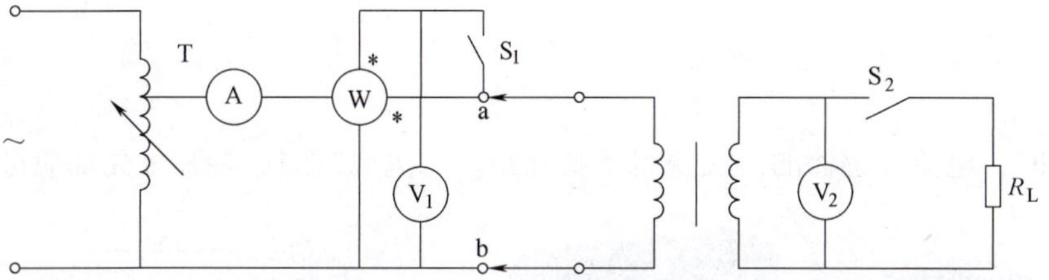

图 4-2-13　变压器测试电路

在被测变压器未接入电路前，合上开关 S_1（见图 4-2-13），调节调压器 T 使它的输入电压为额定电压，此时功率表的读数为电压表、电流表的功率损耗为 P_1。将被测变压器接在 a、b 两端，重新调节调压器 T，直至 V_1 的读数为额定电压，这时功率表的读数为 P_2。则空载损耗功率 $P' = P_2 - P_1$。

先用万用表或电桥测量一次绕组的冷态直流电阻 R_1（因一次绕组常在变压器绕组内层，散热差、温升高，以它为测试对象较为适宜）。然后，加上额定负载，接通电源，通电数小时后，切断电源，再测量一次绕组热态直流电阻值 R_2。这样连续测量几次，在几次热态直流电阻值近似相等时，即可认为所测温度是终端温度，并用下列经验公式求出温升 ΔT 的数值：

$$\Delta T = \frac{R_2 - R_1}{3.9 \times 10^{-3} R_1} \tag{4-2-7}$$

要求温升不得超过 50K。

五、拓展知识

互感器是一种专用测量仪表及控制设备和保护设备中使用的变压器。

在高电压和大电流的电气设备和输电线路中，是不能直接用仪表测量电压、电流的，必须用互感器将高电压、大电流变换成低电压、小电流，然后再进行测量。互感器可分为电压互感器和电流互感器。

（1）电压互感器　电压互感器的构造与双绕组变压器相同，如图 4-2-14a 所示。在使用时，一次绕组（高压绕组）并联在高压电源上、二次绕组（低压绕组）接低压电压表，如图 4-2-14b 所示，只要读出电压表的读数 U_1，即可得到待测高压为

$$U_1 = KU_2 \quad (4\text{-}2\text{-}8)$$

在使用电压互感器时，二次绕组严禁短路，二次绕组的一端和铁壳应可靠接地，以确保安全。

（2）电流互感器　电流互感器使用时，一次绕组串接在待测电路中，将大电流通过二次绕组变成小电流，由电流表读出其电流值，如图4-2-15所示。

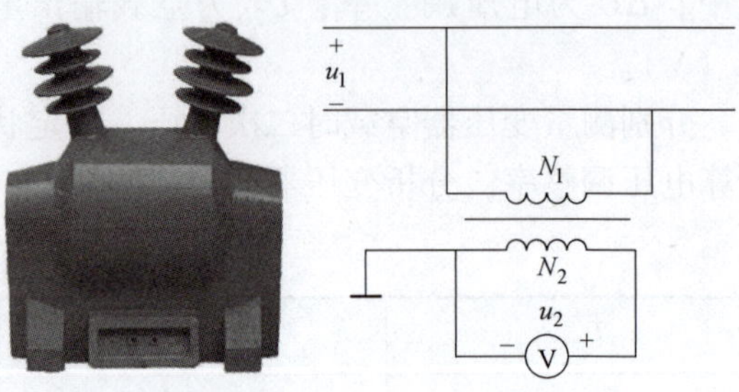

a) 实物图　b) 接线方法

图4-2-14　电压互感器

电流互感器的一次绕组匝数很少，只有一匝或几匝，绕组的线径较粗。二次绕组匝数较多，通过的电流较小，但二次绕组上的电压很高，它的工作原理也满足电流、电压变换关系：

$$I_1 = \frac{I_2}{K} \quad (4\text{-}2\text{-}9)$$

在使用时，电流互感器的二次绕组严禁开路。二次绕组的一端和外壳都应可靠接地。

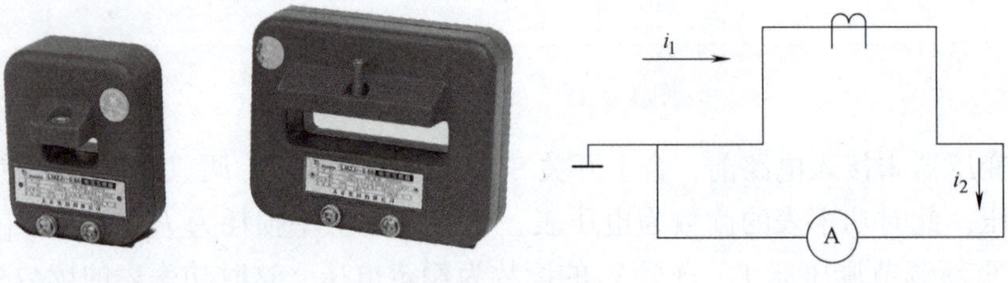

a) 实物图　b) 接线方法

图4-2-15　电流互感器

六、练习

1. CA6140车床上的照明灯使用的是把220V的交流电降压后得到的36V电压，设变压器一次绕组是1140匝，则二次绕组应该是多少匝？车床上接了一盏25W的电灯，求变压器一次、二次电流（不考虑变压器损耗）。

2. 变压器容量为1.5kV · A，一次额定电压220V，二次额定电压36V，求一、二次电流。

项目四习题

一、填空题

1. 若磁场中各点的磁感应强度大小_______、方向______，则这种磁场称为匀强磁场。匀强磁场的磁感应线是_____________________________________。

2. 电磁铁一般由线圈、_______和_______等部分组成。

3. 电磁铁铁心线圈通电，产生吸力，从而吸引______动作而带动其他机械装置产生联动，完成______控制或_______控制。

4. 变压器主要由铁心、________、________等部分组成。

5. 铁心是变压器的______部分，一般由含硅量约为5%、相互绝缘的________叠压而成，可分为心式和________两种。

6. 绕组是变压器的______部分，由绝缘的____________________绕制而成，分为一次绕组和____________________。

7. 变压器的额定容量表示______________________________，是指______________。对单相变压器而言，额定容量一般用____绕组的___________________________来表示。

8. 变压器的效率等于变压器的__________________与________________之比，变压器的损耗主要是________________________________。

9. 用万用表电阻档测量变压器各绕组直流电阻时，直流电阻______（填“大”或“小”）、线径____（填“粗”或“细”）的是高压绕组，直流电阻______（填“大”或“小”）、线径____（填“粗”或“细”）的是低压绕组，用此方法可区分变压器绕组。

二、选择题

1. 不能用来描述磁场中各点的磁场强弱和方向的物理量是（　　）。

A. 磁感应强度　　B. 磁通　　C. 磁导率

2. 不属于磁性材料磁性能的是（　　）。

A. 高导磁性　　B. 高电阻性　　C. 磁饱和性　　D. 磁滞性

3. 适于制作录音机磁头的是（　　）。

A. 软磁性物质　　B. 硬磁性物质　　C. 矩磁性物质　　D. 这三种材料都可以

4. 变压器不能用来变换交流电的（　　）。

A. 电压　　B. 电流　　C. 阻抗　　D. 频率

三、判断题

1. 磁感应线是真实存在的用来描述磁场的曲线。（　　）

2. 磁感应线的方向总是从N极指向S极。（　　）

3. 磁导率用来表示物质的导磁性能，不同的物质具有不同的磁导率。（　　）

4. 某物质的相对磁导率表示在相同条件下，加了该物质后的磁场是真空时的μ_r倍。（　　）

5. 磁感应强度和磁场强度都可以用来描述磁场，磁感应强度是矢量，但磁场强度是标量。（　　）

6. 磁路欧姆定律一般用于定性分析磁路而不用来定量计算，是因为计算太烦琐了。（　　）

7. 磁路欧姆定律告诉我们，磁感应强度与磁路的磁动势成正比、与磁路磁阻成反比。（　　）

8. 在对磁性材料反复磁化过程中发现，磁性材料的磁感应强度的变化总是滞后于磁场强度的变化，这就是磁滞性。（　　）

9. 交流铁心线圈的功率损耗包含铜损和铁损两部分，铜损由线圈的直流电阻造成、铁损由铁心产生。（　　）

10. 为了减小磁滞损耗和涡流损耗，铁心一般由彼此绝缘的硅钢片叠压而成。（　　）

11. 线圈的铁心在工作时会发热，这是因为铁心中具有一定的涡流而引起铁心发热，这会缩短铁心使用寿命并产生能量损失，所以涡流效应没有一点好处。（　　）

12. 变压器可以变换直流电，也可以变换交流电。 ( )

13. 变压器变换阻抗时，其匝数比等于一次、二次绕组阻抗的二次方比。 ( )

14. 一台变压器（220V/6V）既可以将220V电压降成6V，也可以将220kV的电压降到6kV。 ( )

四、综合题

1. 有一匀强磁场，磁感应强度 $B=3\times10^{-2}$T，媒介质为空气，则该磁场的磁场强度为多少？

2. 某硅钢片中磁感应强度为1.4T、磁场强度为 5×10^{-2}A/m，该硅钢片的相对磁导率为多大（真空磁导率为 $\mu_0=4\pi\times10^{-7}$H/m）？

3. 某环形线圈400匝，截面积为 $4\times10^{-7}m^2$，平均长度为0.314m，铁心由硅钢片制成（相对磁导率为3500），向线圈中通入0.1A的电流，线圈中产生的磁通是多大？如果将铁心去掉，磁通变为多大？

4. 某变压器容量为1.5kV·A，一次额定电压为380V/110V，求变压器一、二次额定电流。

5. 机床照明用变压器（220V/36V）给一盏“36V、12W”电灯供电（忽略变压器损耗），求此变压器的电压比及一次电流、二次电流。

6. 变压器容量为20kV·A，它的电压为6600V/380V，它能供应多少只电动机（功率因数为0.75、额定电压为380V、额定功率为1500W）正常工作？

7. 变压器一次、二次绕组分别为550匝、60匝，效率为85%。一次绕组接220V电源，二次绕组接5Ω的电阻性负载，求二次电流、一次电流及变压器损耗的功率。

项目五

常用电工仪表的使用

一、学习目标

终极目标：会使用万用表等常用电工仪表。

促成目标：

1. 掌握万用表、功率表、电能表、钳形电流表及绝缘电阻表等的使用方法。
2. 会使用万用表、功率表、电能表、钳形电流表及绝缘电阻表测量相关物理量。

二、工作任务

用万用表、功率表、电能表、钳形电流表及绝缘电阻表进行常规项目测量。

万用表的认识

模块一 MF47 型万用表的使用

一、学习目标

终极目标：熟练使用 MF47 型万用表。

促成目标：

1. 掌握 MF47 型万用表的工作原理。
2. 了解 MF47 型万用表的主要性能指标。
3. 熟练使用 MF47 型万用表测量常规项目。
4. 会使用 M830L 数字万用表。

二、工作任务

1. 分析 MF47 型万用表的工作原理及性能指标。
2. 使用 MF47 型万用表进行常规项目测量。

三、理论知识

万用表又叫多用表、三用表、复用表，是一种多功能、多量程的测量仪表，一般可测量直流电流、直流电压、交流电压、电阻等，有的还可以测量电容量、晶体管参数。常用万用表分为指针万用表（如 MF47 型万用表，如图 5-1-1 所示，其工作原理图如图 5-1-2 所示）和数字万用表两类。

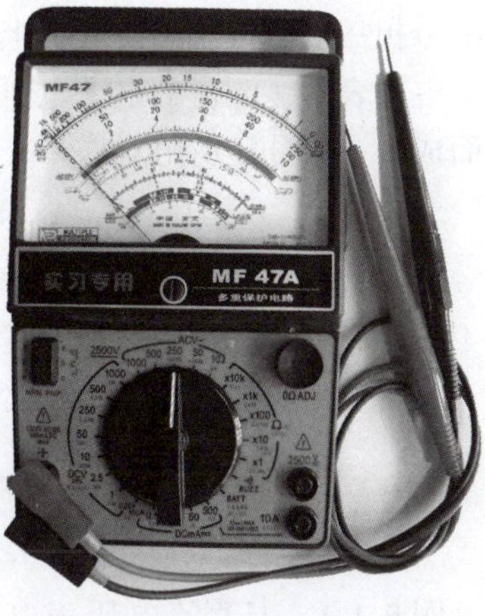

图 5-1-1 MF47 型万用表

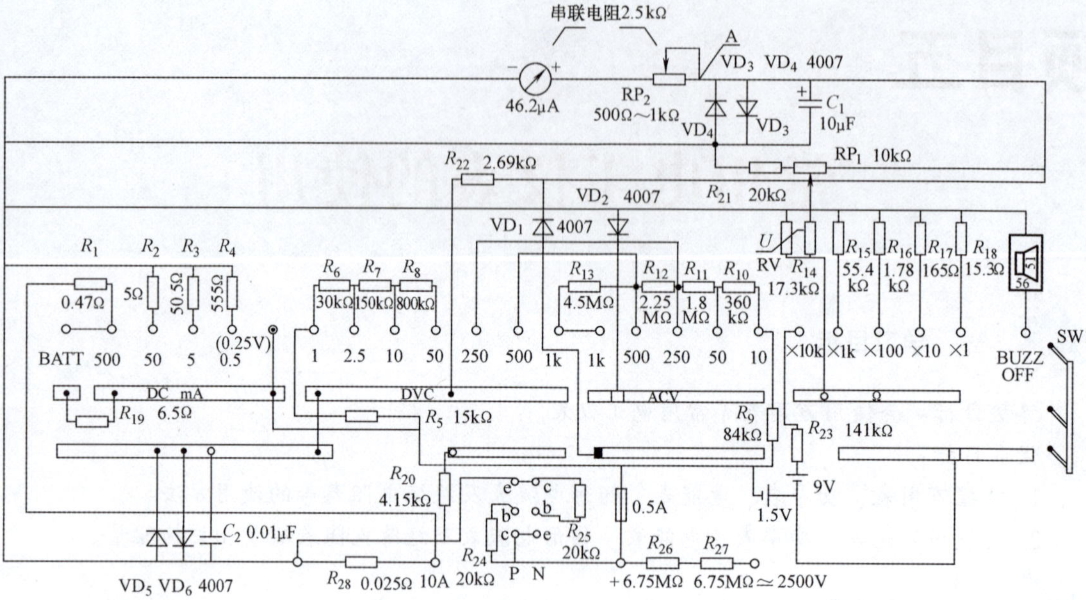

图 5-1-2 MF47 型万用表原理图

1. MF47 型万用表的工作原理

（1）万用表表头电路 常用的万用表表头是微安表或毫安表。表头的电阻（表头内阻）R_g 为几百到几千欧，表头允许通过的最大电流 I_g 很小，一般为几十微安到几毫安。每个表头都有对应的 R_g 和 I_g，当通过的电流为 I_g 时，它的指针偏转到最大刻度，所以 I_g 也叫满偏电流。

MF47 型万用表表头 $I_g = 46.2\mu A$，串联可调电阻 RP_2 后表头内阻可调节到 $R_g = 2.5k\Omega$（如图 5-1-3 所示）。原理图中二极管（VD_3、VD_4）、电解电容（C_1）构成表头保护电路。

（2）直流电压测量原理 用万用表测量电压时，应将其与被测电路并联。

在实际测量中，如果表头上承受的电压较大使得流过表头的电流超过满偏电流，会因电流过大而烧毁表头，因此不能直接用该表头来测量较大的电压。实践中可以通过给表头串联电阻分担一部分电压，使表头上仍然承受很小的电压，从而可以间接测量较大电压。

电压表所能测量的最大电压就是其量程，多量程的电压表是由表头与不同阻值的电阻串联而成的，各分压电阻对应一个相应电压表量程，如图 5-1-4 所示。

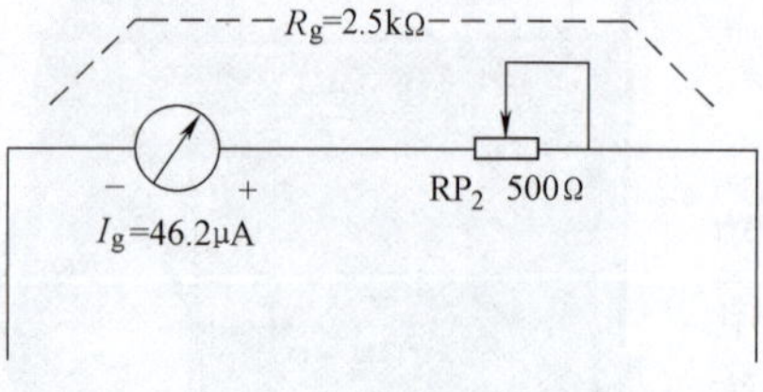

图 5-1-3 万用表表头电路

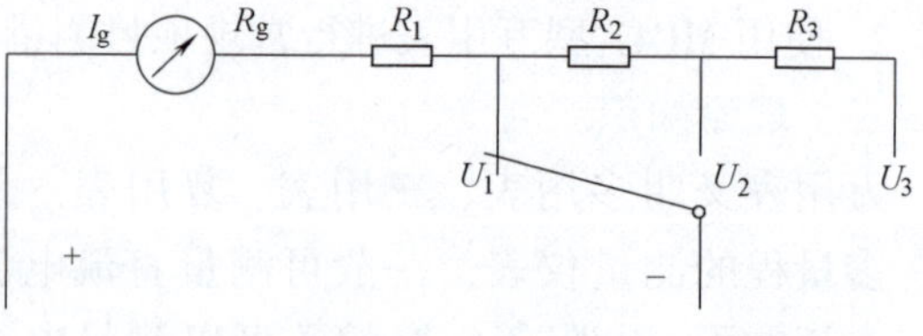

图 5-1-4 万用表电压档（多量程）

例 5-1-1 某直流电压表电路如图 5-1-4 所示，表头内阻 $R_g = 1000\Omega$，满偏电流 $I_g = 100\mu A$，电压表扩大后的量程分别为 U_1(2.5V)、U_2(50V)、U_3(250V)，求各分压电阻值。

解：扩大量程至 $U_1=I_g(R_g+R_1)$

所以 $R_1=U_1/I_g-R_g=24\text{k}\Omega$

量程从 U_1 扩大到 U_2，R_2 承担了扩大的部分，即 $U_2-U_1=I_gR_2$

所以 $R_2=(U_2-U_1)/I_g=475\text{k}\Omega$

同理，$R_3=(U_3-U_2)/I_g=2000\text{k}\Omega$

（3）直流电流测量原理　用万用表测量电流时，应将其与被测电路串联。

待测实际电流往往比表头的满偏电流大得多，如果将电表直接接入会因电流过大而烧毁电表，所以在微安表或毫安表的表头上并联一个分流电阻来分流部分电流，使得表头上实际通过的电流不超过满偏电流，就可以间接测量较大的电流了。电路如图 5-1-5 所示，R 为电流表的分流电阻，对应量程 I。

例 5-1-2　电路如图 5-1-5 所示，设该电流表参数如下：表头 $R_g=1000\Omega$，$I_g=100\mu\text{A}$，扩展后的电流表量程 $I=1\text{A}$，求分流电阻 R。

解：分流电阻与表头并联，两端电压相等，则

$$I_RR=I_gR_g$$

$$I=I_R+I_g$$

$$R=\frac{I_gR_g}{I-I_g}=\frac{0.0001\times1000}{1-0.0001}\Omega\approx0.1\Omega$$

即并联 0.1Ω 的电阻就可将电流表的量程扩大到 1A。

并联不同的电阻可以得到不同的量程。并联的电阻越小，分流作用越大，电流表的量程就可以越大。

（4）电阻测量原理　测量电路如图 5-1-6 所示。R 是调零电阻，电池（即机内的 1.5V 或 9V 电池）的电动势为 E、内阻为 r，表头参数 I_g、R_g。

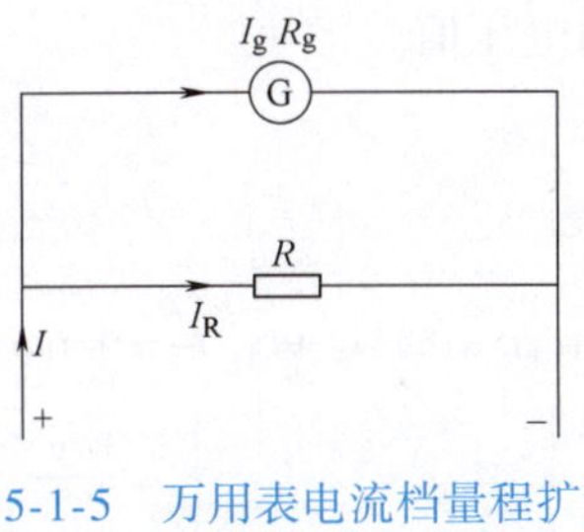

图 5-1-5　万用表电流档量程扩大

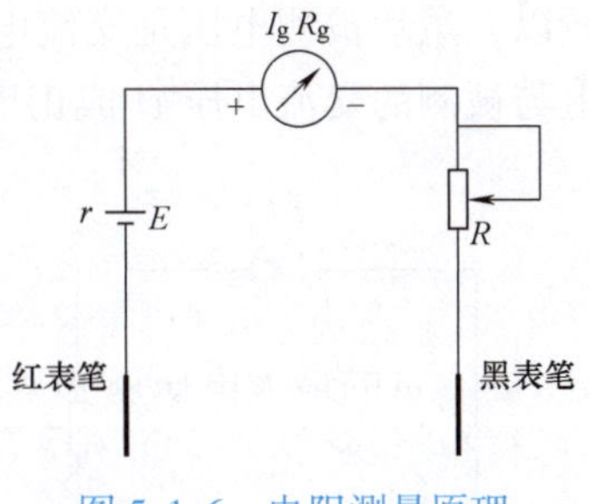

图 5-1-6　电阻测量原理

① 调零。电路如图 5-1-7 所示。万用表调到待用量程上，红、黑表笔短接，调节 R 使电表指针指到零欧姆处。

原理公式为

$$I_g=\frac{E}{R_g+r+R} \tag{5-1-1}$$

断开表笔，指针回偏到电阻无穷大处，准备测量。

② 实际测量。电路如图 5-1-8 所示，将待测电阻 R_x 接入红、黑表笔之间，指针偏转，电路中电流为

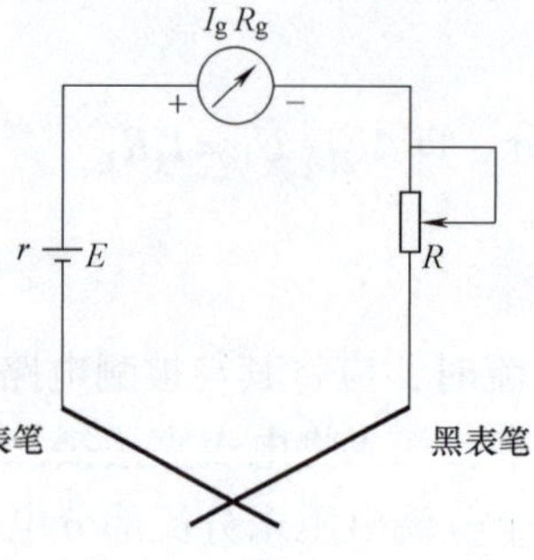

a)

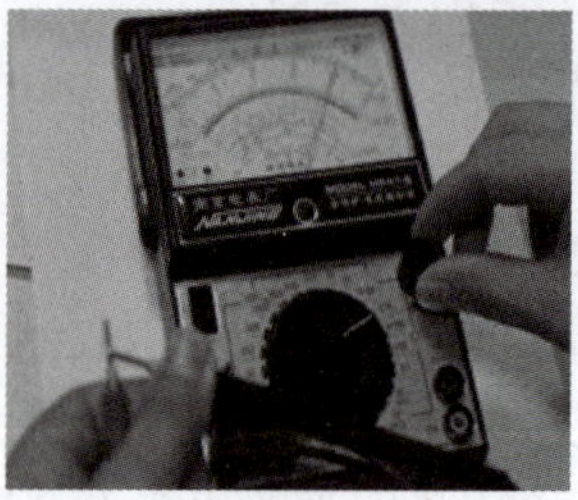
b)

图 5-1-7 欧姆档调零

$$I_x = \frac{E}{R_g + r + R + R_x} \tag{5-1-2}$$

可以看出每一个待测电阻 R_x 都有一个对应的电流 I_x，刻度盘上刻上电阻数值就可以测量电阻了。

注意：读电阻的刻度线是不均匀的（与电流呈非线性），在读数时要注意电阻测量刻度与电流、电压测量刻度方向是相反的（读数时从右向左进行读数）。

（5）交流电压测量原理 表头不能直接测量交流电，要将交流电变换成直流电进入表头测量，电路如图 5-1-9 所示。

与直流电压表所不同的是增加了与表头串联的二极管 VD_1 及并联的二极管 VD_2，被测的交流电压 U 经分压电阻 R 分压。二极管 VD_1 和 VD_2 均具有单向导电性能，在交流电压的正半周，VD_2 不导通、VD_1 导通，此时有电流通过表头；相反，在交流电压的负半周，则 VD_2 导通、VD_1 不导通，这时，被测的交流电流被 VD_1 断开，并被 VD_2 所短路，因而没有电流通过表头。所以，虽然被测电压是交流电压，但通过表头的却是单方向的电流，指针所偏转的角度基本上与被测的交流电压 U 成正比，从而测出被测电压值。

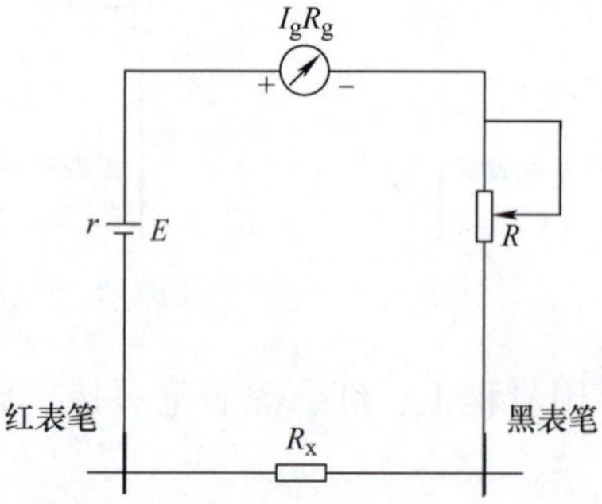

图 5-1-8 实际测量电阻值

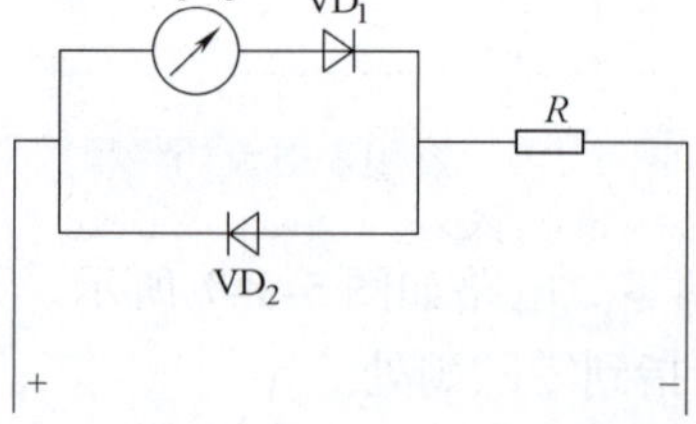

图 5-1-9 测量交流电原理

（6）测试晶体管直流电流放大系数 h_{FE}（即 β） 将选择开关旋到“ADJ”（校准）位置，将表笔短接，调节电阻调零旋钮，使指针对准 300hFE 刻度处，然后旋动开关到“hFE”位置，将测量的晶体管管脚分别插入晶体管测试座的 e、b、c 管脚座内，指针偏转所示的数值即为 β 值。NPN 型晶体管插入 N 型管孔内，PNP 型插入 P 型管孔内。

2. MF47 型万用表的主要性能

直流电流测量（DCA）：量程 50μA～10A（6 个量程）。

直流电压测量（DCV）：量程 0.25～2500V（9 个量程）。

交流电压测量（ACV）：量程 10～2500V（6 个量程）。

直流电阻测量：分 ×1、×10、×100、×1k、×10k 几档。

还有直流电容测量、电感测量；负载电压、负载电流参数测量；音频电平 dB 测量；电池电量测量；晶体管直流放大倍数测量等。

3. 模拟万用表的正确读数

根据选择的测量项目和量程选取相应的刻度尺。选择量程时尽量让指针偏转在中心刻度至偏右 2/3 之间，此时误差较小。

读数时眼睛应位于指针的正上方（有反射镜的表盘，要使指针与镜中的像重合），此时读数才准确。

四、测试与训练

1. 分析 MF47 型万用表的工作原理

1）对照原理图分析 MF47 型万用表的工作原理。

2）根据原理图，分别画出电压、电流、电阻等测量功能的对应电路图，熟悉各元器件功能。

模拟万用表的使用

2. 练习万用表的使用

（1）使用前的准备工作　在使用前应检查电表指针是否在机械零位，如不在零位应旋转盖板上的调零器进行机械调零。安装相应的 2#电池（1.5V）、叠层电池（9V）各一，红、黑表笔分别插入“+”“-”插孔内，做好测量准备。

（2）直流电流测量　通过表笔将万用表串入被测电路，要使被测电流从万用表“+”表笔流进、从”-”表笔流出（否则指针反偏）。测量数据记入表 5-1-1 中，分析误差原因。

使用 50μA～500mA 量程时，转换开关转到相应档位。不知电流大小范围时可将量程打到最大，根据表针偏转情况再选择合适量程，其他项目的测量也同样处理。使用 10A 量程时要将红表笔插入面板上 10A 电流插孔，转换开关转到 500mA 量程上。

表 5-1-1　直流电流测量数据

电流项目	1	2	3	4	5	6	7	8
万用表量程选择								
万用表测量值/A								
实验值（或数字表测量值）/A								

（3）直流电压测量　电表与被测电路并联，要使万用表“+”表笔接被测电压的正极、“-”表笔接负极（否则指针反偏）。测量数据记入表 5-1-2 中，分析误差原因。

使用 0.25～1000V 量程时，转换开关转到相应档位。使用 2500V 量程时，要将红表笔插入 2500V 插孔，转换开关转到 1000V 量程上。

表 5-1-2　直流电压测量数据

直流电压项目	1	2	3	4	5	6	7	8
万用表量程选择								
万用表测量值/V								
实验值（或数字表测量值）/V								

(4) 交流电压测量　电表与被测电路并联，测量数据记入表 5-1-3 中，分析误差原因。

使用交流 10～1000V 量程时，转换开关转到相应档位。使用交流 2500V 量程时，要将红表笔插入 2500V 插孔，转换开关转到交流 1000V 量程上。

表 5-1-3　交流电压测量数据

交流电压项目	1	2	3	4	5	6	7	8
万用表量程选择								
万用表测量值/V								
实验值（或数字表测量值）/V								

(5) 直流电阻测量　测量前应先切断电路电源；测量电容时要对电容放电后再测量。

将转换开关转到相应的电阻档，两只表笔短接，调节电阻档调零电阻使指针指到零欧姆刻度处。若 ×1、×10k 档不能调至零位，说明对应的 1.5V、9V 电池电量不足，应予以更换，否则将影响测量精度。

将待测电阻跨接在两表笔之间，测量部分在路电阻值、部分色环电阻值，数据记入表 5-1-4 中，分析数据。

表 5-1-4　电阻测量数据

电阻项目	1	2	3	4	5	6	7	8
万用表量程选择								
万用表测量值/Ω								
实验值（或数字表测量值）（或色环读数）/Ω								

五、拓展知识

相比指针式万用表，数字万用表的测量精度更高（一般可以达到微安级别），测量结果读取更方便，功能更加全面，所以数字万用表在生产、生活中有着广泛的应用。M830L 数字万用表（图 5-1-10）就是其中较为普通的一种，下面介绍它的使用方法。

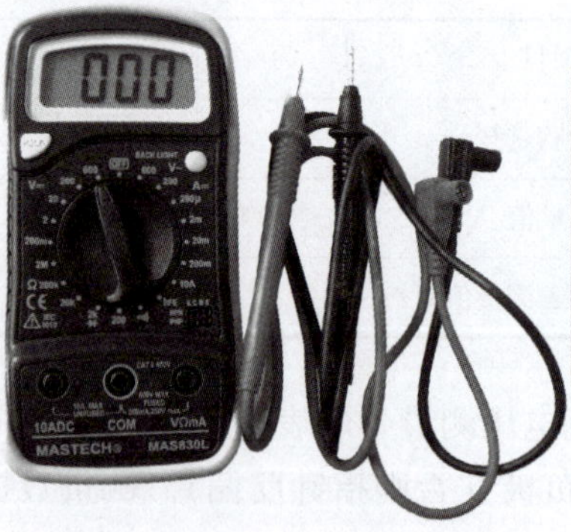

图 5-1-10　M830L 数字万用表

数字万用表的使用

1. 电压测量

将黑表笔接“COM”，红表笔接“VΩmA”；档位开关调到“V－”或“V～”

适当量程上，如果电压大小未知，则选择高档位。

将表笔接到待测电路，读数，同时显示红表笔所接的极性。如果档位太高，应降低直至测到满意读数。

2. 直流电流测量

(1) 大电流（200mA ~ 10A）测量 将黑表笔接“COM”，红表笔接“10ADC”；档位开关选择“10A”。

打开待测电路，将电表与待测电路串联。

读数，同时显示红表笔所接的极性。如果小于200mA，按照以下小电流步骤测量。

关掉测量电路的所有电源，断开表笔连接之前电容放电。

(2) 小电流测量 将黑表笔接“COM”，红表笔接“VΩmA”；档位开关选择电流档适当量程。如果电流大小未知，档位开关可从高电流量程试用，再逐步转至适当量程。

打开待测电路，将电表与待测电路串联。

读数，同时显示红表笔所接的极性。如果档位太高，应降低直至测到满意读数。

关掉测量电路的所有电源，断开表笔连接之前电容放电。

3. 电阻测量

将黑表笔接“COM”，红表笔接“VΩmA”；档位开关选择电阻档适当位置。

如果被测电阻跟电路相连，应关掉被测电路所有电源，电容放电。

将表笔接至待测电阻读数。当测量高电阻时，即使绝缘也不要接触附近点。注意：一些绝缘体有小电阻会使测量电阻值小于实际值。

4. 二极管测量

将黑表笔接“COM”，红表笔接“VΩmA”，红表笔极性为“+”；转换开关旋至电阻档“2k”。

如果被测二极管跟电路相连，应关掉被测电路电源，电容放电。

(1) 电压检查 将红表笔接到二极管的阳极，黑表笔接到二极管的阴极，显示二极管近似正向压降值。通常好的硅二极管的电压降为450 ~ 900mV。

(2) 反向电压检查 交换表笔，如果二极管是好的，超档显示会出现。如果二极管不好，会出现000或其他数字。

5. 晶体管测量

将档位拨至“hFE”位置，将测试晶体管插入相应的NPN或PNP插孔中。

读数，显示 h_{FE} 的近似值。

6. 电路通断测试

将黑表笔接“COM”，红表笔接“VΩmA”，转换开关旋至蜂鸣器位置，将表笔接在被测电路的两点，如果该两点间的电阻小于1.5kΩ，蜂鸣器将发出响声，说明该两点间导通。

7. 使用注意事项

1）电池必须接在电池夹上，同时正确放置在电池盒内。

2）在表笔连接在电路之前，档位开关必须旋至正确位置。

3）在表笔连接在电路之前，必须确定表笔插在正确的端口。

4）在改变档位开关前，从电路上拿走其中一根表笔，不能带电操作。

5）要求仪表使用环境满足温度在0 ~ 50℃、湿度小于80%，避免阳光直射仪表或潮湿储藏。

6）注意每个档位和端口的最高电压，防止电压过高损坏仪表。

7）测量结束时，开关打到“OFF”。如果长期不用仪表，应取下电池。

8. 日常保养

电池的更换：如果 LCD 上出现“[− +]”，表示需要更换电池。旋开机壳后面的两颗螺钉，取下旧的电池，更换新的。

熔丝的更换：旋开机壳后面的两颗螺钉，拿走旧的熔丝，更换相同规格的新熔丝。

六、练习

1. 指针万用表可以进行哪些常规项目测量？

2. 用万用表测量自己家中用电数据，与计算数据进行比较。

3. 换电池后用 MF47 型万用表“ ×1k”欧姆档测电阻，在调零时指针不能右偏反而左偏，是什么问题？

4. 根据 MY－61 型数字万用表面板及表棒插孔（如图5-1-11 所示），试分析该表测量项目及量程，并分析表笔相对应的插孔位置。

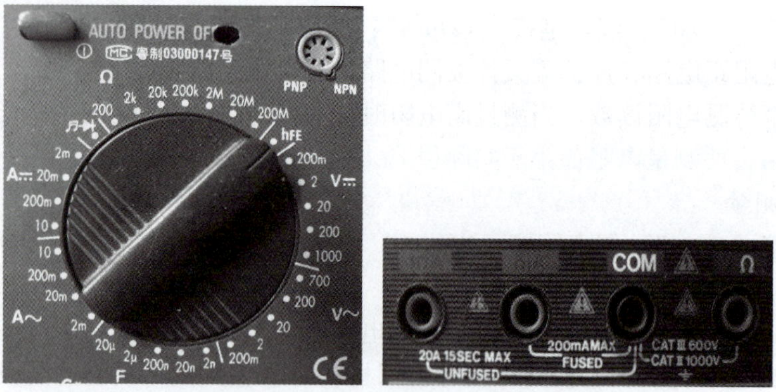

图 5-1-11　MY－61 型数字万用表部分面板

模块二　其他电工仪表的使用

一、学习目标

终极目标：熟练使用功率表、电能表、钳形电流表及绝缘电阻表。

促成目标：

1. 掌握功率表、电能表、钳形电流表、绝缘电阻表的使用方法。

2. 熟练使用功率表、电能表、钳形电流表及绝缘电阻表测量相关项目。

二、工作任务

1. 分析功率表、电能表、钳形电流表及绝缘电阻表的使用方法。

2. 用功率表、电能表、钳形电流表及绝缘电阻表测量相关项目。

三、理论知识

1. 功率表

功率表也叫瓦特表，一种测量电功率的仪器，未做特殊说明时一般是指测量有功功率的仪表，即常见的工频功率表，本模块主要介绍该类功率表。其他的功率表还包括直流功率表、工频功率表、射频功率表和微波功率表等，如图 5-2-1 所示。

（1）工作原理　功率表大多采用电动系测量结构，主要由固定的电流线圈和可动的电压线圈组成。电流线圈与待测负载串联，反映负载电流；电压线圈与负载并联，反映负载两端电压。

功率表测量交流电路的功率时，其可动部分的偏转角 α 与被测电路的有功功率 P 成正比，因此可根据与可动线圈相连的指针的偏转角度来度量电功率。

a) 工频功率表　　b) 直流功率表　　c) 射频功率表　　d) 微波功率表

图 5-2-1　各式功率表

（2）测量电路连接　电动系测量机构的转矩方向和两线圈中的电流方向有关，为了防止电动系功率表的指针反偏，功率表的接线要遵守“发电机端”守则（“发电机端”用符号“*”“±”或“↑”等表示），接线时，要使电流和电压线圈的“发电机端”的端子接到电源的同一极性上，从而保证两线圈的电流都从该端子流入。按此原则，功率表的正确接线有两种方式，如图 5-2-2 所示。

电压线圈前接法：当负载电阻远远大于电流线圈的电阻时采用。这时电压线圈的电压是负载电压和电流线圈电压之和，功率表测量的是负载功率和电流线圈功率之和。如果负载电阻远远大于电流线圈的电阻，则可以略去电流线圈分压所造成的影响，测量结果比较接近负载的实际功率值。

电压线圈后接法：当负载电阻远远小于电压线圈电阻时采用。这时电压线圈两端的电压虽然等于负载电压，但电流线圈中的电流却等于负载电流与功率表电压线圈中的电流之和，测量时功率读数为负载功率与电压线圈功率之和。由于此时负载电阻远小于电压线圈电阻，所以电压线圈分流作用大大减小，其对测量结果的影响也可以大为减小。

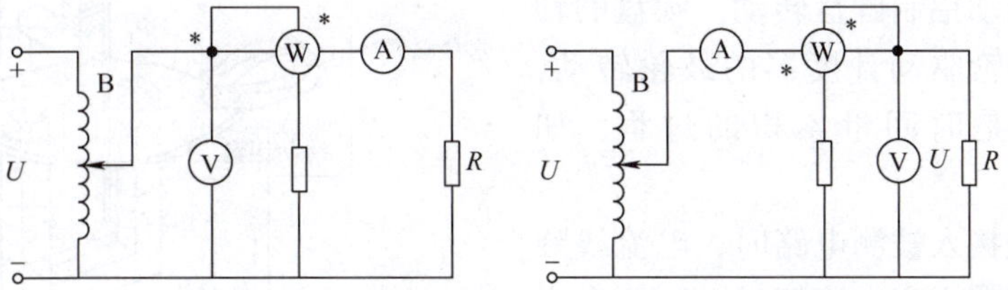

a) 电压线圈前接　　b) 电压线圈后接

图 5-2-2　功率表的正确接线

如果被测负载本身功率较大，可以不考虑功率表本身的功率对测量结果的影响，则两种接法可以任意选择。但最好选用电压线圈前接法，因为功率表中电流线圈的功率一般都小于电压线圈支路的功率。

(3) 量程选择　功率表的量程包括功率、电流、电压三种量程。负载功率因数 $\cos\varphi = 1$，功率量程等于电流和电压均为额定值时的乘积；负载功率因数 $\cos\varphi < 1$，即使电压和电流已达额定值，但功率也不会达到额定值。可见，功率表的量程选择，实质就是电流和电压的量程选择。在实际测量中，功率表的电流和电压量程应大于或等于被测负载的电流和电压的最大值。为保护功率表，需要接入电流表和电压表来监控负载电流和电压。

(4) 正确读数　单量程功率表的示数即为功率数；多量程功率表，根据不同量程标度尺每格瓦数（又称功率表常数），乘上指针偏转的格数，就可得到所测功率。数显式功率表可直接读数。

2. 单相电能表

电能表是用来测量电能的仪表，又称电度表、火表、千瓦小时表等。

(1) 电能表类型　按表的用途可分为有功电能表、无功电能表、最大需量表、标准电能表、复费率分时电能表、预付费电能表（投币式、磁卡式、电卡式等）、损耗电能表、多功能电能表和智能电能表等，如图 5-2-3 所示。

按表的工作原理可分为感应式（机械式）、静止式（电子式）及机电一体式（混合式）。

按接入电源相线可分为单相电能表、三相三线电能表及三相四线电能表等。

本模块主要介绍较为成熟、使用广泛的家用单相感应式有功电能表。

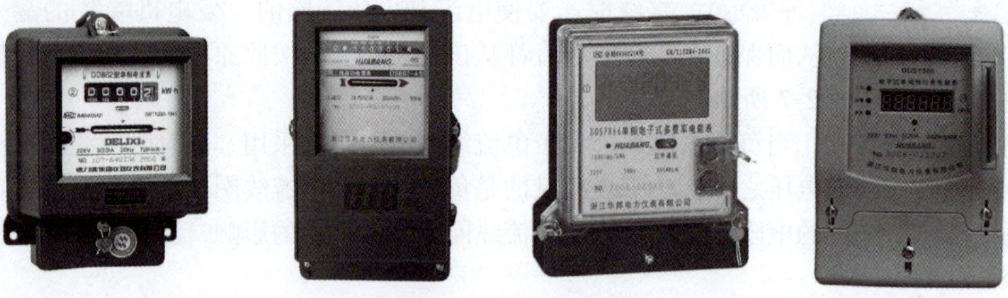

a) 单相电能表　b) 三相电能表　c) 复费率分时电能表　d) 预付费电能表

图 5-2-3　各式电能表

(2) 电能表的工作原理　感应式电能表采用电磁感应的原理把电压、电流、相位转变为磁力矩，推动铝制圆盘转动，圆盘的轴（蜗杆）带动齿轮驱动计度器的鼓轮转动，转动的过程就是时间量累积的过程，如图 5-2-4所示。

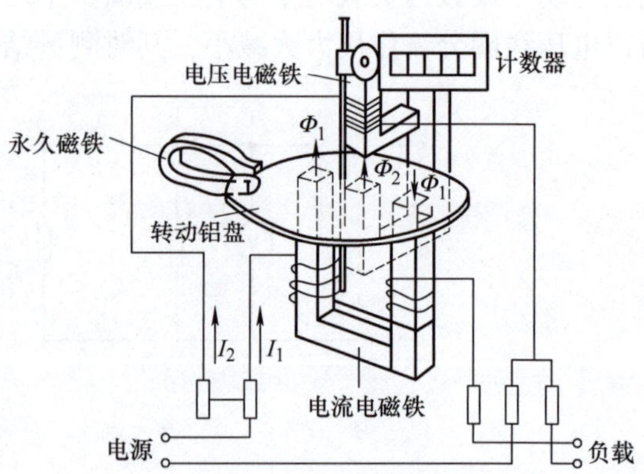

图 5-2-4　单相感应式电能表的结构原理图

当把电能表接入被测电路时，电流线圈和电压线圈中就有交变电流流过，这两个交变电流分别在它们的铁心中产生交变的磁通；交变磁通穿过铝盘，在铝盘中感应出涡流，涡流又在磁场中受到力的作用，从而使铝盘得到转矩（主动力矩）而转动。负载消耗的功率越大，通过电流线圈的电流越大，铝盘中感应出的涡流也越大，使铝盘转动的力矩就越大，即转矩的大小跟负载消耗的功率成正比。功率越大，转矩也越大，铝盘转动也就越快。铝盘转动时，又受到永久磁铁产生的制动力矩的作用，制动力矩与主动力矩方向相反，制动力矩的大小与铝盘的转速成正比，铝盘转动得越快，制动力矩也越大。当主动力矩与制动力矩达到平衡时，铝盘将匀速转动，负载所消耗的电能与铝盘的转数成正比，铝盘转动时，带动计数器，把所消耗的电能指示出来。这就是电能表工作的简单过程。

（3）电能表的选用　优先选用 86 系列新产品，如 DD861、DD862、DD862a 型，这种产品具有寿命长、性能稳定、过载能力大及损耗低等优点。

电能表的额定电压必须符合被测电路电压的规格。例如，照明电路的电压为 220V，电能表的额定电压也必须是 220V。

电能表的额定电流必须与负载的总功率相适应，可装用电器的最大总功率见表 5-2-1。在电压一定（220V）的情况下，根据公式 $P = UI$ 可以计算出对应不同安培数的单相电能表；若照明电路中用电器不完全是照明灯具，如有带单相电动机的家用电器，则电路的功率、电压、电流的关系是：$P = UI\cos\varphi$，所以表 5-2-1 中单相电能表安培数对应的可装用电器最大总功率数应小于对应表中的数值。

表 5-2-1　不同规格的单相电能表可装用电器最大总功率

单相电能表安培数/A	1	2.5	3	5	10
可装用电器最大总功率/W	220	550	660	1100	2200

（4）电能表的使用　使用电能表时，在低电压（不超过 500V）和小电流（几十安）的情况下，电能表可直接接入电路进行测量。在高电压或大电流的情况下，电能表不能直接接入电路，需配合电压互感器或电流互感器使用。

电能表的接线比较复杂，在接线前要查看附在电能表上的说明书，根据说明书的要求和接线图把进线和出线依次对号接在电能表的接线端子上。接线时遵循“电压线圈并联在被测电路上，电流线圈串联在被测电路中”的原则。各种电能表的接线端子均按由左至右的顺序编号，国产单相有功电能表统一规定为：1、3 接进线，2、4 接出线。如图 5-2-5 所示。

电能表使用时应避免振动，否则会使计量不准确；也不能倾斜，一般电能表倾斜 5°会引起 1% 的误差，倾斜太大会引起铝盘不转。

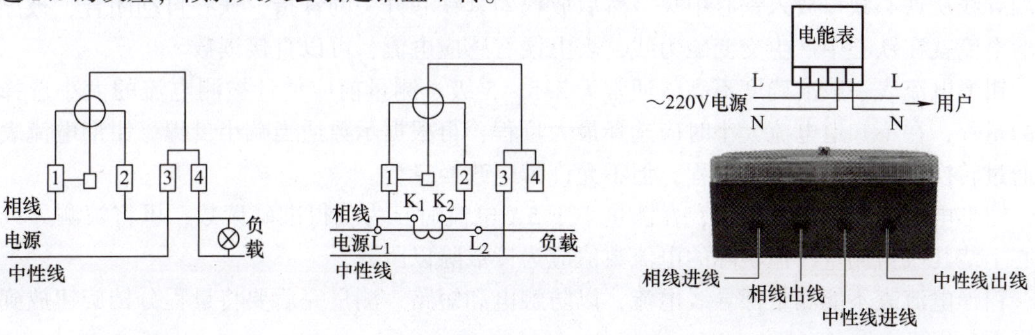

a) 直接接入　　b) 经电流互感器接入　　c) 直接接入接线示意图

图 5-2-5　DD 型单相电能表的正确接线

正确读数：当电能表不经互感器而直接接入电路时，可以从电能表上直接读出实际电度数（kW·h 即度）；当电能表利用电流互感器或电压互感器扩大量程时，实际消耗电度数应为电能表的读数乘以电流比或电压比。

3. 钳形电流表

在测量电流时通常需要将被测电路断开才能将电流表接到被测电路中，但对正常运行的电动机电路则是不允许这样做的。此时，使用钳形电流表就显得方便多了，可以在不切断电路的情况下测量电流。

（1）钳形电流表的结构及工作原理　钳形电流表由电流互感器和电流表组合而成，是根据电流互感器的原理制成的，其结构外形如图 5-2-6 所示。

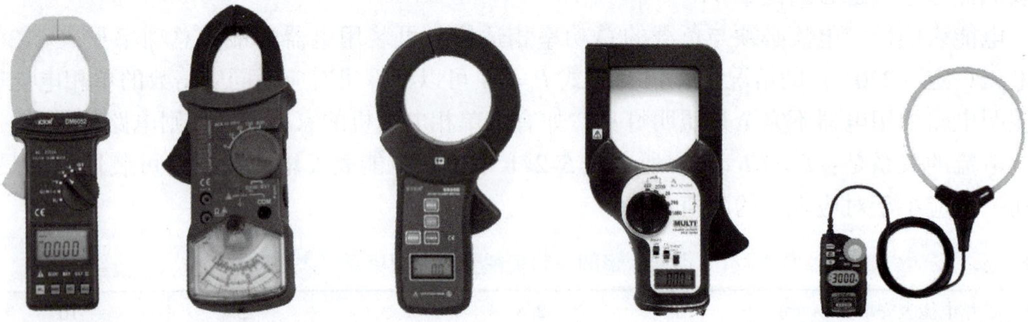

图 5-2-6　钳形电流表

电流互感器的铁心在捏紧扳手时可以张开，被测电流所通过的导线不必切断就可穿过铁心张开的缺口，当放开扳手后铁心闭合。

穿过铁心的被测电路导线就成为电流互感器的一次线圈，其中通过电流时便在二次线圈中感应出电流，从而使与二次线圈相连接的电流表有指示，测出被测电路的电流。

（2）钳形电流表的使用　钳形电流表用于测量电压不超过 500V 的负荷电流。

经常使用的钳形电流表有：只测交流电流的 T301 型钳形电流表；既测电流又测电压的 T302 型钳形电流表；交、直流两用的 MG 系列钳形电流表等。

进行电流测量时，被测载流体的位置应放在钳口中央，以免产生误差。

使用时，将量程开关转到合适位置，手持手柄，用食指勾紧铁心开关便可打开铁心，将被测导线从铁心缺口放入铁心中央，然后放松勾紧铁心开关的食指，铁心自动闭合，被测导线的电流就在铁心中产生交变磁力线，表上便有感应电流，可以直接读数。

钳形电流表一般准确度不高，通常为 2.5～5 级。测量前应估计被测电流的大小选择合适的量程，在不知道电流大小时应选择最大量程，再根据示数适当减小量程。钳形电流表可以通过转换开关改换不同的量程，但不允许带电改换量程。

钳形电流表一般量程较大，在测量小于 5A 电流时，为获得准确读数，可将被测导线在铁心上绕几匝再测量，但实际的电流数值应为读数除以匝数。

钳形电流表不能测量裸导线电流，以防触电和短路。测量完后要将量程分档旋钮放到最大量程位置上。

钳形电流表不得测高压电路的电流，被测电路的电压不得超过钳形电流表所规定的额定电压，以防绝缘击穿和人身触电。

4. 绝缘电阻表

绝缘电阻表俗称兆欧表、摇表，它是用于测量各种电气设备绝缘电阻的仪表。如图 5-2-7 所示。

图 5-2-7 绝缘电阻表

电气设备绝缘性能的好坏，直接关系到设备的运行安全和操作人员的人身安全。为了对绝缘材料因发热、受潮、老化、腐蚀等原因所造成的损坏进行监测，或检查修复后电气设备的绝缘电阻是否达到规定的要求，都需要测量电气设备的绝缘电阻。测量绝缘电阻应在规定的耐压条件下进行，所以必须采用备有高压电源的绝缘电阻表，而不用万用表测量。

一般绝缘材料的电阻都在兆欧以上，所以绝缘电阻表标度尺的单位以兆欧（MΩ）表示。

（1）绝缘电阻表的结构　绝缘电阻表主要由直流高压发生器（用以产生直流高压）、测量回路及显示三部分组成。

绝缘电阻表在测量绝缘电阻时必须在测量端施加一高压，此高压值在绝缘电阻表国标中规定为 50V、100V、250V、500V、1000V、2500V、5000V 等。直流高压的产生一般有三种方法：第一种手摇发电机式，目前我国生产的绝缘电阻表约 80% 是采用这种方法（这就是摇表名称的来源）；第二种是通过市电变压器升压，整流得到直流高压，一般市电式绝缘电阻表采用该方法；第三种是利用晶体管振荡式或专用脉宽调制电路来产生直流高压，一般电池式和市电式的绝缘电阻表采用该方法。

在应用比较多的绝缘电阻表中，测量回路和显示部分合二为一。它由一个流比计表头来完成，这个表头由两个夹角为 60°左右的线圈组成，其中一个线圈并在电压两端，另一线圈串在测量回路中。表头指针的偏转角度决定于两个线圈中的电流比，不同的偏转角度代表不同的阻值，测量阻值越小，串在测量回路中的线圈电流就越大，那么指针偏转的角度越大。另一个方法是用线性电流表作为测量和显示。随着电子技术及计算机技术的发展，数显表逐步取代指针式仪表。

（2）绝缘电阻表正确接线　绝缘电阻表有三个接线柱：L——线端；E——地端；G——屏蔽端（也叫保护环）。

当用绝缘电阻表摇测电器设备的绝缘电阻时，要注意 L 和 E 不能接反，正确的接法是 L 接待测设备导体、E 接待测设备外壳、G 接待测设备的绝缘部分。如果将 L 和 E 接反了，流过绝缘体内及表面的漏电流经外壳汇集到地，由地经 L 流进测量线圈，使 G 失去屏蔽作用而给测量带来很大误差。另外，因为 E 端内部引线同外壳的绝缘程度比 L 端与外壳的绝缘程度要低，当绝缘电阻表放在地上使用时，采用正确接线方式时，E 端对仪表外壳和外壳对地的绝缘电阻相当于短路，不会造成误差，而当L与E接反时，E对地的绝缘电阻同被测绝缘电阻并联而使测量结果偏小，给测量带来较大误差。

具体接线要求：

测量照明或电力线路对地的绝缘电阻时，L接电路电源线，E就近接地，如图5-2-8a所示。

测量电机的绝缘电阻时，E接电机机壳，L接电机绕组，如图5-2-8b所示。

测量电缆的绝缘电阻，即测量电缆的线芯和外壳的绝缘电阻时，除将外壳接E、线芯接L外，中间的绝缘层还需和G相接，如图5-2-8c所示。

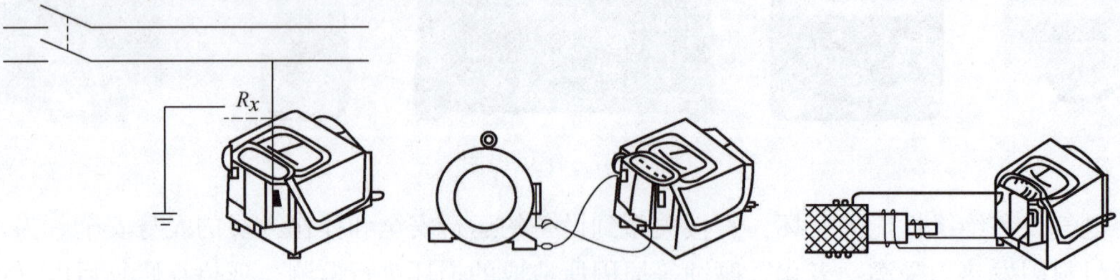

a) 测量电路的绝缘电阻　　b) 测量电机的绝缘电阻　　c) 测量电缆的绝缘电阻

图5-2-8　绝缘电阻表的接线图

（3）测量方法　检查绝缘电阻表，将两条引出线短路，摇动绝缘电阻表摇柄，指针偏转到0处，再将两条引出线断开进行测量，指示值为∞，则说明正常。

切断被测电器及回路的电源，并对相关元件进行临时接地放电。

完成绝缘电阻表正确测量接线。

将绝缘电阻表保持水平位置，左手按住表身，右手顺时针摇动绝缘电阻表摇柄，转速由慢变快，约1min后发电机转速稳定时（120r/min），表针也稳定下来，这时表针指示的数值就是所测得的绝缘电阻。

测量后，用导体对绝缘电阻表进行放电，然后拆下接线。直接拆线有可能被被测物储存的电荷电击。

（4）绝缘电阻表的选用　根据测量要求选择绝缘电阻表的额定电压等级。测量额定电压在500V以下的设备或电路的绝缘电阻，选用电压等级为500V或1000V的绝缘电阻表；测量额定电压在500V以上设备或电路的绝缘电阻时，应选用1000～2500V的绝缘电阻表。

四、测试与训练

1. 电能表的使用

按图5-2-9所示连接电路并读取电能表的示数，将数据填入表5-2-2中。

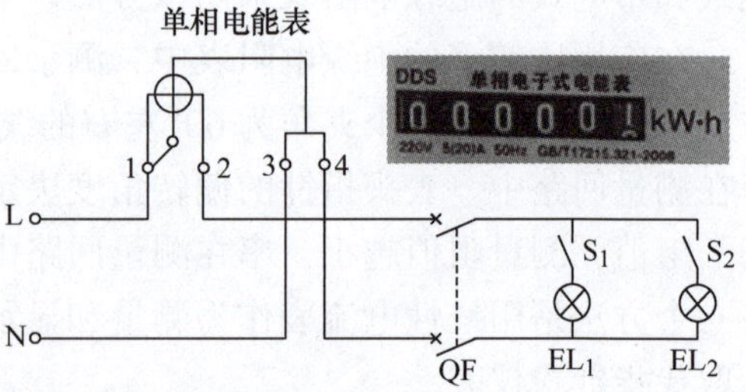

图5-2-9　电能表测试图

表5-2-2　电能表测试数据

连接时间	1min	2min	3min	4min	5min
EL_1 工作					
EL_1 与 EL_2 同时工作					

2. 绝缘电阻表的使用

对于三相异步电动机，需要检测两个绝缘性能，一是相间绝缘，二是对地绝缘，将测试结果填入表 5-2-3 中。具体操作步骤如下。

1）如图 5-2-10 所示，断开表线探头，保持 120r/min 的转速摇动绝缘电阻表的手柄，检验绝缘电阻表的开路状态。

2）如图 5-2-11 所示，短接表线探头，保持 120r/min 的转速摇动绝缘电阻表的手柄，检验绝缘电阻表的短路状态。

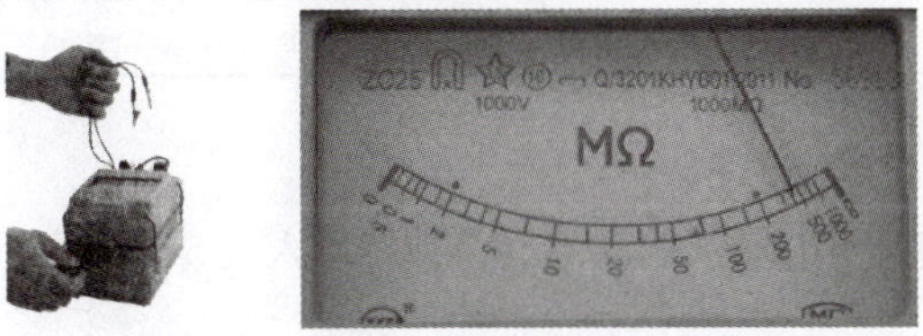

图 5-2-10 绝缘电阻表开路检验

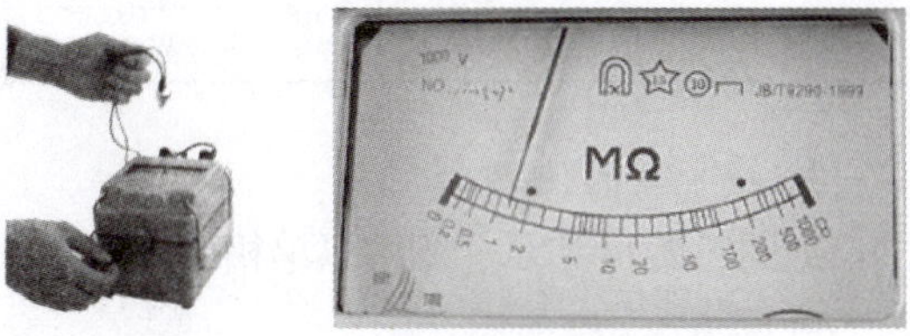

图 5-2-11 绝缘电阻表短路检验

3）如图 5-2-12 所示，将 L 表线探头触及电动机 U 相绕组的出线端，E 表线探头触及电动机 V 相绕组的出线端，保持 120r/min 的转速摇动绝缘电阻表的手柄，检验电动机的相间绝缘性能。用同样的方法检验 U 相对 W 相、V 相对 W 相的相间绝缘性能。

用绝缘电阻表测试电动机的绝缘性能

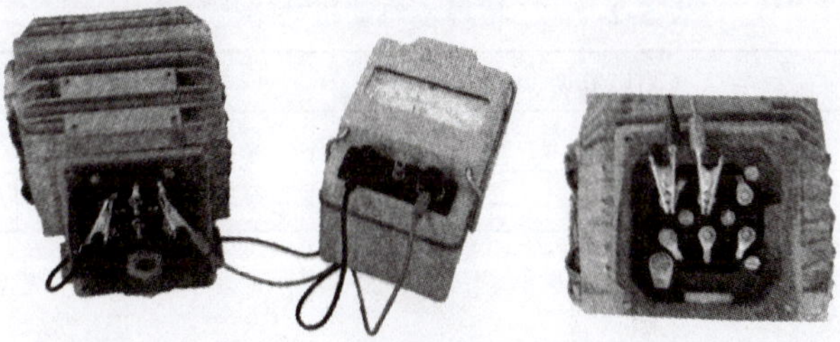
图 5-2-12 用绝缘电阻表检验电动机的相间绝缘

4）如图 5-2-13 所示，将 L 表线探头触及电动机 U 相绕组的出线端，E 表线探头触及电动机金属壳体，保持 120r/min 的转速摇动绝缘电阻表的手柄，检验电动机的对地绝缘性能。用同样的方法检验 V 相、W 相的对地绝缘性能。

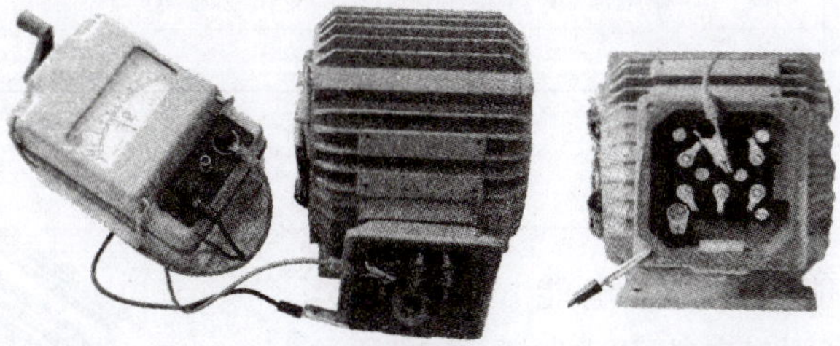
图 5-2-13 用绝缘电阻表检验电动机的对地绝缘

表 5-2-3 用绝缘电阻表测量交流电动机的绝缘性能

检测项目	检测结果
绝缘电阻表开路状态	□好 □不好
绝缘电阻表短路状态	□好 □不好

（续）

检测项目		检测结果
电动机相间绝缘性能	U 相对 V 相	□好　□不好
	U 相对 W 相	□好　□不好
	V 相对 W 相	□好　□不好
电动机对地绝缘性能	U 相对地	□好　□不好
	V 相对地	□好　□不好
	W 相对地	□好　□不好

3. 功率表的使用

如图 5-2-14 所示，用两只单相功率表测量三相异步电动机的功率，将数据填入表 5-2-4 中。

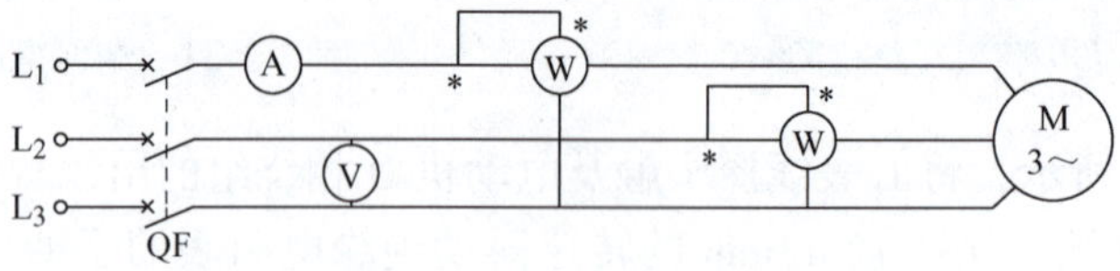

图 5-2-14　两表法测三相异步电动机的功率

表 5-2-4　三相异步电动机功率测试表

测试数据				计算值
U/V	I/A	P_1/W	P_2/W	P/W

4. 钳形电流表的使用

使用钳形电流表测量三相异步电动机的输入电流，如图 5-2-15 所示，将三相异步电动机一相绕组引线放入钳形电流表的铁心中，待钳形电流表数据稳定后，读取测量值填入表 5-2-5中。

钳形电流表测电流实操

表 5-2-5　用钳形电流表测三相异步电动机定子绕组电流

测量项目	U 相电流/A	V 相电流/A	W 相电流/A
测量数据			

五、拓展知识

1. 新型电能表

常用电工测量仪表操作考核

电能表按附加功能有多费率电能表、预付费电能表、多用户电能表、多功能电能表、载波电能表等。其中民用较多的是多费率电能表和预付费电能表。多费率电能表又称分时电能表、复费率表，俗称峰谷表，是近年来为适应峰谷分时电价的需要而提供的一种计量手段，它可按预定的峰、谷、平时段的划分分别计量高峰、低谷、平段的用

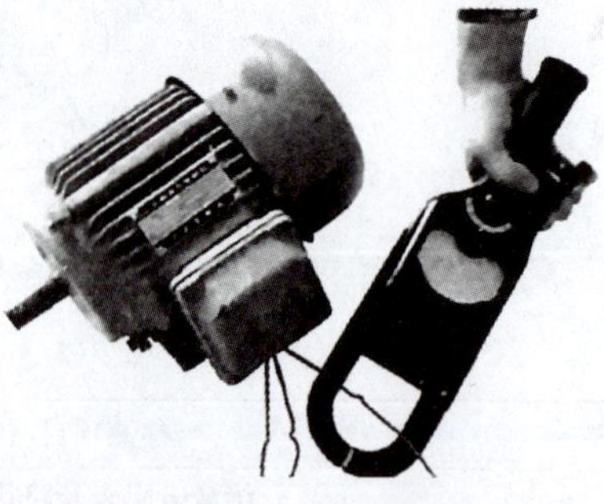

图 5-2-15　钳形电流表的使用方法

电量，从而对不同时段的用电量采用不同的电价，发挥电价的调节作用，鼓励用电客户调整用电负荷，移峰填谷，合理使用电力资源，充分挖掘发、供、用电设备的潜力，属电子式或机电式电能表。预付费电能表采用了 IC 卡，又称卡表，它采用先进的 IC 卡进行用电管理，先付费后用电，将 IC 卡插入表中可控制按费用电，属电子式或机电式电能表。

2. 电能表型号含义

电能表型号是用字母和数字的排列来表示，由“类别代号 + 组别代号 + 设计序号（+ 改进序号）+派生号”组成。

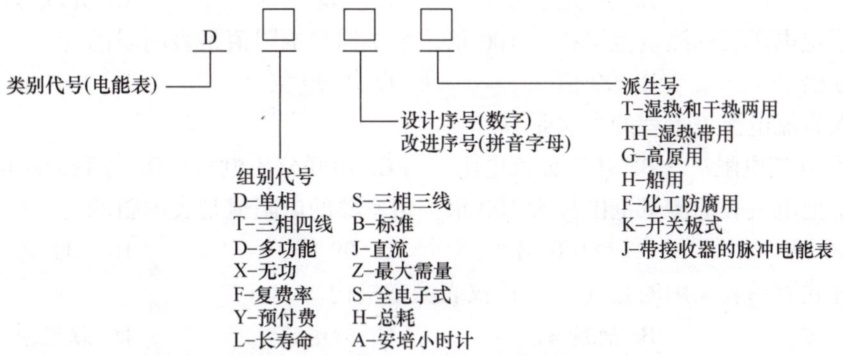

六、练习

1. 叙述绝缘电阻表的工作原理。使用绝缘电阻表应注意哪些问题？

2. 单相电能表的工作原理是什么？它是如何接线的？

项目五习题

一、填空题

1. 在安装功率表时，必须保证电流线圈与负载________，而电压线圈与负载______。

2. 万用表按显示方式分，有_____和_____两种。

3. 在对万用表进行电气调零时，如果无法使指针指到零点，则应当______。

4. 一块电能表，额定电流为 10A，配 100/5 的电流互感器，电能表走了 100 个字，则实际用电量为______kW·h。

5. 绝缘电阻表又称兆欧表，用来测量电气设备或电路的______电阻。

6. 功率表接线应遵守________守则。

7. 一般绝缘电阻表上有三个接线柱：L 为________接线柱，E 为________接线柱，G 为________接线柱。

8. 钳形电流表其实是一次绕组匝数为_____的一种特殊电流互感器。

二、选择题

1. 用万用表测 15mA 的直流电流，应选用（　　）电流档。

A. 10mA　　B. 25mA　　C. 50mA　　D. 100mA

2. 当用万用表的 ×1k 欧姆档测量一个电阻时，表针指示值为 3.5，则电阻为（　　）。

A. 3.5Ω B. 35Ω C. 350Ω D. 3500Ω

3. 绝缘电阻表在不用时，其指针应停的位置为（ ）。

A. 零位 B. 无穷大位置 C. 中位置 D. 任意位置

4. 绝缘电阻表在使用结束拆线时，应（ ）。

A. 先停止摇动手柄，后拆线 B. 先拆线后，才能停止摇动手柄

C. 一边拆线，一边停止摇动手柄 D. 没有关系，怎么都可以

5. 要扩大直流电压表的量程，应采用（ ）电阻。

A. 串联分压 B. 并联分流 C. 串联分流 D. 并联分压

6. 为了把电压表的测量范围扩大100倍，倍率器的电阻值是表内阻的（ ）。

A. 100倍 B. 99倍 C. 1/99倍 D. 1/100倍

7. 扩大直流电流表量程的方法是（ ）

A. 串联分流电阻 B. 并联分流电阻 C. 串联分压电阻 D. 并联分压电阻

8. 为了把电流表的测量范围扩大100倍，倍率器的电阻值是表内阻的（ ）。

A. 1/99倍 B. 1/100倍 C. 99倍 D. 100倍

9. 指针式万用表采用的是（ ）仪表测量机构。

A. 电磁系 B. 感应系 C. 静电式 D. 磁电系

10. 万用表测量电流时，应用（ ）以扩大量限。

A. 并联电阻分流 B. 串联电阻分压 C. 电压－电流法 D. 配用电压互感器

11. 绝缘电阻表由（ ）、手摇发电机和测量线路所组成。

A. 电流表 B. 电流互感器 C. 电磁系比率表 D. 磁电系比率表

12. 手摇式绝缘电阻表的测量机构通常是用（ ）做成的。

A. 铁磁电动系仪表 B. 电磁系比率表 C. 磁电系比率表 D. 电动系比率表

13. 用来测量交流电流的钳形电流表是由电流互感器和（ ）组成的。

A. 电压表 B. 电流表 C. 比率表 D. 电能表

14. 测量电压时，电压表应与被测电路（ ）。

A. 反接 B. 并联 C. 正接 D. 串联

15. 交流电压的量程有10V、250V、500V三档。用完应将万用表的转换开关转到（ ），以免下次使用不慎而损坏电表。

A. 10V B. 250V C. 500V D. 380V

16. 测量电流时，电流表应与被测电路（ ）。

A. 反接 B. 并联 C. 正接 D. 串联

17. 在对称三相电路中，可采用一只单相功率表测量三相功率，其实际三相功率是测量值乘以（ ）。

A. 2 B. 3 C. 4 D. 5

18. 用万用表测量直流电流的接线方法与直流电流表一样，应把万用表串联在电路中。测量直流电压时，应把万用表与被测电路（ ）。

A. 并联 B. 反接 C. 正接 D. 串联

19. 在测量额定电压为500V以下的线圈的绝缘电阻时，应选用额定电压为（ ）的绝缘电阻表。

A. 2500V　　B. 500V　　C. 1000V　　D. 2500V 以上

20. 测量额定电压500V 以上的直流电动机的绝缘电阻时，应使用（　）绝缘电阻表。

A. 2500V　　B. 500V　　C. 1000V　　D. 3000V

三、判断题

1. 测量时，电流表与负载串联、电压表与负载并联。（　）

2. 万用表使用前，必须进行机械调零和电气调零。（　）

3. 测量预先不能估算的电阻时，必须选择电阻的最高量程档。（　）

4. 绝缘电阻表在不用时，指针应指在零位。（　）

5. 仪表在进行测量时，应尽量避免使用标尺的前 1/4 段，但要保证仪表的量程大于被测量的最大值。（　）

6. 万用表的红表笔应插入标有“ + ”号的插孔内，黑表笔应插入标有“ - ”号的插孔内。（　）

7. 用万用表测量电阻时，每转换一次档位开关，就应重新调零一次。（　）

8. 用电流表测量电路电流时，电流表要串联在被测电路中。由于电流表内阻较小，因此不会影响被测电路电流的数值。（　）

9. 两表法测三相功率适用于负载对称的三相三线制。（　）

10. 万用表一般以测量电流、电压和电阻为主，有的还可以测量电感、电容、功率及晶体管的 β 值等，所以万用表是维修电工必备的测量仪表。（　）

11. 万用表的实际电路多采用闭路式分流电路，在这个电路中，各分流电阻彼此串联，再与表头并联，形成一个闭合环路。（　）

12. 万用表测量电阻电路的工作原理是根据欧姆定律，利用通过被测电阻的电流及电压来反映被测电阻大小。（　）

13. 对于万用表测量电阻电路而言，电流 I 与被测电 R_x 的关系，欧姆档标度尺刻度分布是均匀的，它的设计都以中间刻度为标准，然后分别求出其他各点 R_x 的刻度值。（　）

14. 使用万用表测量电阻之前应先进行机械调零，即两表笔短接，同时转动调零旋钮，使指针位于标度尺的零欧姆值点。（　）

15. 使用万用表测量电压或电流时，不可带电转动转换开关，以免烧坏万用表。（　）

16. 万用表接入被测电路之前，要认真核对所选用的测量种类及量程。在测量电压时尤为重要。误用电流档、电阻档测量电压是造成万用表损坏的主要原因之一。（　）

17. 钳形表只限于被测电路的电压不超过 600V 时使用。（　）

18. 绝缘电阻表是用来测量电阻的，它的标度尺单位是“兆欧”，用 MΩ 表示，因此一般也称为兆欧表。（　）

19. 要根据所测量的电气设备选用绝缘电阻表的最高电压和测量范围。测量额定电压在500V 以下的设备时，宜选用 500 ~ 1000V 的绝缘电阻表；额定电压 500V 以上时，应选用1000 ~ 2500V 的绝缘电阻表。（　）

20. 钳形电流表测量结束后，应将量程开关扳到最大测量档位置，以便下次安全使用。（　）

21. 测量前应对绝缘电阻表进行检查，即进行一次开路和短路试验。（　）

22. 绝缘电阻表测量电缆绝缘电阻的连线，除 E、L 接线端分别与导电线芯和电缆外壳相接外，绝缘电阻表保护环 G 接线端要与电缆壳芯之间的绝缘层相接，如果该绝缘层有漏电流，可以通过保护环直接接回发电机的负极。 （ ）

23. 绝缘电阻表测量时，转动手柄要平稳，应保持 150r/min 的转速。 （ ）

四、综合题

1. 如何用指针式万用表检测电解电容器质量好坏？

2. 用指针式万用表测量二极管的正、反向电阻，如何据此判断二极管正负极及二极管质量好坏？

3. 如何结合指针式万用表判断一个电位器质量优劣？

4. 在 MF47 型万用表原理图中，二极管 VD_1、VD_2 起什么作用？

5. MF47 型万用表在使用一段时间后，电阻档（×10k 档除外）进行欧姆调零时无法调到零刻度，这是什么原因造成的？

项目六

常用控制电路的安装与调试

一、学习目标

终极目标：会安装并调试常用控制电路

促成目标：

1. 掌握常用控制电路的工作原理。
2. 掌握常用低压电器的结构、工作原理及用途，并能正确选用。
3. 能对照原理图绘制安装接线图。
4. 能按照图样安装线路并排除线路故障。

二、工作任务

1. 安装、调试家庭用电线路。
2. 安装、调试三相异步电动机控制电路。
3. 分析、判断、排除线路故障。

模块一 家庭用电线路的安装与调试

一、学习目标

终极目标：能安装、维护家庭用电线路

促成目标：

1. 掌握家庭用电线路的控制原理。
2. 掌握荧光灯、白炽灯、插座、灯具开关的工作原理。
3. 会按原理图安装线路，并能排除线路故障。
4. 会使用电工仪表、工具，能安全用电。

二、工作任务

1. 按要求安装家庭用电线路。
2. 分析、判断、排除线路故障。

三、理论知识

家庭用电线路一般可分为电源部分、插座线路、照明线路等，包含：单相电能表（计量），刀开关（总电源），熔断器（保护），插座（用于电视、冰箱、空调等家用电器），开关（单控、双控、多控），以及白炽灯、荧光灯（照明）。家庭用电线路的原理如图 6-1-1 所示。

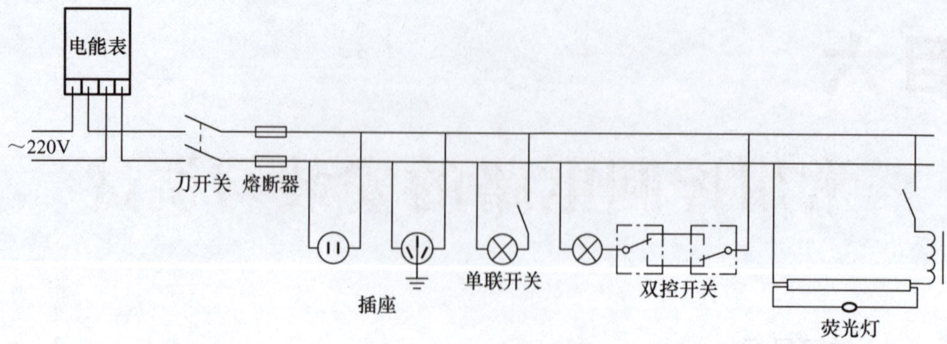

图 6-1-1　家庭用电线路原理图

1. 电源部分

家庭用电线路电源部分由计量部分、配电箱（或配电板）组成。

（1）计量部分　计量部分是用来计算用户消耗电能的单元，主要使用电能表来计量。接线方法见项目五中 DD 型单相电能表的正确接线。

（2）配电箱（配电板）　配电箱（配电板）是连接电源与用电设备的中间装置，它除了分配电能外，还具有对用电设备进行控制、测量、指示及保护等功能。

以前家庭用电一般使用木制配电板（见图 6-1-2），配电板上安装 HK 系列瓷底胶盖刀开关（见图 6-1-3）作为家庭电路的总开关，RC1A 系列瓷插式熔断器（见图 6-1-4）作为家庭电路的短路保护措施。

图 6-1-2　木制配电板

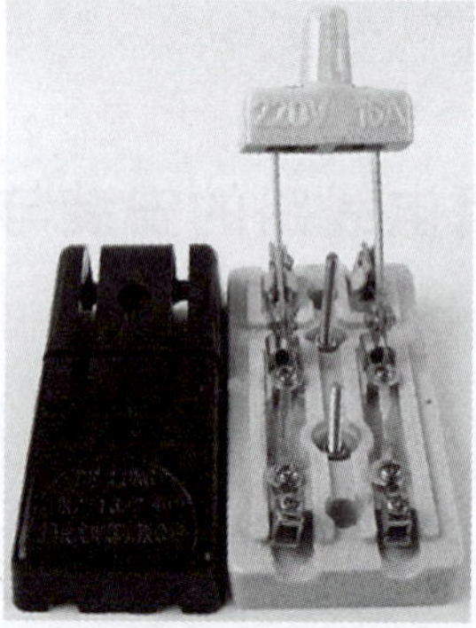

图 6-1-3　HK 系列瓷底胶盖刀开关

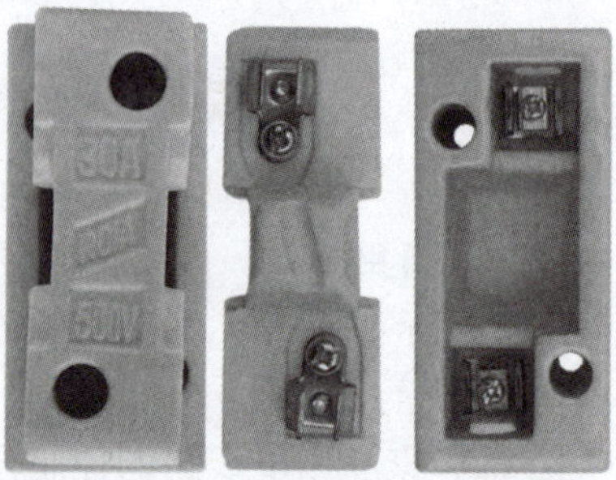

图 6-1-4　RC1A 系列瓷插式熔断器

随着生活水平的提高、现代家庭用电器的增多，老式的木制配电板已不适合现代的家庭用电线路，模数化终端组合电器在家庭用电线路中逐步替代老式配电板，目前深受广大用户欢迎的是 PZ 系列模数化终端组合电器，模数化终端组合电器在家庭用电线路中常用作分路配电箱，如图 6-1-5 所示。

模数化终端组合电器具有外形美观（设有透明罩）、品种齐全（外壳分全塑、塑面铁底、钢和不锈钢，安装容量有 2 ~ 45 单元）、安全性强（额定短路电流分断能力为 20kA）、尺寸紧凑、组合灵活（可选用各种模数化终端电器）等特点。

模数化终端组合电器按外壳材料不同，分金属外壳和塑料外壳；按性能不同，分非熟练人员用的 PZ20 系列和专职人员用的 PZ30 系列；按安装方式不同，分明装式与嵌墙式；按

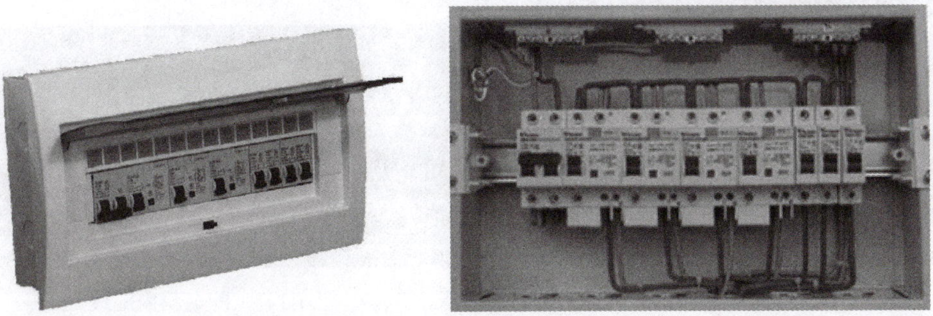

图 6-1-5　单相用电配电箱

有无预埋箱，分带与不带预埋箱；按组合方式不同，分有进线开关与无进线开关；按门的方式不同，分横开门、直开门或无门。

PZ 系列模数化终端组合电器型号含义：

PZ　20 (30)　□□－□

- PZ：终端组合电器
- 20 (30)：设计代号
- □□：特殊派生代号
  - 第一位：S—塑料外壳；J—金属外壳；H—不锈钢外壳
  - 第二位：M—明装式；“不表示”为嵌墙式
- －□：总单元数

常用的 PZ20、PZ30 系列模数化终端组合电器品种规格见表 6-1-1。

表 6-1-1　PZ20、PZ30 系列模数化终端组合电器品种规格

型号	可安装单元数（每单元宽为 18mm）	防护等级	开门方式	外壳材料
PZ20J	6、10、15、30、45	30	横（侧开）	钢
PZ20H	6、10、15、30、45	30	横（侧开）	不锈钢
PZ20SⅠ	6、10、18	41	横（侧开）	全塑
PZ20SⅡ	6、12、18、24、36	41	直（向上开）	全塑
PZ20SⅢ	6、12、18、24、36	41	直（向上开）	塑面铁底
PZ20S0	2、4、4.5、6	30	无门	全塑
PZ30J	15	30	直开门	钢
PZ30S	6、10、15	41	直开门	全塑

家庭用电线路配电箱内断路器的一般配置方法如图 6-1-6 所示，总开关采用 2P 隔离开关、照明支路采用 1P 断路器、插座支路采用 1P 或 2P 的带漏电保护断路器。

家庭用电线路配电箱内配线如图 6-1-7 所示，箱内配线一般采用单芯硬线，照明回路用 1.5mm^2或 2.5mm^2 导线，普通插座回路用 2.5mm^2 或 4mm^2 导线，空调回路用 2.5mm^2、4.0mm^2、6.0mm^2导线。相线颜色一般为红色，也可用黄色或绿色；中性线颜色采用蓝色或黑色；地线颜色采用黄绿双色。箱体内总断路器与各分断路器之间配线一般走左侧，配电箱出线一般走右侧。箱内配线要顺直不得有绞接现象，导线要用塑料扎带绑扎（见图 6-1-8），扎带大小要合适，间距要均匀。导线弯曲应一致，且不得有死弯，防止损坏导线绝缘及内部铜芯。

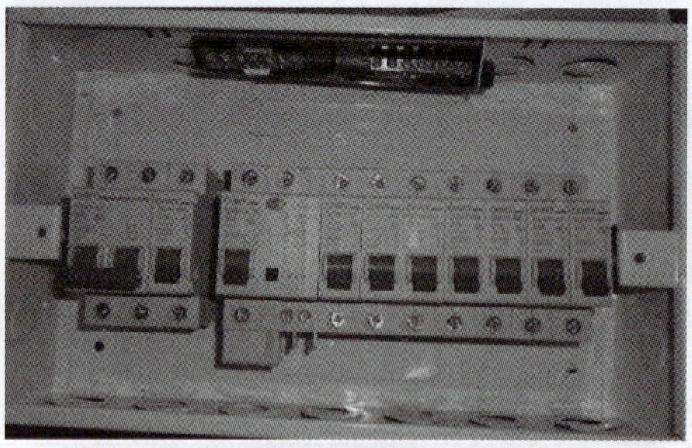

图 6-1-6　配电箱内断路器的配置

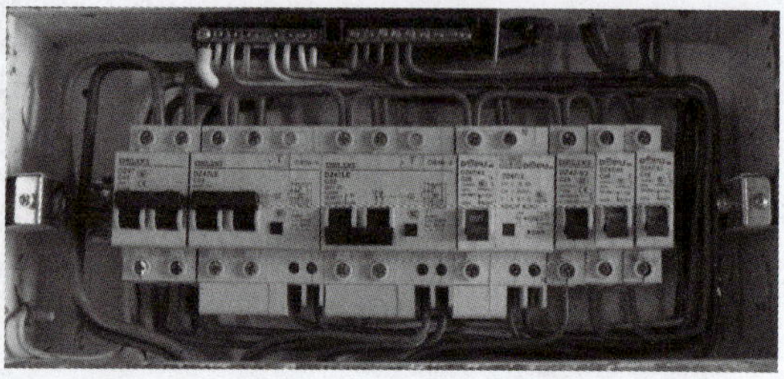

图 6-1-7　配电箱内配线

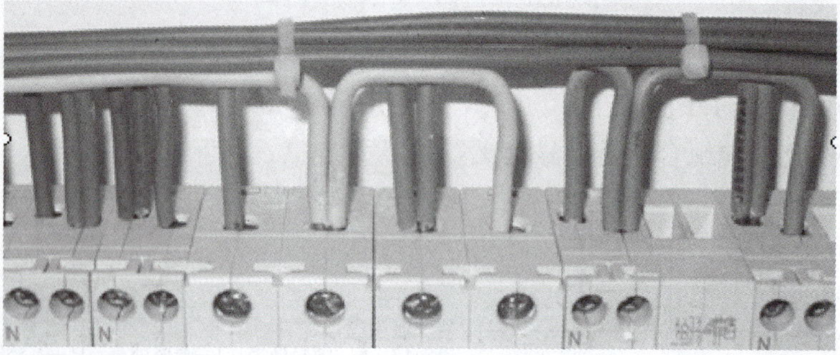

图 6-1-8　配电箱内导线的绑扎

配电箱内配线应清晰美观，如果支路过多，则配线麻烦且不美观，安装要求过高。目前市场上出现一种 L 形断路器连接用汇流排很好地解决了配线复杂的问题，L 形断路器连接用汇流排是一种用于连接母线汇流排和分支断路器的连接装置（见图 6-1-9），这种汇流排安装方便、使用可靠，可以减少配电箱内的配线数量，使配电箱装配起来更加简洁、方便。采用汇流排配线的配电箱如图 6-1-10 所示。

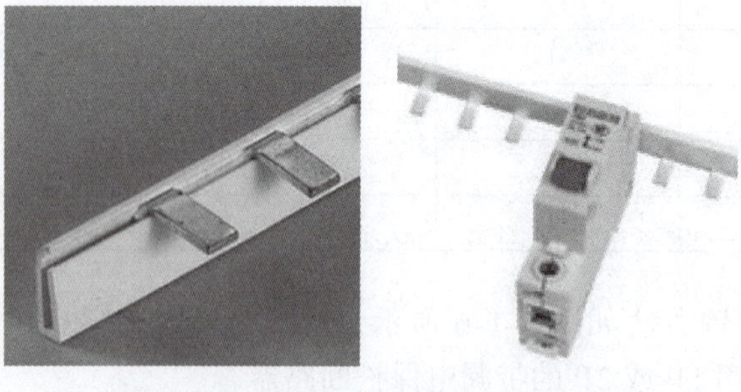

图 6-1-9　L 形断路器连接用汇流排

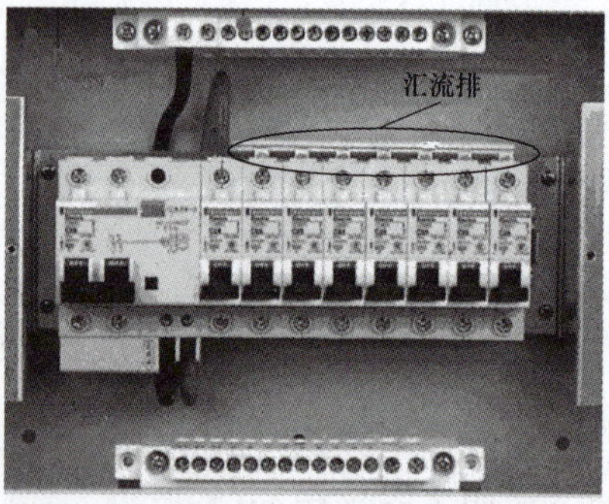

图 6-1-10　汇流排配线

2. 插座线路

现代住宅一般将电视、冰箱、空调等家用电器连接的用电线路称之为动力线路，其实就是传统所说的插座线路。插座是为了方便用户在使用电视、冰箱、空调等家用电器时不需要重新布线而设置的电源接线板，其作用等同于接线端子，只不过插座是一个特殊的接线端子。一般家用电器电源引出线上有一个插头，使用时将插头直接插入插座即可。插头根据电器要求分两插（相线、中性线）及三插（相线、中性线、接地线），对应的插座也就分为两孔及三孔插座。根据电工接线规则，插座接线如图 6-1-11 所示，将来自电源的相线连接至标有“L”的接线端子上，中性线接至标有“N”的接线端子上，保护接地线接至标有“⏚”的接线端子上。

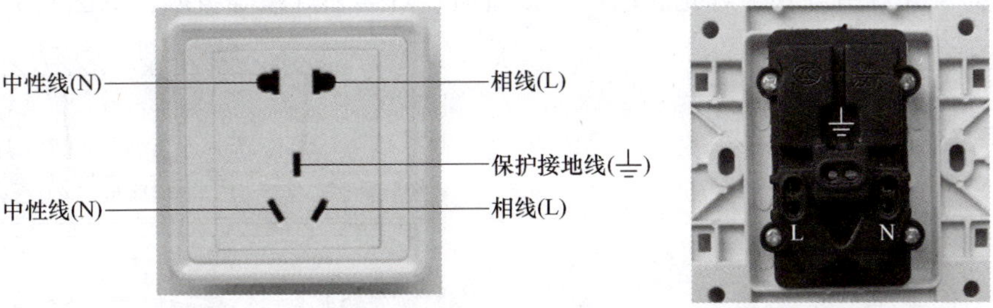

图 6-1-11　插座接线规则

插座的使用要求：

① 插座应有质量监督管理部门认定的防雷检测标志，壳体应使用阻燃的工程塑料，不能使用普通塑料和金属材料。

② 插头、插座的额定电流应大于被控负荷电流，以免接入过大负荷因发热而烧坏或引起短路事故。

③ 插座宜固定安装，切忌吊挂使用。插座吊挂会使电线摆动，造成螺钉松动，并使插头与插座接触不良。

④ 对于单相双线或三线的插座，接线时必须按照左中性线、右相线、上接地线的方法进行，与所有家用电器的三线插头配合。

⑤ 空调、冰箱、洗衣机、电饭锅、饮水机等功率较大和需要接地的家用电器，应使用单独安装的专用插座，不能与其他电器共用一个多联插座。

3. 照明线路

（1）照明灯具　早些年白炽灯因结构简单、使用可靠、价格低廉、电路便于安装和维修、应用较广等优点作为家庭照明的主力产品。白炽灯在灯泡颈状端头上有灯丝的两个引出线端，电源由此为灯泡内的灯丝供电。根据灯丝引出线端的构造不同，分为插口式(也称卡口）和螺口式两种，如图 6-1-12 所示。安装白炽灯的灯座也分为插口式和螺口式两种，如图 6-1-13 所示。灯座上两个接线端子，一个与电源的中性线连接，另一个与来自开关的一根连接线（即通过开关的相线）连接。插口灯座上两个接线端子，可任意连接上述两个线头。为了使用安全，螺口式灯座上的接线端子切不可任意乱接，必须把中性线线头连接在连通螺纹圈的接线端子上，而把来自开关的线头连接在连通中心铜簧片的接线端子上。

图 6-1-12　钨丝白炽灯

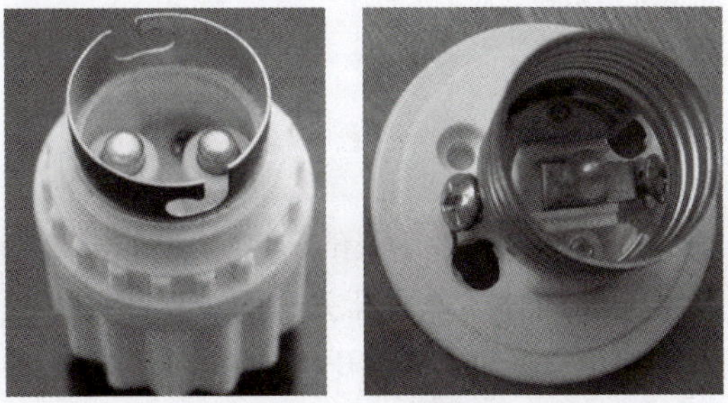
图 6-1-13　白炽灯座

由于白炽灯会把消耗能量中的90%转化成无用的热能，只有少于10%的能量会转换成为光。相比之下，荧光灯的效率高很多，接近40%，所产生的热只是相同亮度的白炽灯的1/6。传统的荧光灯由灯管、辉光启动器、镇流器、灯架和灯座等组成，如图6-1-14所示。

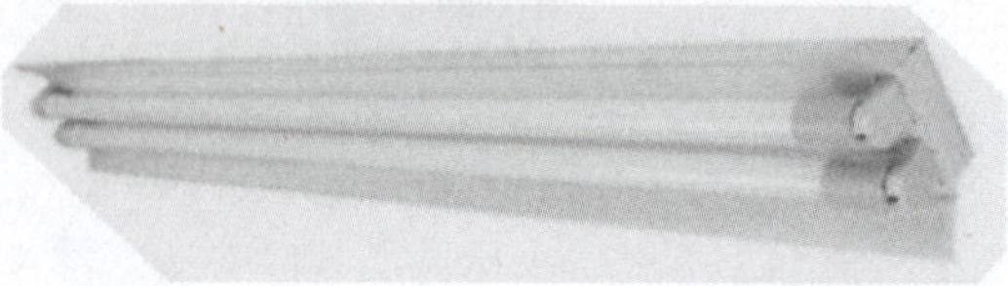

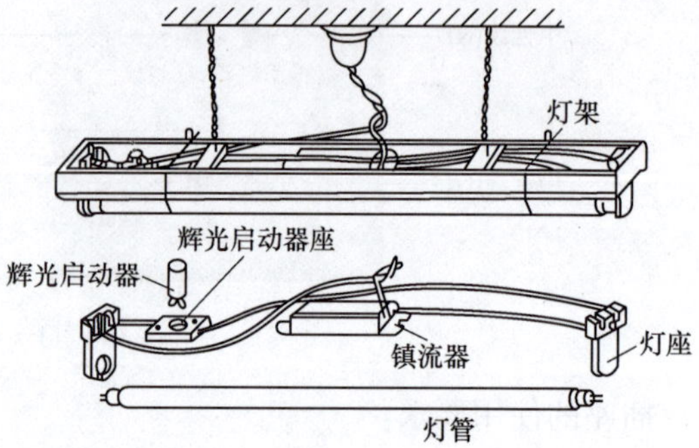

图6-1-14　荧光灯

我国高度重视照明节电工作，1996年启动实施中国绿色照明工程，从2016年10月1日起，禁止销售和进口15W及以上普通照明用白炽灯。随着白炽灯的逐步淘汰，近年来市面上出现了许多新型的节能灯具，常见的新型节能灯如图6-1-15所示。

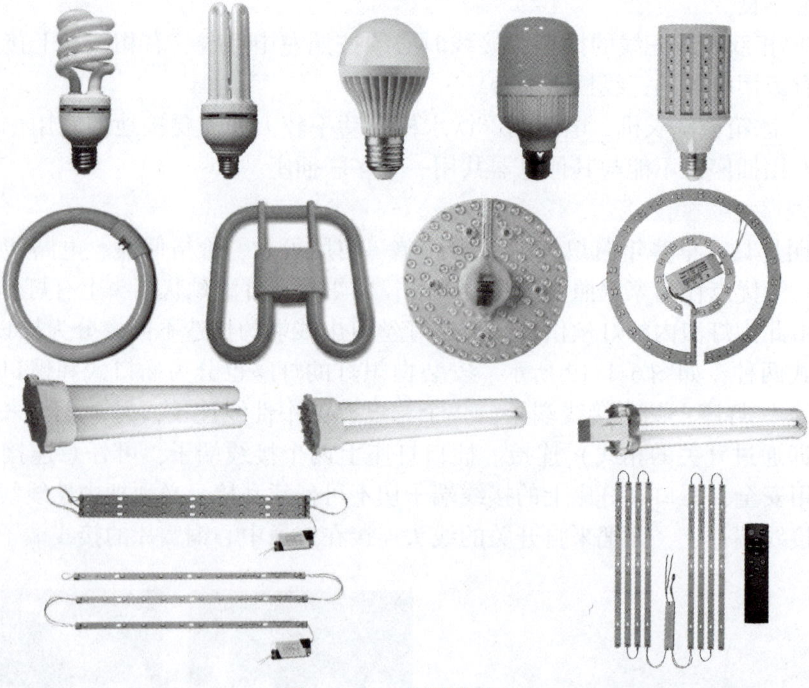

图6-1-15　新型节能灯

（2）控制开关　开关的分类品种很多，一般按应用结构分单联（单刀单掷）和双联（单刀双掷）两种。单联开关有两个接线端子（L、L_1），L与电源线路中的相线连接，L_1接至灯座的接线端子。双联开关内有三个接线端子（L、L_1、L_2），L为公共端，与电源相线连接，另两个都是与灯座相连的接线端子，使用时L与L_1或L与L_2分别构成一组开关电路，开关内部接线端子如图 6-1-16 所示。

市面上还有一种多控开关，如图 6-1-17 所示，这种开关其实是由两个双联开关组合且共用一个操作按键的开关，主要应用于多地操作。

a) 单联开关

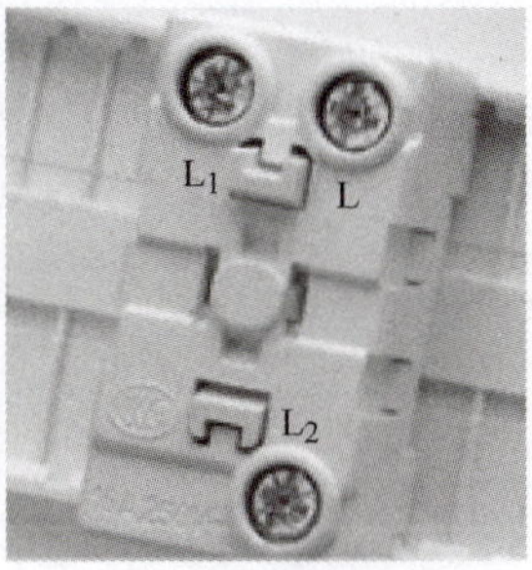

b) 双联开关

图 6-1-16 开关内部接线端子

图 6-1-17 多控开关内部接线端子

（3）照明控制电路 一个开关控制一盏灯时，只需使用单联开关即可。使用双联开关时，公共端 L 与电源相线连接，另两个接线端子只需选用其中一个与灯座连接，如图 6-1-18 所示，但接线时需注意，开关向下按压时为开灯，图 6-1-19 所示的开关位置为开灯状态。如果一个开关需要同时控制多盏灯，只需将其他的灯与第一盏灯并联即可。

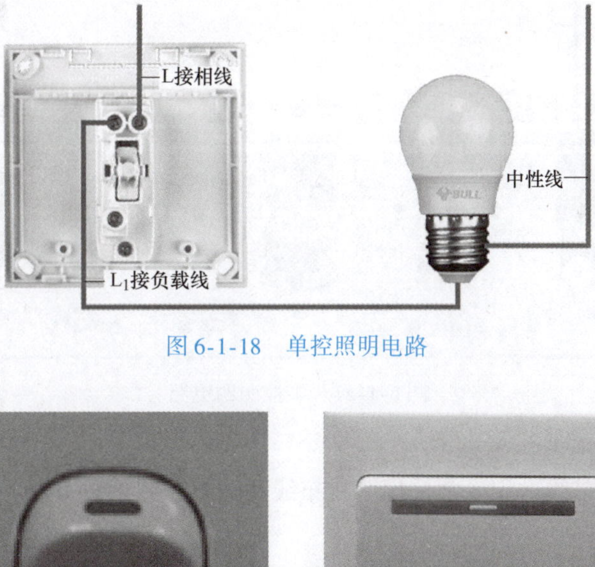

图 6-1-18 单控照明电路

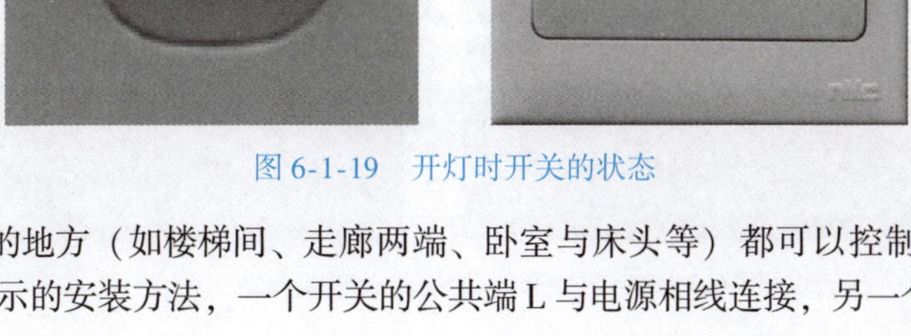

图 6-1-19 开灯时开关的状态

需要在不同的地方（如楼梯间、走廊两端、卧室与床头等）都可以控制同一盏灯时，应采取图 6-1-20 所示的安装方法，一个开关的公共端 L 与电源相线连接，另一个开关的公共端 L

与灯座中心铜簧片的接线端子连接，两个开关剩余的接线端子需要相互并联。图 6-1-21 所示为多控电路的安装方法，需要注意的是中间开关为特殊的多控开关（即两个双联开关共用一个操作按钮）。

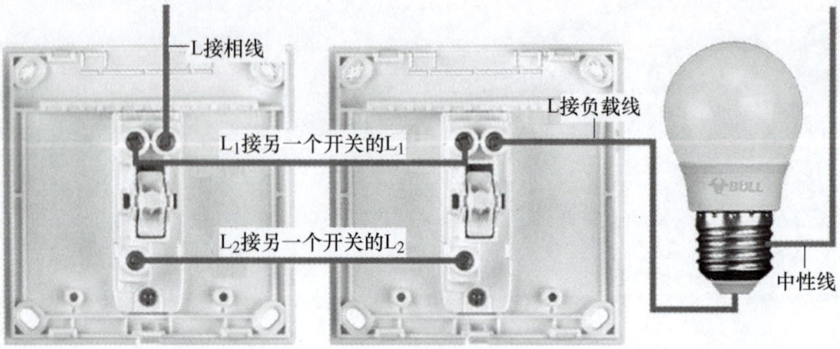

图 6-1-20　双控照明电路

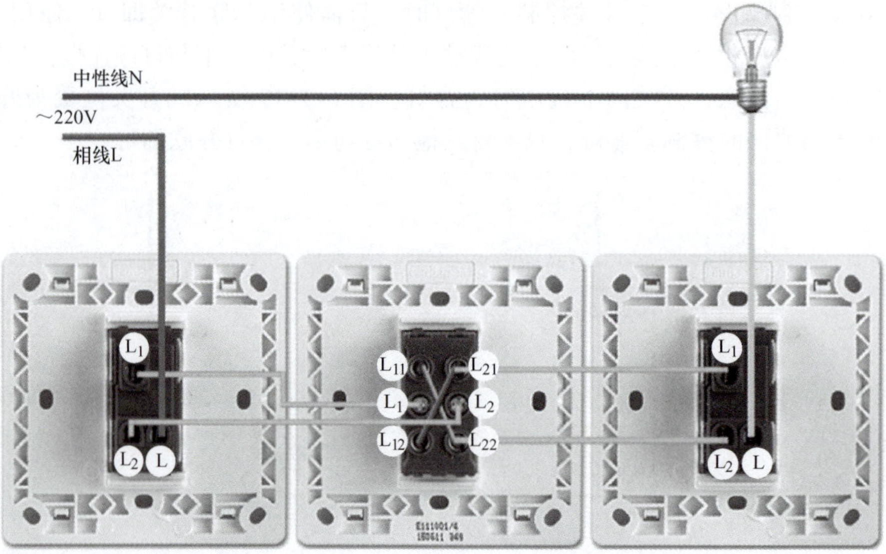

图 6-1-21　多控照明电路

4. 家庭用电线路布线工艺

家庭用电线路在布线过程中常采用明线布线和暗线布线两种方法，如图 6-1-22 所示。

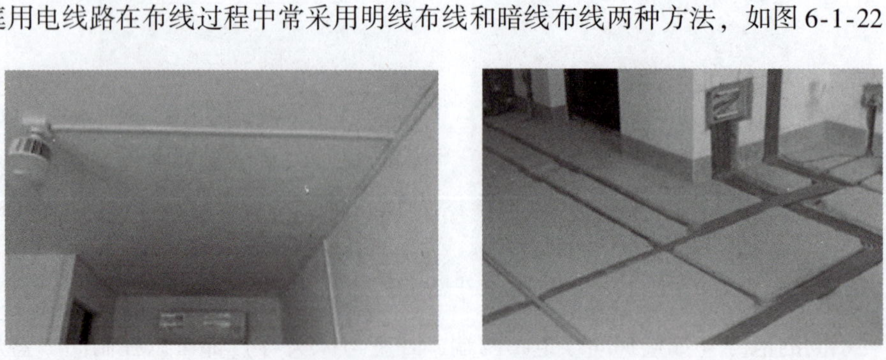

图 6-1-22　明线布线（左）和暗线布线（右）

明线布线是指在装修过程中的水电安装中，采用线路明装的方式布线，就是在外观上可以看到。线路明装有许多便利之处，譬如可以根据主人的喜好以及临时想法，随时增加或减少线路中灯具、插座、开关等的数量以及线路走向，可以根据房屋的结构、空间、负载性质、容量、线径等各种因素，选择比较适用的线槽、接线盒、圆木、开关、插座等各种配件。

暗线布线多用于装修中的水电线路改造，暗线布线是指将线路埋于墙壁或地面中剔好的槽中，一般暗线布线比明线布线价格稍贵，但暗线布线可以使家居整体比较美观。因为暗线是在线槽内，后期装修遮挡后出现线路问题不易检修，因此做暗线布线的同时一定要注意细节以减少故障发生。首先，做暗线时，线路应当增加硬性护套（硬管），以保护线材免受硬性划伤，而软套管线很容易出现"死弯"，以后一旦线路发生故障，将无法修复。若用硬管，加以规范的工艺可以使线路变为"活线"，维修时可以抽换。另外就是安装的位置离我们住的地方远近，常常会忽略对电源布线的全面考虑，因而造成布线不合理或漏布现象；暗线布线涉及空间的定位，还需要开槽，因此要提前进行。最后就是关于暗线布线的施工也有一定讲究，有些不规范的装饰公司采用直接埋入抹灰层的做法，这种做法省事，但施工完了之后如果出现漏电等现象将会给后续的检修工作带来巨大的不便。

本任务是在实验室的接线板上安装模拟家庭用电线路，因此我们采用明线布线中的板前明线布线工艺来布线。板前明线布线工艺要求如下：

1）走线合理，做到横平竖直，整齐，各接点不能松动，如图 6-1-23 所示。

单股芯线与接线柱连接时，最好按要求的长度将线头折成双股并排插入针孔，使压接螺钉顶紧在双股芯线的中间。如果线头较粗，双股芯线插不进针孔，也可将单股芯线直接插入，但芯线在插入针孔前，应朝着针孔上方稍微弯曲，以免压紧螺钉稍有松动线头就脱出。

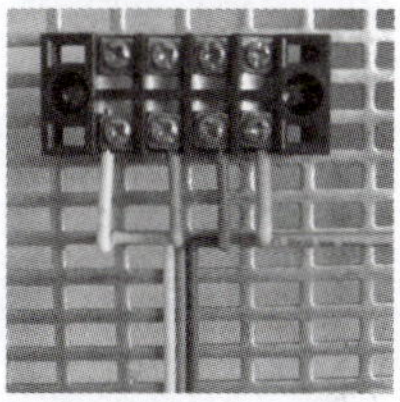

图 6-1-23 合理的走线

多股芯线与接线柱连接时，必须把多股芯线按原拧紧方向，用钢丝钳进一步绞紧，以保证多股芯线受压紧螺钉顶压时而不致松散。由于多股芯线的载流量较大，孔上部往往有两个压紧螺钉，连接时应先拧紧第一枚螺钉（近端口的一枚），后拧紧第二枚，然后再加拧第一枚和第二枚，要反复加拧两次。此时应注意，针孔与线头的大小应匹配。

无论是单股芯线还是多股芯线，线头插入针孔时必须到底，导线绝缘层不得插入孔内，针孔外的裸线头长度不得超过 3mm。软导线线头也可用螺钉平压式接线柱连接，其工艺要求与上述多股芯线的压接相同。

2）避免交叉、架空、叠线和空中拐弯，常见的错误接法如图 6-1-24 所示。

a) 交叉　b) 架空　c) 叠线　d) 空中拐弯

图 6-1-24 错误的接法

3）对于螺栓式接点，导线连接时，应打羊眼圈，并按顺时针旋转，如图 6-1-25 所示。

4）导线变换走向要垂直，并做到高低一致或前后一致，如图 6-1-26 所示。

图 6-1-25　羊眼圈

图 6-1-26　导线变换走向

5）严禁损伤线芯和导线绝缘，接点上不能露铜丝太多，如图 6-1-27 所示，图中右侧导线露铜丝太多。

6）每个接线端子上连接的导线一般以不超过两根为宜，如图 6-1-28 所示。

7）进出线应合理汇集在端子排上，如图 6-1-29 所示。

图 6-1-27　导线露铜丝

图 6-1-28　接线端子上连接的导线

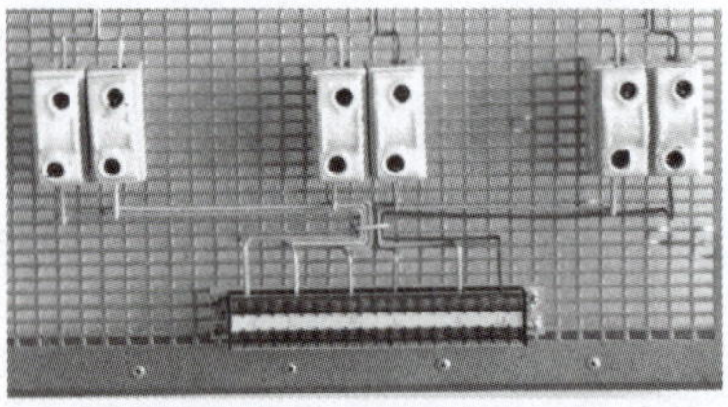

图 6-1-29　端子排接线

板前接线工艺要求见表 6-1-2。

表 6-1-2　接线工艺要求

分类	要求
连接线端	对于螺栓式接点，导线连接时，应打羊眼圈，并按顺时针旋转；对于瓦片式接点，导线连接时，直线插入接点固定即可
	严禁损伤线芯和导线绝缘，接点上不能露铜丝太多
	每个接线端子上连接的导线根数一般以不超过两根为宜，并保证接线固定
线路工艺	走线合理，做到横平竖直，整齐，各接点不能松动
	导线出线应留有一定余量，并做到长度一致
	导线变换走向要垂直，并做到高低一致或前后一致
	避免交叉、架空、空中拐弯、绕线和叠线
	导线折弯应折成直角
整体布局	板面线路应合理汇集成线束
	进出线应合理汇集在端子排上
	整体走线应合理美观

8）用多股线连接时，安装板上应搭配走线槽，所有连线沿线槽内走线。各电器元件与走线槽之间的外露导线，要尽可能做到横平竖直、走线合理、美观整齐，变换走向要垂直；在任何情况下，接线端子必须与导线截面积和材料性质相适应，当接线端子不适合连接软线或较小截面积的软线时，可以在导线端头穿上针形或叉形轧头并压紧；进入走线槽内的导线要完全置于走线槽内，并应尽可能避免交叉，装线不要超过其容量的70%，以便于能盖上线槽盖和以后的装配及维修。

四、测试与训练

1. 材料准备

根据家庭用电线路的原理图准备好所需材料，材料清单见表6-1-3。

表6-1-3 家庭用电线路材料清单

序号	名称	数量	备注
1	单相电度表	1只	
2	断路器（DZ47－60 C60 2P）	1只	
3	断路器（DZ47LE－60 C40 1P＋N）	1只	
4	断路器（DZ267－60 C32 1P）	1只	
5	单相五孔面板插座	1只	
6	面板式跷板开关	3只	
7	PVC明装盒	5只	插座1只，开关3只，白炽灯座1只
8	白炽灯套件	1套	螺口白炽灯灯座，LED螺口灯泡
9	荧光灯套件	1套	LED灯板组（或灯管、镇流器、灯座、辉光启动器等）
10	电工实训接线板	1块	
11	导线	若干	
12	常用电工工具	1套	
13	万用表	1块	

2. 安装元器件

在安装接线前用万用表检查各电器元件的质量情况，更换已损坏的部件。按图6-1-30所示布置图把相应元件固定在电器板上，要做到安装牢固、排列整齐、布置合理、便于走线和更换元件。

3. 电源部分的安装

1）连接各分路开关，如图6-1-31所示。

2）连接电能表，如图6-1-32所示。

4. 照明线路的安装

（1）单控荧光灯线路的安装 根据控制要求，首先分别将相线（L）与中性线（N）按工艺要求引入接线盒并在外部进行固定，如图6-1-33a所示。其次安装开关，公共端与电源相线连接，另两个接线端子只需选用其中一个与荧光灯镇流器的红色导线（L）连接；中性线直接与荧光灯镇流器的蓝色导线（N）连接，如图6-1-33b所示。

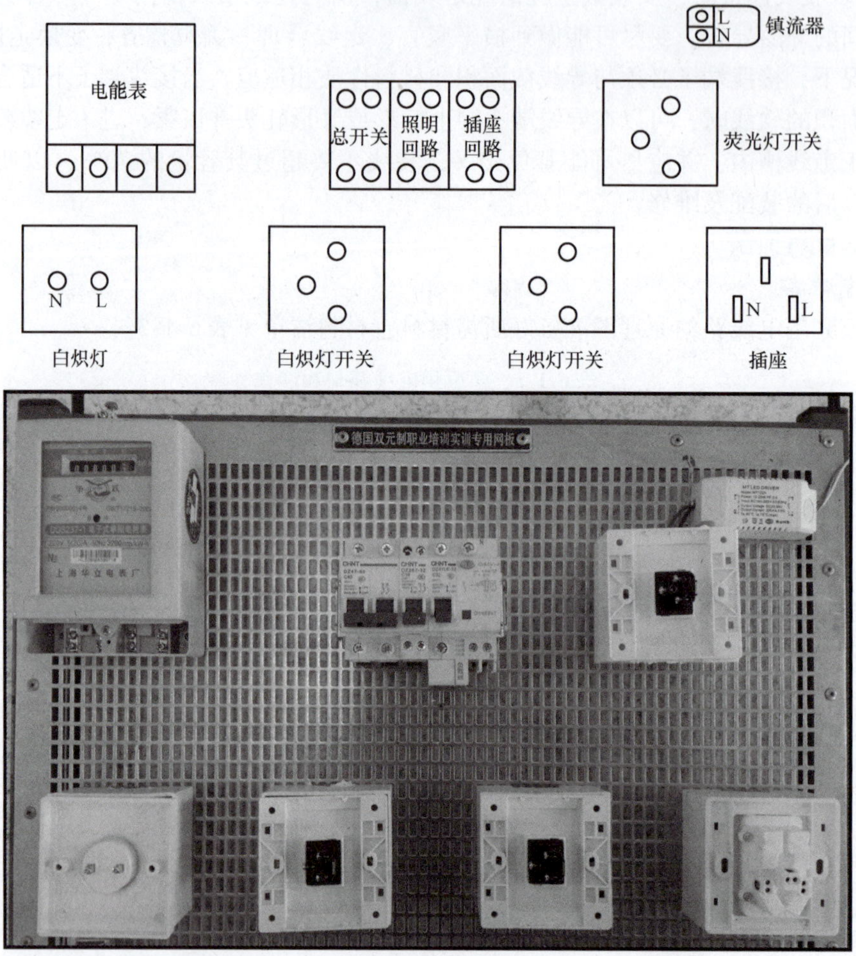

图 6-1-30　元件布置图

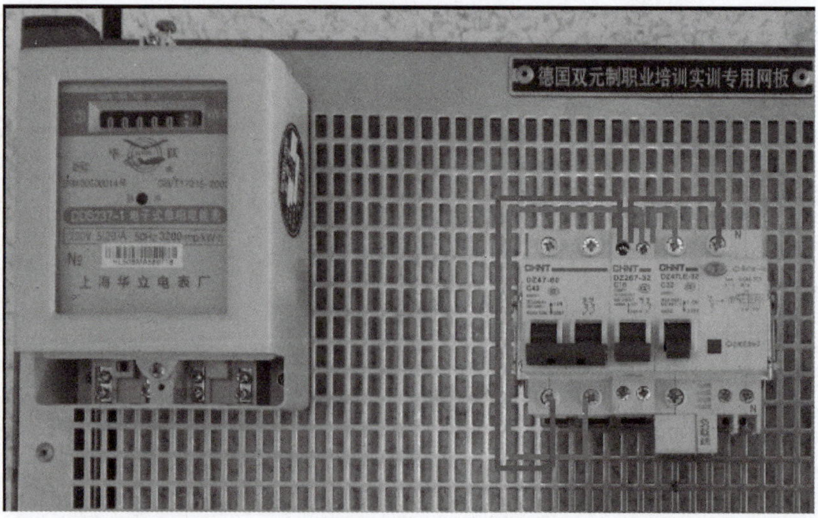

图 6-1-31　连接各分路开关

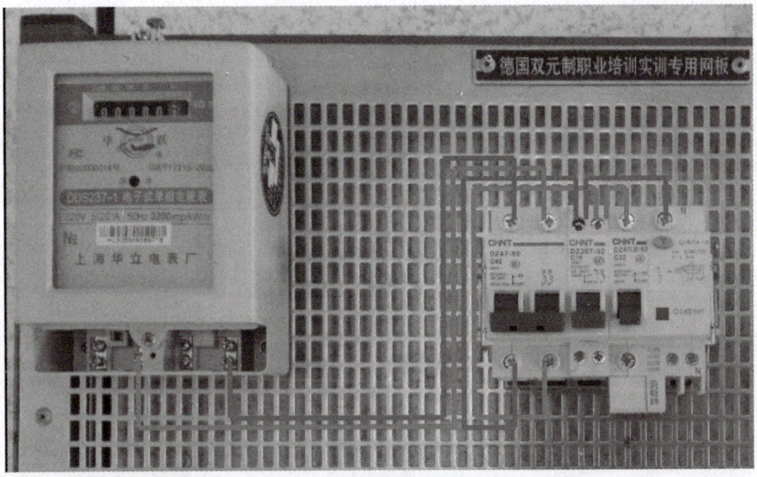

图 6-1-32　连接电能表

a)

b)

图 6-1-33　单控荧光灯线路

（2）双控白炽灯线路的安装　根据控制要求，首先分别将相线（L）与中性线（N）按工艺要求引入接线盒并在外部进行固定，如图 6-1-34a 所示。其次安装开关，右边开关的公共端与电源相线连接，左边开关的公共端与灯座中心铜簧片的接线端子连接，两个开关剩余的接线端子需要相互并联；中性线直接与灯座的螺口接线柱连接，如图 6-1-34b 所示。

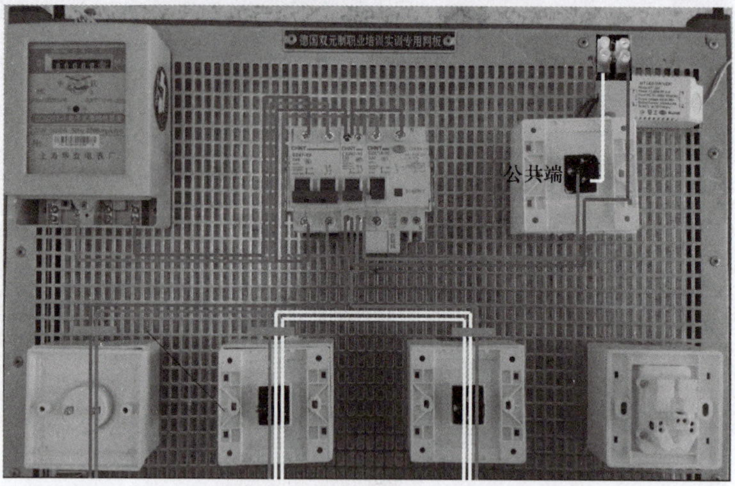

a)

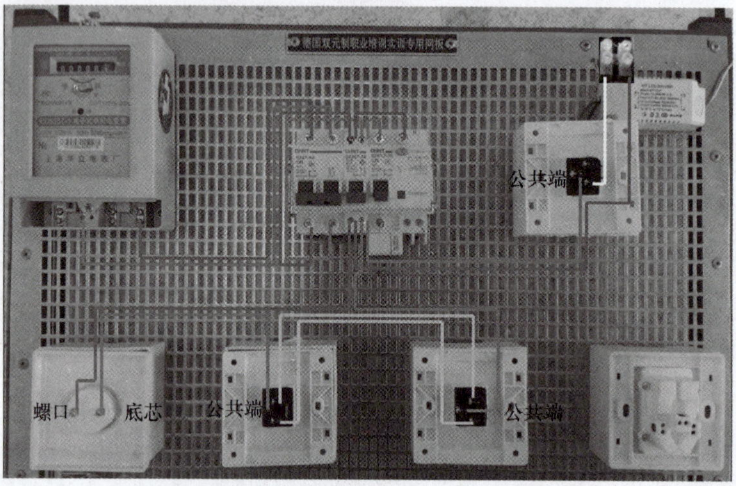

b)

图 6-1-34 双控白炽灯线路

5. 插座线路的安装

根据电工接线规则，首先分别将相线（L）与中性线（N）按工艺要求引入接线盒并在外部进行固定，如图 6-1-35a 所示。其次将来自电源的相线连接至标有“L”的接线端子上，中性线接至标有“N”的接线端子上，保护接地线接至标有“⏚”的接线端子上（没有地线就悬空不接），如图 6-1-35b 所示。

最终安装完成的家庭用电线路如图 6-1-36 所示。

6. 调试

（1）不通电测试 使用万用表的电阻档（或蜂鸣档），按图 6-1-37 所示方法，将万用表的一个表笔固定在起始端，另一个表笔测试导线末端，判断线路的通断情况。如图 6-1-38a 所示为断路，即线路不导通、有故障；图 6-1-38b 所示为通路，即线路正常、无故障。用同样的方法测试连接的每一根导线，判别线路的通断情况，将测试数据填入表 6-1-4 中。

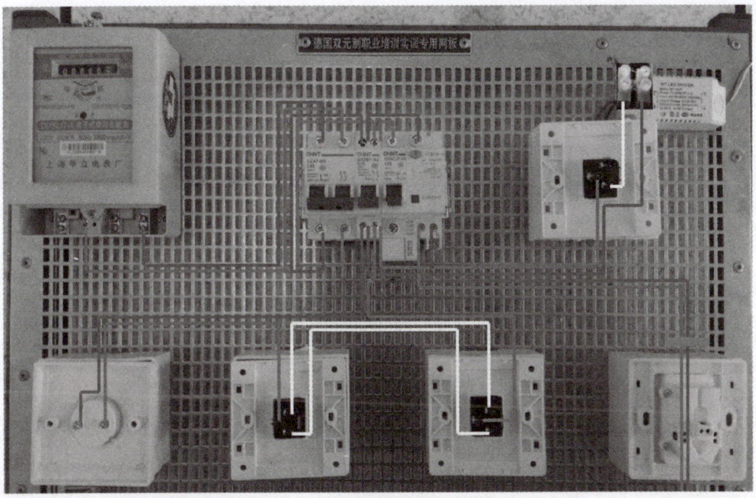

a)

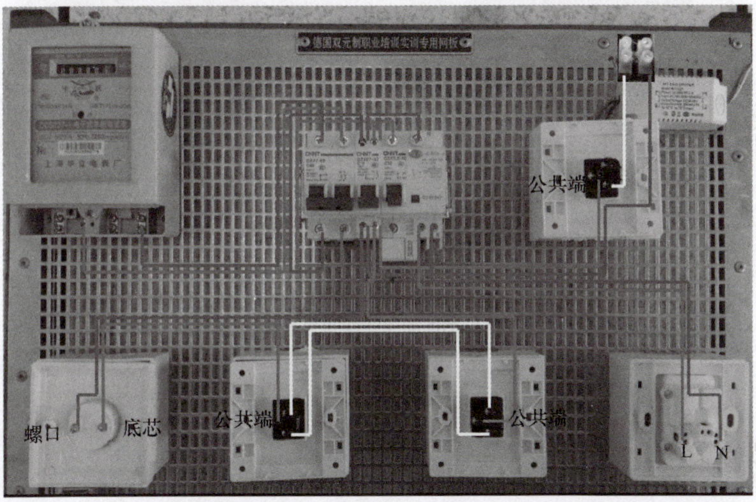

b)

图 6-1-35 插座线路

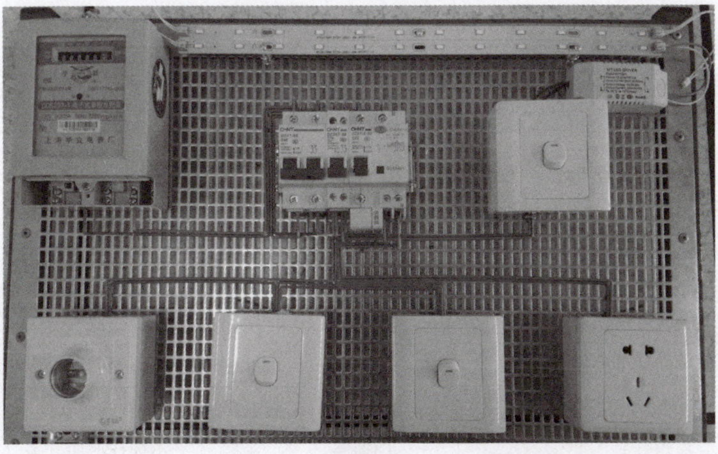

图 6-1-36 家庭用电线路成品图

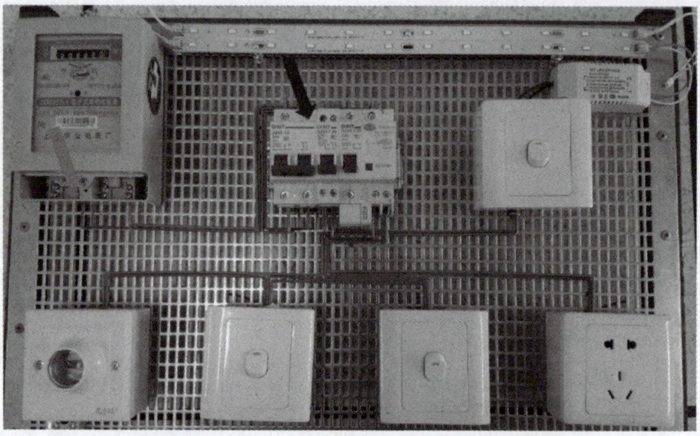

图 6-1-37　万用表检测方法

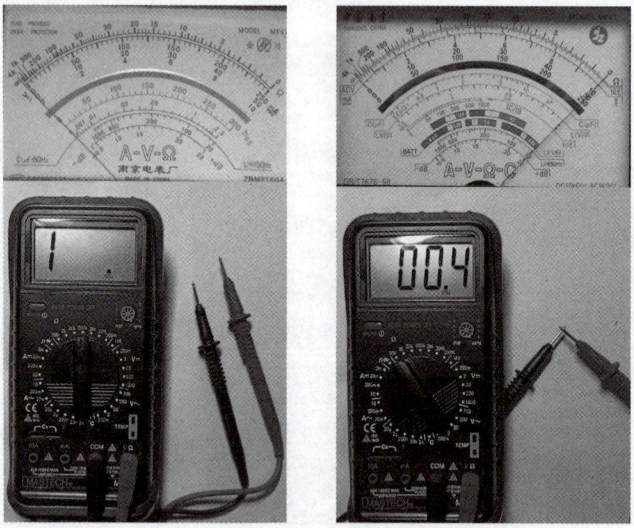

a) 断路　　　　b) 通路

图 6-1-38　使用万用表判别线路通断的方法

表 6-1-4　家庭用电线路不通电检测数据

检验项目	测试数据（单位为 Ω）	核对	备注
电能表 L ~ 总开关 L		□通路　□断路	
电能表 N ~ 总开关 N		□通路　□断路	
总开关 L ~ 照明分路断路器 L		□通路　□断路	
总开关 N ~ 照明分路断路器 N		□通路　□断路	
照明分路断路器 L ~ 荧光灯镇流器 L		□通路　□断路	不操作照明开关，关灯状态
照明分路断路器 L ~ 荧光灯镇流器 L		□通路　□断路	操作照明开关，开灯状态
照明分路断路器 N ~ 荧光灯镇流器 N		□通路　□断路	
照明分路断路器 L ~ 白炽灯 L		□通路　□断路	不操作照明开关，关灯状态

（续）

检验项目	测试数据（单位为Ω）	核对	备注
照明分路断路器 L ~ 白炽灯 L		□通路 □断路	操作照明开关，开灯状态
照明分路断路器 N ~ 白炽灯 N		□通路 □断路	
照明分路断路器 L – N		□通路 □断路	判断照明线路是否存在短路，正常情况电阻值应为∞
总开关 L ~ 插座分路断路器 L		□通路 □断路	
总开关 N ~ 插座分路断路器 N		□通路 □断路	
插座分路断路器 L ~ 插座 L		□通路 □断路	
插座分路断路器 N ~ 插座 N		□通路 □断路	
插座分路断路器 L – N		□通路 □断路	判断插座线路是否存在短路，正常情况电阻值应为∞
检测结果	能否通电：________		

（2）通电测试　连接电源，按照表 6-1-5 步骤测试家庭用电线路。

表 6-1-5　家庭用电线路通电调试步骤

检验项目	测试数据（单位为 V）	核对	备注
连接电源引线	—	□正确 □错误	电能表 1 孔接 L，3 孔接 N
合上实验台电源开关		□正确 □错误	测量总开关进线端电压
合上总开关		□正确 □错误	测量总开关出线端电压
合上照明分路断路器		□正确 □错误	测量照明分路断路器出线端电压
打开荧光灯开关	—	□正确 □错误	点亮
关闭荧光灯开关	—	□正确 □错误	熄灭
打开白炽灯开关 1	—	□正确 □错误	点亮
操作白炽灯开关 2	—	□正确 □错误	熄灭
再次操作炽灯开关 1	—	□正确 □错误	再次点亮
关闭白炽灯	—	□正确 □错误	熄灭
合上插座分路断路器		□正确 □错误	测量插座分路断路器出线端电压
测试插座		□正确 □错误	测量插座插孔（L 与 N）之间电压也可以在插座上使用任一家用电器（如台灯），观察电器工作情况
关闭插座分路断路器	—	□正确 □错误	
关闭照明分路断路器	—	□正确 □错误	
关闭总开关	—	□正确 □错误	
关闭实验台电源开关	—	□正确 □错误	
拆除电源引线	—	□正确 □错误	
检测结果	线路性能：________		

五、拓展知识

电工常用工具是指一般电工在工作中经常用到的工具，从事电工作业必须熟练掌握常用电工工具的结构及正确、规范的使用方法。

家庭用电线路安装、调试考核

1. 螺钉旋具的使用

螺钉旋具又称螺丝刀、起子、螺丝批或旋凿，分为一字形和十字形两种，以配合不同槽型螺钉使用。常用的规格有 50mm、100mm、150mm 和 200mm 等，电工不可使用金属杆直通柄顶的螺钉旋具。为了避免金属杆触及皮肤或邻近带电体，应在金属杆上加套绝缘管。不能用锤子打击螺钉旋具手柄，以免手柄破裂。不许用螺钉旋具代替凿子使用。螺钉旋具不能用于带电作业。其结构如图 6-1-39 所示。

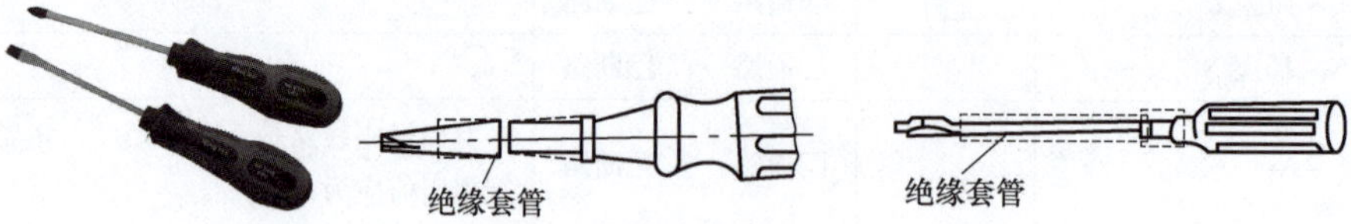

a) 十字形螺钉旋具　b) 一字形螺钉旋具

图 6-1-39　螺钉旋具

螺钉旋具

螺钉旋具的使用：图 6-1-40a 所示为大螺钉旋具的使用方法，一般是用来旋紧或旋松大螺钉；图 6-1-40b 所示为小螺钉旋具的使用方法，一般是用来旋紧或旋松小螺钉。

2. 低压验电器的使用

（1）结构　低压验电器又称试电笔，主要用来检查低压电气设备或低压线路是否带电。常用低压验电器外形有钢笔式、旋具式，常用低压验电器一般是由金属探头、氖管、安全电阻、笔尾的金属体、弹簧和观察小窗组成，弹簧与后端外部的金属部分相接触。如图 6-1-41 所示。

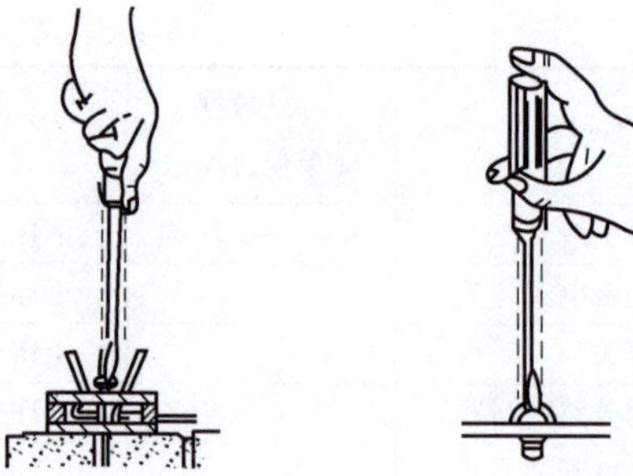
a) 大螺钉旋具的使用方法　b) 小螺钉旋具的使用方法

图 6-1-40　螺钉旋具的使用方法

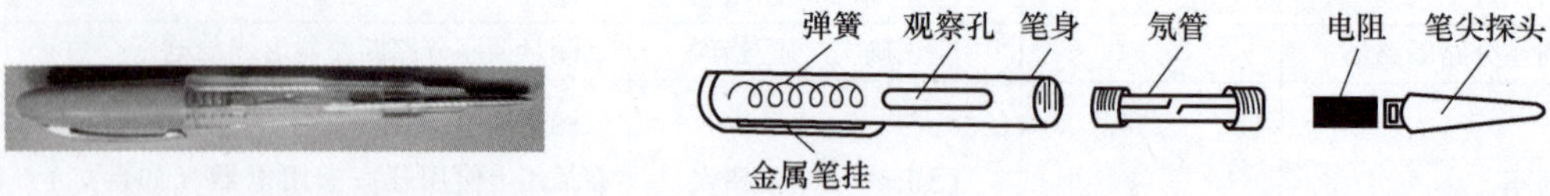

a) 钢笔式

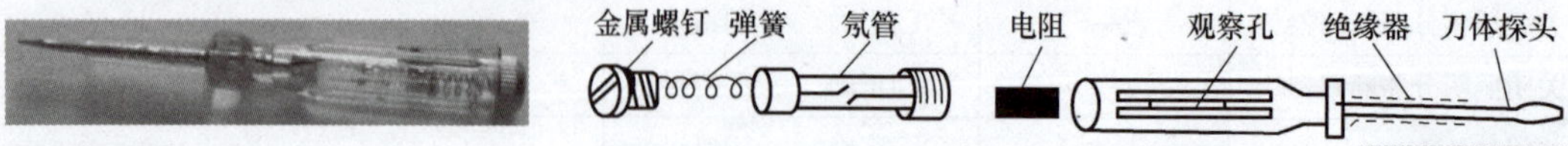

b) 旋具式

图 6-1-41　低压验电器

低压验电器

使用低压验电器时，必须按照图 6-1-42 所示的正确握法进行操作，手指应触及笔尾的金属体，使氖管小窗背光朝向自己，以便于观察，当低压验电器触及带电体时，带电体经低压验电器、人体到大地形成通电回路，只要带电体与大地之间的电位差超过 60V 时，低压验电器中的氖管就能发出红色的辉光。

（2）使用低压验电器的安全知识 使用低压验电器前，一定要在有电的电源上检查氖泡能否正常发光。

使用低压验电器时，由于人体与带电体的距离较近，应防止人体与金属带电体的直接接触，更要防止手指皮肤触及笔尖金属体，以避免触电。

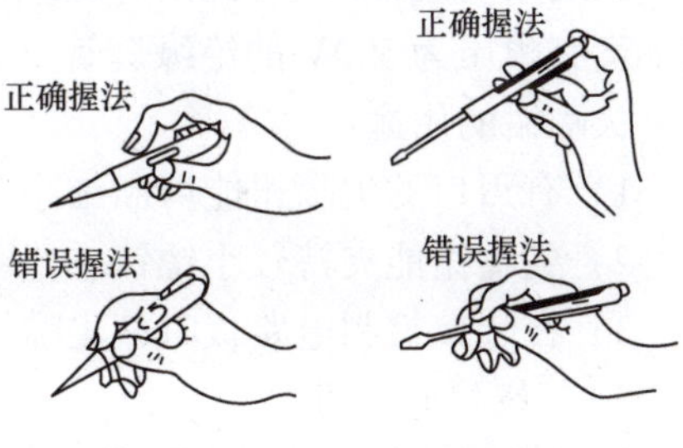

a) 钢笔式握法　b) 旋具式握法

图 6-1-42 低压验电器的握法

3. 钢丝钳的使用

钢丝钳（图 6-1-43a）是钳夹和剪切工具，由钳头和钳柄两部分组成，钳头包括钳口、齿口、刀口和铡口，其结构如图 6-1-43b 所示。电工所用的钢丝钳，在钳柄上必须套有耐压为 500V 以上的绝缘套管，它的规格用全长表示，有 150mm、175mm 和 200mm 三种。使用时的握法如图 6-1-43c 所示，其刀口应朝向自己面部。

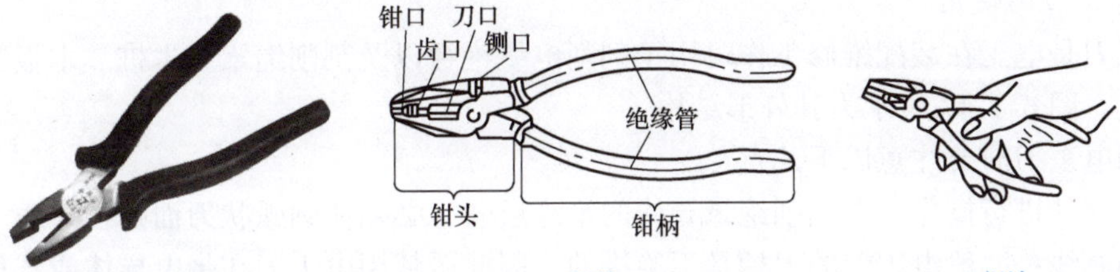

a) 实物图　b) 结构　c) 握法

图 6-1-43 钢丝钳

它的功能较多：钳口主要用来弯绞或钳夹导线线头；齿口用来固紧或起松螺母；刀口用来剪切导线或剖切软导线绝缘层；铡口用来铡切导线线芯或铅丝、钢丝等较硬金属丝。图 6-1-44示出了各部分的用法。

钢丝钳

a) 固紧或起松螺母　b) 弯绞导线　c) 剪切导线　d) 铡切导线

图 6-1-44 钢丝钳各部分的用途

有良好绝缘柄的钢丝钳，可在额定工作电压 500V 及以下的有电场合使用。用钢丝钳剪切带电导线时，不准同时剪切两根或两根以上的导线，以免相线间或相线与中性线间发生短路故障。

4. 尖嘴钳的使用

尖嘴钳如图 6-1-45 所示，头部尖细，适用于在狭小的工作空间操作，用来夹持较小的螺钉、垫圈、导线等，其握法与钢丝钳的握法相同。

尖嘴钳的规格以全长表示，常用的有130mm、160mm 和180mm 三种，电工用尖嘴钳在钳柄套有耐压为500V 的绝缘套管。

尖嘴钳的用途：

1）有刃口的尖嘴钳能剪断细小金属丝。

2）尖嘴钳能夹持较小螺钉、垫圈、导线等元件。

3）在装接控制电路板时，尖嘴钳能将单股导线弯成一定圆弧的接线鼻子。

5. 断线钳的使用

断线钳又称斜口钳，其头部扁斜，钳柄有铁柄、管柄和绝缘柄三种型式，其中电工用的绝缘柄断线钳的外形如图6-1-46 所示，其耐压为1000V。

断线钳是专用于剪断较粗的金属丝、线材及电线电缆等。

尖嘴钳

图6-1-45　尖嘴钳

图6-1-46　断线钳

6. 电工刀的使用

电工刀是电工在装配维修工作时用于剖削电线绝缘以及割削绳索、木桩、木板等物品的常用工具。图6-1-47 所示为其外形结构。

使用电工刀时要注意以下几点：

刀口朝外进行操作。在剖削绝缘导线的绝缘层时，必须使圆弧状刀面贴在导线上，以免刀口损伤芯线；一般电工刀的刀柄是不绝缘的，因此严禁用电工刀在带电导体或器材上进行剖削作业，以防止触电；电工刀的刀尖是剖削作业的必需部位，应避免在硬器上划损或碰缺，刀口应保持锋利，磨刀宜用油石。

7. 剥线钳的使用

剥线钳用来剥削截面积为6mm^{2}以下的塑料或橡胶绝缘导线的绝缘层，由钳头和钳柄两部分组成，如图6-1-48 所示。钳头部分由压线口和切口构成，分为0.5～3mm 的多个直径切口，可用于不同规格的芯线剥削。

使用时，左手持导线，右手握钳柄，右手向内紧握钳柄，导线端部绝缘层被剖断后自由飞出。使用时应将导线放在大于芯线直径的切口上切削，以免切伤芯线。

剥线钳

剥线钳不能用于带电作业。

图6-1-47　电工刀

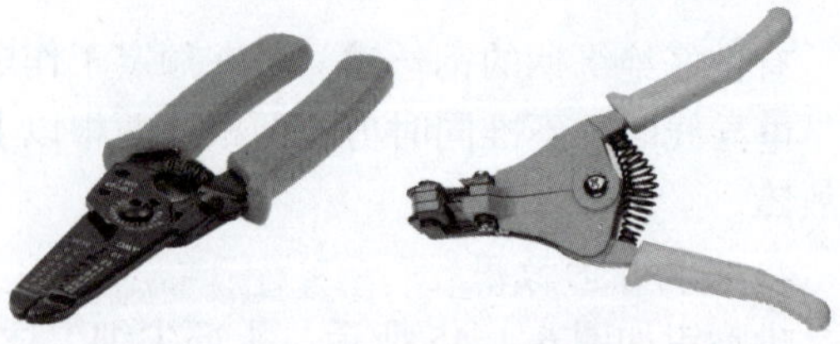

图6-1-48　剥线钳

8. 活扳手的使用

活扳手是用来紧固和拧松螺母的一种专用工具，它由头部和柄部组成，而头部则由活络扳唇、呆扳唇、扳口、涡轮和轴销等构成，如图 6-1-49 所示。旋动涡轮可以调节扳口的大小。常用的活扳手有 150mm、200mm、250mm 和 300mm 四种规格。由于它的开口尺寸可以在规定范围内任意调节，所以特别适用于在螺栓规格多的场合使用。

使用时，应将扳唇紧压螺母的平面。扳动大螺母时，手应握在接近柄尾处；扳动较小螺母时，应握在接近头部的位置。施力时手指可随时旋调涡轮，收紧活络扳唇，以防打滑。

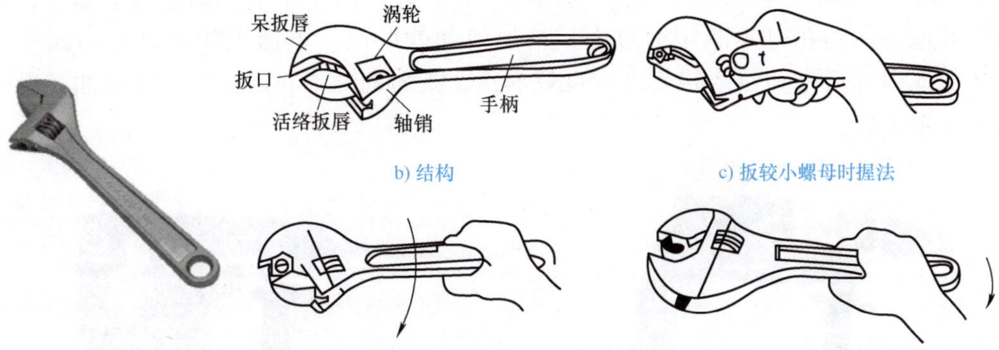

a) 实物　b) 结构　c) 扳较小螺母时握法　d) 扳较大螺母时握法　e) 错误握法

图 6-1-49　活扳手

9. 压接钳的使用

（1）阻尼式手握型压接钳　阻尼式手握型压接钳如图 6-1-50 所示，是适用于截面积较小的铜、铝导线用压线帽进行钳压连接的手动工具。其使用注意事项如下：根据导线和压线帽规格给压接钳加压模块；为了便于压实导线，压线帽内应填实，可用同材质同线径的线芯插入压线帽内填补，也可用线芯剥出后回折插入压线帽内。

（2）液压导线压接钳　多股铝、铜芯导线做中间连接或封端的压接，一般采用液压导线压接钳，根据压模规格，可压接铝导线截面积为 16 ~ 240mm^2，压接铜导线截面积为 16 ~ 150mm^2，压接形式为六边形截面，其外形如图 6-1-51 所示。

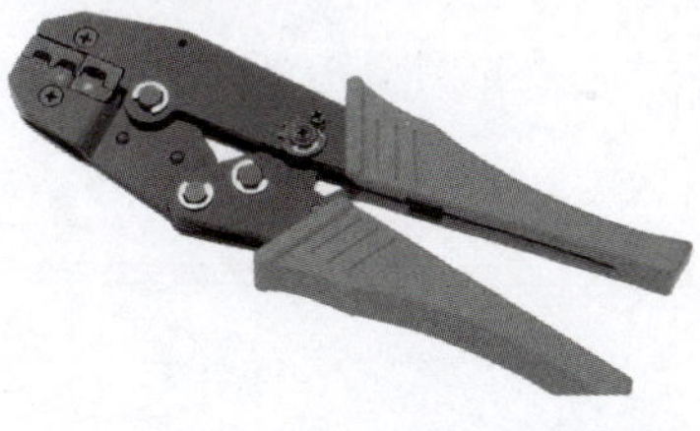

图 6-1-50　阻尼式手握型压接钳

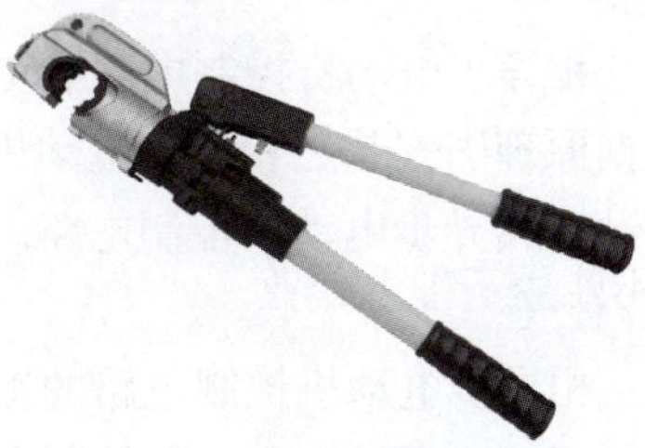

图 6-1-51　液压导线压接钳

10. 冲击钻的使用

冲击钻是一种电动工具，具有两种功能：一种可作为普通电钻使用，使用时应把调节开关调到标记为“钻”的位置；另一种可用来冲打砌块或砖墙等建筑面的穿越孔和木榫孔，这时可把调节开关调到标记为“锤”的位置，如图 6-1-52 所示。冲击钻通常可冲打直径为

6～16mm 的圆孔。有的冲击钻还可以调节转速，有双速和三速之分。在调速或调档（“钻”和“锤”）时，均应停转。用冲击钻开凿墙孔时，需配用专用的冲击钻头，其规格按所需孔径选配，常用的有 8mm、10mm、12mm 和 16mm 等多种。在冲钻墙孔时，应经常把钻头拔出，以利于排屑；在钢筋建筑物上冲孔时，碰到坚实物不应施加过大压力，以免钻头退火。

11. 电锤的使用

电锤是一种具有旋转、冲击复合运动机构的电动工具，如图 6-1-53 所示。电锤的功能多，可用来在混凝土、砖石结构建筑物上钻孔、凿眼、开槽等。常用电锤钻头直径有 16mm、22mm、30mm 等规格。使用电锤时，握住两个手柄，垂直向下钻孔，无需用力，其他方向钻孔也不能用力过大，稍加使劲就可以。电锤工作时进行高速复合运动，要保证内部活塞和活塞转套之间良好润滑，通常每工作 4h 需注入润滑油，以确保电锤可靠地工作。

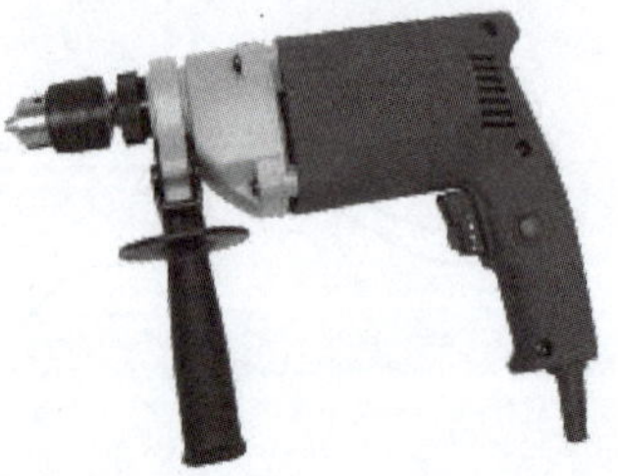

图 6-1-52　冲击钻

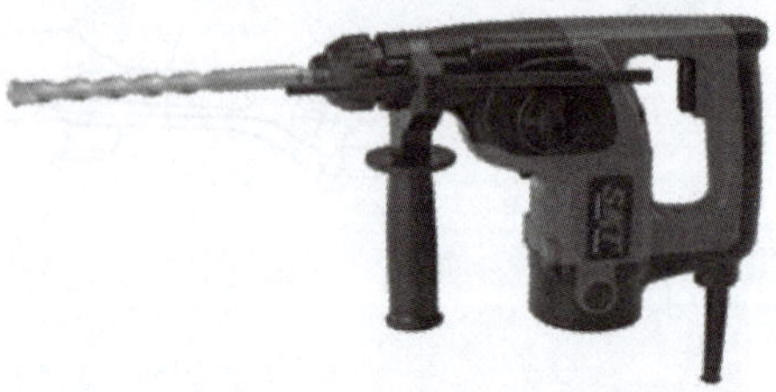

图 6-1-53　电锤

六、练习

分别采用单股硬线、护套线、线管布线的方法连接家庭用电线路。

模块二　三相异步电动机控制电路的安装与调试

一、学习目标

终极目标：能对照原理图正确安装和调试三相异步电动机控制电路。

促成目标：

1. 掌握三相异步电动机控制电路的工作原理。
2. 能根据原理图安装三相异步电动机控制电路。
3. 会调试三相异步电动机控制电路。

二、工作任务

1. 分析三相异步电动机控制电路的工作原理。
2. 安装、调试三相异步电动机控制电路。

三、理论知识

在工业加工中都离不开电动机，如机床加工就需要工件或刀具进给进行切削，工件或刀具的进给就是由电动机带动工作台或溜板移动来实现的。当然机床控制系统较复杂，控制电器使用较多，如图 6-2-1 所示的机床控制系统，但是这些电路都是由简单的电动机控制电路组合而成，本模块主要介绍一些简单的电动机控制电路。

在电动机电路中要用到很多低压电器，它们对电能的生产、输送、分配与应用起着控制、调节、检测和保护的作用，在电力输配电系统和电力拖动自动控制系统中应用极为广泛。低压电器是指工作在交流1200V、直流1500V及以下的电路中，以实现对电路或非电对象的控制、检测、保护、变换、调节等作用的电器，下面分别介绍。

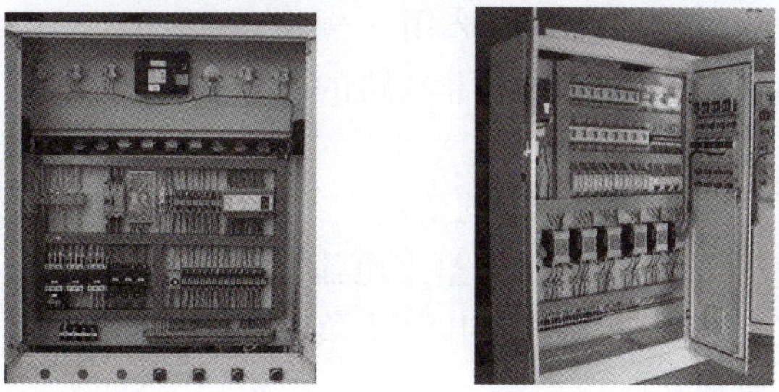

图 6-2-1　机床控制系统

1. 断路器

断路器如图6-2-2所示，是一种只要电路中电流超过额定电流就会自动断开的开关。断路器是低压配电网络和电力拖动系统中非常重要的一种电器，它集控制和多种保护功能于一身。除能完成接触和分断电路外，还能对电路或电气设备发生的短路、严重过载及欠电压等进行保护，同时也可以用于不频繁地起动电动机。

断路器

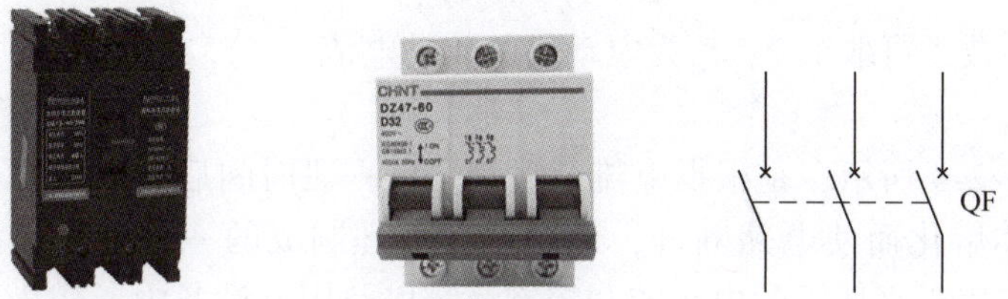

a) DZ15-40型　　b) DZ47-60型　　c) 电气符号

图 6-2-2　断路器

断路器主要由触点系统、操作机构和保护元件三部分组成，具体结构如图6-2-3所示。脱扣方式有热动、电磁和复式脱扣三种。当电路中发生一般性过载时，过载电流虽不能使电磁脱扣器动作，但能使热元件产生一定热量，促使双金属片受热向上弯曲，推动杠杆使搭钩与锁扣脱开，将主触点分断，切断电源。当电路发生短路或严重过载电流时，短路电流超过瞬时脱扣整定电流值，电磁脱扣器产生足够大的吸力，将衔铁吸合并撞击杠杆，使搭钩绕转轴座向上转动与锁扣脱开，锁扣在反力弹簧的作用下将三副主触点分断，切断电源。当电路发生欠电压故障时，欠电压脱扣器电磁铁产生的吸力拉不过弹簧，衔铁在弹簧的作用下撞击杠杆，使搭钩绕转轴座向上转动与锁扣脱开，锁扣在反力弹簧的作用下将三副主触点分断，切断电源。

断路器型号含义：

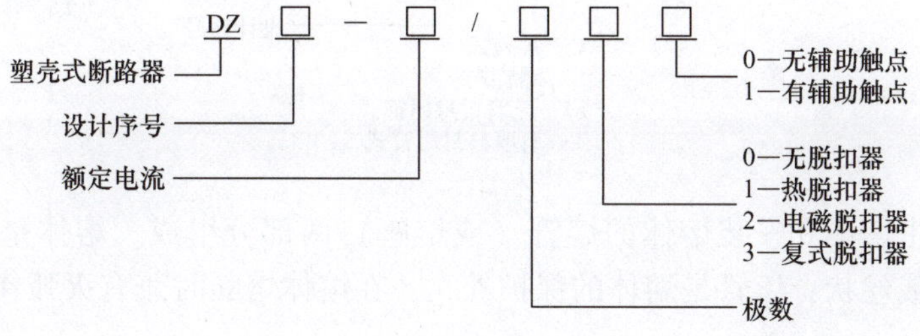

(1) 断路器的选用　额定电压和额定电流应不小于电路的正常工作电压和工作电流。

(2) 各脱扣器的整定

1) 热脱扣器的整定电流应与所控制电动机的额定电流或负载额定电流相等。

2) 失电压脱扣器的额定电压等于主电路的额定电压。

3) 电磁脱扣器又称过电流脱扣器，整定电流应大于负载正常工作时的尖峰电流。

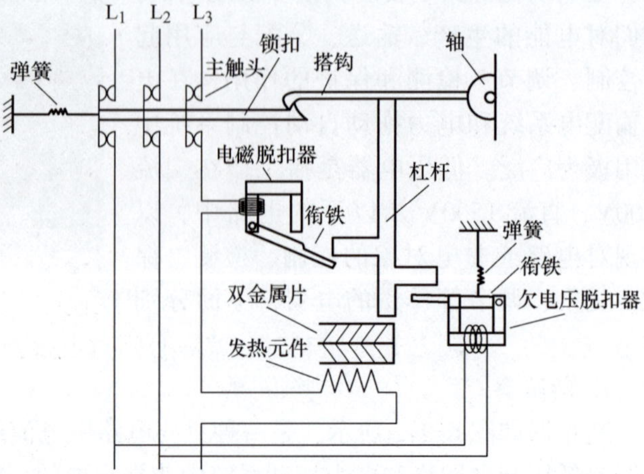

图 6-2-3　断路器的结构及工作原理图

对于电动机来说，DZ 型断路器电磁脱扣器的瞬时脱扣整定电流值为

$$I_Z \geqslant K \times I_{st} \tag{6-2-1}$$

式中，K 为安全系数，可取 1.7；I_{st} 为电动机的起动电流（A）。

2. 熔断器

熔断器

熔断器如图 6-2-4 所示，是根据电流超过规定值一段时间后，以其自身产生的热量使熔体熔化而使电路断开，运用这种原理制成的一种电流保护器。熔断器广泛应用于高低压配电系统和控制系统以及用电设备中，作为短路和过电流保护器，是应用最普遍的保护器件之一。

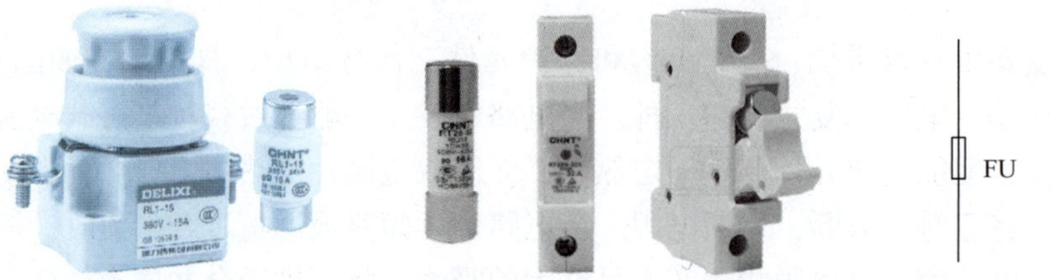

a) RL1–15型　　b) RT28N–32X型　　c) 电气符号

图 6-2-4　熔断器

熔断器型号含义：

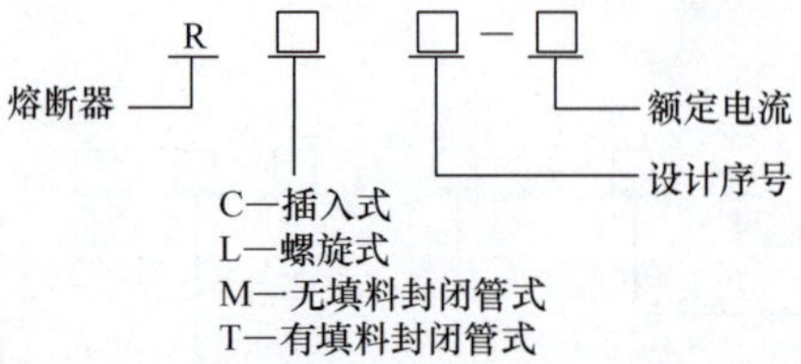

熔断器主要由熔体和安装熔体的熔管（或熔座）两部分组成。熔体是熔断器的主要部分，常做成片状或丝状；熔管是熔体的保护外壳，在熔体熔断时兼有灭弧作用。

熔体的材料有两类：一类是低熔点材料如铅、锡等合金制成的不同直径的圆丝（俗称保险丝），由于熔点低，不易熄弧，一般用在小电流电路中；一类是高熔点材料如银、铜等，用在大电流电路中，它熄弧较容易，但会引起熔断器过热，对过载保护作用较差。

每一种规格的熔体都有额定电流和熔断电流两个参数。通过熔体的电流小于其额定电流时，熔体不会熔断，只有在超过其额定电流并达到熔断电流时，熔体才会发热熔断。通过熔体的电流越大，熔体熔断越快，一般规定熔体通过的电流为额定电流的1.3倍时，应在1min以上熔断；通过额定电流的1.6倍时，应在1min内熔断；电流达到2倍额定电流时，熔体在30~40s熔断；当达到8~10倍额定电流时，熔体应瞬间熔断。熔断器对于过载时是很不灵敏的，当设备轻度过载时，熔断时间延迟很长，甚至不熔断。因此，熔断器不宜作为过载保护用，它主要作为短路保护用。熔断电流一般是熔体额定电流的2倍。

熔管有三个参数：额定工作电压、额定电流和断流能力。

若熔管的工作电压大于其额定工作电压，则当熔体熔断时可能出现电弧不能熄灭的危险；熔管内所装熔体的额定电流必须小于或等于熔管的额定电流；断流能力是表示熔管断开线路故障所能切断的最大电流。

经过正确选择的熔断器才能起到应有的保护作用。熔断器的选择方法如下：

（1）熔体额定电流的选择　对变压器、电炉及照明等负载的短路保护，熔体的额定电流应稍大于负载的额定电流。

对一台电动机负载的短路保护，熔体的额定电流I_{RN}应大于或等于1.5~2.5倍电动机额定电流I_N，即

$$I_{RN} \geqslant (1.5 \sim 2.5) I_N \tag{6-2-2}$$

对几台电动机同时保护时，熔体的额定电流应大于或等于其中最大容量的一台电动机的额定电流I_{Nmax}的1.5~2.5倍加上其余电动机的额定电流总和$\sum I_N$，即

$$I_{RN} \geqslant (1.5 \sim 2.5) I_{Nmax} + \sum I_N \tag{6-2-3}$$

在电动机功率较大而实际负载较小时，熔体额定电流可适当选小些，小到以起动时熔体不断为准。

（2）熔管的选择　熔管的额定电压必须大于或等于线路的工作电压。

熔管的额定电流必须大于或等于所装熔体的额定电流。

3. 接触器

接触器分为交流接触器（电压AC）和直流接触器（电压DC），主要应用于电力、配电与用电系统中。接触器广义上是指利用线圈流过电流产生磁场，使触点闭合，以达到控制负载的电器。

接触器可快速切断交流与直流主回路，可频繁地接通与断开大电流控制电路，所以经常应用于以电动机作为控制对象的电路中，接触器控制容量大，适用于频繁操作和远距离控制，是自动控制系统中的重要元件之一。

接触器主要由电磁机构、触点系统和灭弧装置组成，结构图如图6-2-5c所示。接触器的图形符号、文字符号如图6-2-5d所示。

1）电磁机构：电磁机构包括动铁心（衔铁）、静铁心和电磁线圈三部分，其作用是将电磁能转换成机械能，产生电磁吸力带动触点动作。

2）触点系统：触点又称为触头，是接触器的执行元件，用来接通或断开被控制电路。

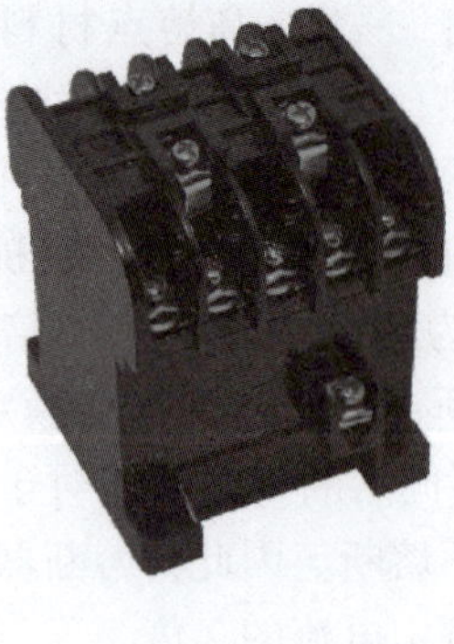

a) CJT1-10型

b) CJX1-9型

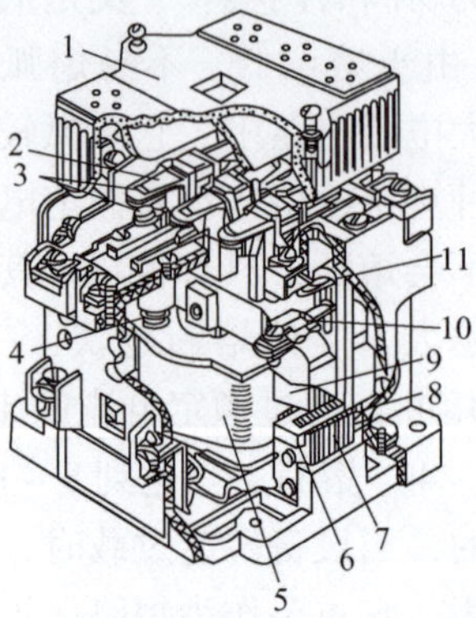

c) 结构图

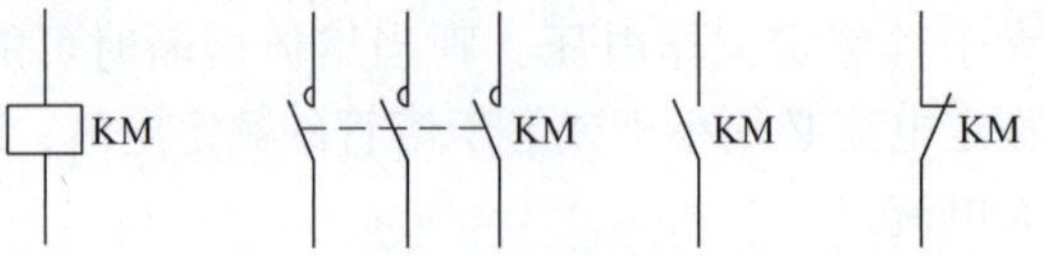

d) 电气符号(线圈、主触点、辅助常开触点、辅助常闭触点)

接触器

图 6-2-5 接触器

1—灭弧罩 2—触点压力弹簧片 3—主触点 4—反作用弹簧 5—线圈
6—短路环 7—静铁心 8—弹簧 9—动铁心 10—辅助常开触点 11—辅助常闭触点

触点的结构形式很多，按其所控制的电路可分为主触点和辅助触点。主触点用于接通或断开主电路，允许通过较大的电流；辅助触点用于接通或断开控制电路，只能通过较小的电流。

触点按其原始状态可分为常开触点（动合触点）和常闭触点（动断触点）。原始状态时（即线圈未通电）断开、线圈通电后闭合的触点叫常开触点；原始状态时闭合、线圈通电后断开的触点叫常闭触点。线圈断电后所有触点复位，即恢复到原始状态。

3）灭弧装置：在分断电流瞬间，触点间的气隙中会产生电弧，电弧的高温能将触点烧损，并可能造成其他事故。因此，应采用适当措施迅速熄灭电弧，常采用灭弧罩、灭弧栅和磁吹灭弧装置。例如图 6-2-6 所示的 CJ20 型接触器就有灭弧罩（灭弧室），它是用陶瓷或三聚氰胺（耐弧塑料）制成。

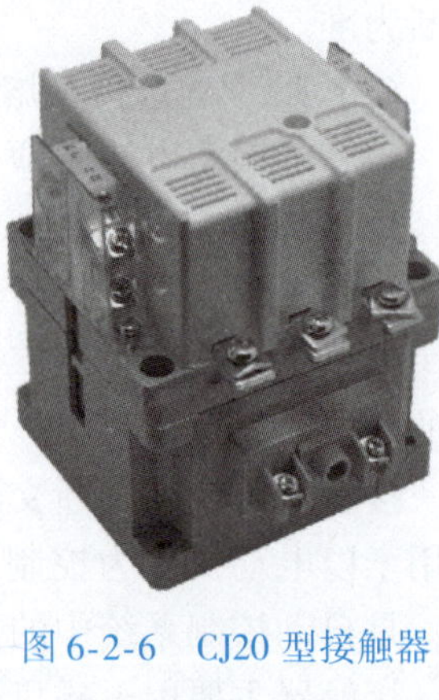

图 6-2-6 CJ20 型接触器

接触器线圈通电后，产生磁场，静铁心产生电磁力吸引衔铁，并带动触点动作，使常闭触点断开、常开触点闭合，两者是联动的。当线圈断电时，电磁力消失，衔铁在复位弹簧的作用下释放，触点复原，即常开触点断开、常闭触点闭合。接触器的工作原理如图 6-2-7 所示。

交流接触器线圈通以交流电，主触点接通、分断交流主电路。当交变磁通穿过铁心时，将产生涡流和磁滞损耗，使铁心发热。为减少铁损，铁心用硅钢片冲压而成。为便于散热，线圈做成短而粗的圆筒状绕在骨架上。为防止交变磁通使衔铁产生强烈振动和噪声，交流接触器铁心端面上都安装一个铜制的短路环，如图 6-2-8 所示。短路环的作用是减少交流接触器吸合时产生的振动和噪声。短

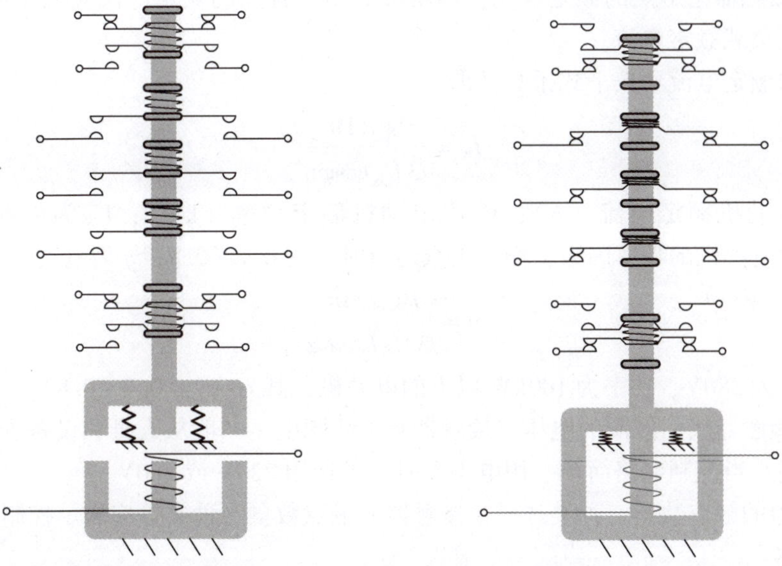

a) 线圈未通电状态，即原始状态　　b) 线圈通电后状态，即工作状态

图 6-2-7　交流接触器的工作原理

路环一般用钢、康铜或镍铬合金等材料制成。交流接触器的灭弧装置通常采用灭弧罩和灭弧栅。

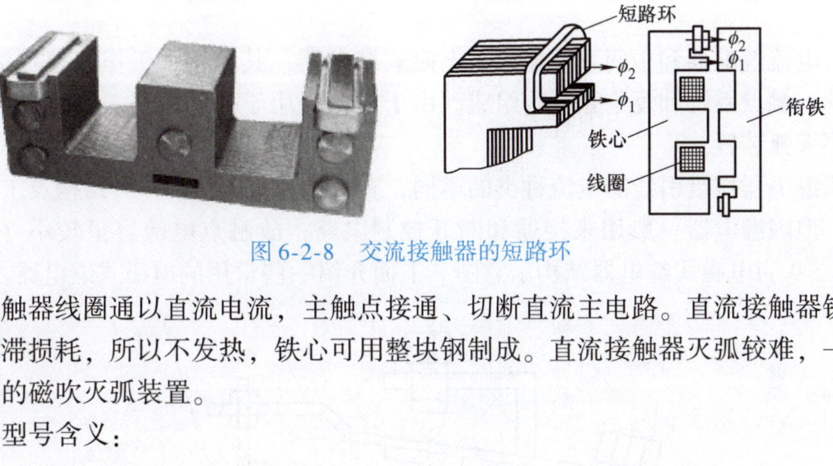

图 6-2-8　交流接触器的短路环

直流接触器线圈通以直流电流，主触点接通、切断直流主电路。直流接触器铁心中不产生涡流和磁滞损耗，所以不发热，铁心可用整块钢制成。直流接触器灭弧较难，一般采用灭弧能力较强的磁吹灭弧装置。

接触器型号含义：

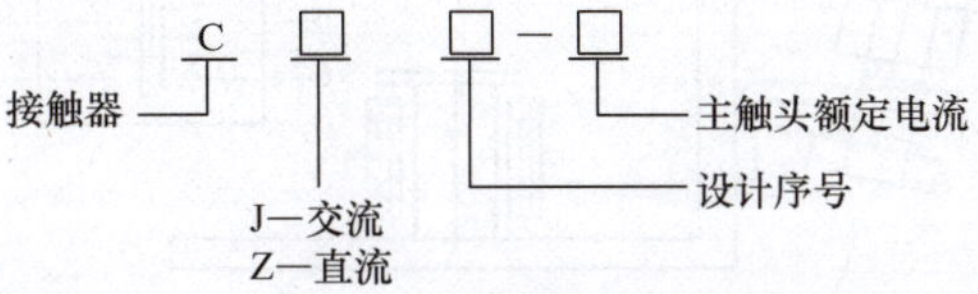

接触器的选择：

① 选择接触器触点的额定电压：通常选择接触器触点的额定电压大于或等于负载回路的额定电压。

② 选择接触器主触点的额定电流：选用接触器主触点的额定电流应大于或等于电动机的额定电流或负载额定电流。

电动机的额定电流可按下式推算，即

$$I_N = \frac{P_N \times 10^3}{\sqrt{3} U_N \cos\varphi\eta} \tag{6-2-4}$$

式中，I_N 为电动机额定电流（A）；P_N 为电动机额定功率（kW）；U_N 为电动机额定电压（V）；$\cos\varphi$ 为电动机的功率因数，额定负载运行时，为0.7～0.8；η 为电动机效率。

$$\eta = \frac{P_N \times 10^3}{\sqrt{3} U_N I_N \cos\varphi} \tag{6-2-5}$$

额定电压为380V、功率为100kW以下的电动机，其 $\cos\varphi$ 为0.7～0.82。

③ 选择接触器吸引线圈的电压：接触器吸引线圈电压一般从人身和设备安全角度考虑，可选择低一些；当控制电路简单、用电不多时，可选用220V或380V。

④ 接触器的触点数量、种类选择：接触器的触点数量、种类等应满足控制电路的要求。

4. 继电器

继电器实际上是用较小的电流去控制较大电流的一种“自动开关”。它在电路中起着自动调节、安全保护、转换电路等作用。它具有输入电路（又称感应元件）和输出电路（又称执行元件），当感应元件中的输入量（如电流、电压、温度、压力等）变化到某一定值时继电器动作，执行元件便接通和断开控制回路。控制继电器种类繁多，常用的有电流继电器、电压继电器、中间继电器、时间继电器、热继电器以及温度、压力、计数、频率继电器等。

电压、电流继电器和中间继电器属于电磁式继电器，其结构、工作原理与接触器相似，由电磁系统、触点系统和复位弹簧等组成。由于继电器用于控制电路，流过触点的电流小，所以不需要灭弧装置。

电磁式继电器按吸引线圈电流种类的不同，有直流和交流两种。其结构及工作原理与接触器相似，但因继电器一般用来接通和断开控制电路，故触点电流容量较小（一般5A以下）。图6-2-9为电磁式继电器结构示意图。下面介绍一些常用的电磁式继电器。

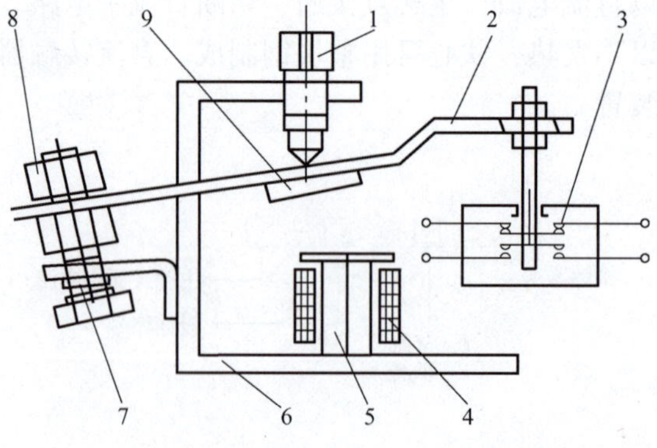

图6-2-9 电磁式继电器结构示意图

1—调整螺钉 2—衔铁 3—触点 4—线圈 5—铁心 6—磁轭
7—弹簧 8—调整螺母 9—非磁性垫片

(1) 电流继电器　电流继电器的线圈串联在被测量电路中，以反映电路电流的变化。为了不影响电路工作情况，电流继电器线圈匝数少，导线粗，线圈阻抗小。

电流继电器有欠电流继电器和过电流继电器两类。欠电流继电器的吸引电流为线圈额定电流的30%～65%，释放电流为额定电流的10%～20%，因此，在电路正常工作时，衔铁是吸合的，只有当电流降低到某一整定值时，继电器释放，输出信号。过电流继电器在电路正常工作时不动作，当电流超过某一整定值时才动作，整定范围通常为1～4倍额定电流。

在机床电气控制系统中，电流继电器主要根据主电路内的电流种类和额定电流来选择。

(2) 电压继电器　电压继电器的结构与电流继电器相似，不同的是电压继电器线圈为并联的电压线圈，所以匝数多，导线细，阻抗大。

电压继电器按动作电压值的不同，有过电压继电器、欠电压继电器和零电压继电器之分。过电压继电器在电压为额定电压的110%～115%以上时有保护动作；欠电压继电器在电压为额定电压的40%～70%时有保护动作；零电压继电器当电压降至额定电压的5%～25%时有保护动作。

(3) 中间继电器　中间继电器实质上是电压继电器的一种，它的触点数多（有6对或更多），触点电流容量大，动作灵敏。其主要用途是当其他继电器的触点数或触点容量不够时，可借助中间继电器来扩大它们的触点数或触点容量，从而起到中间转换的作用。

中间继电器主要依据被控制电路的电压等级、触点的数量、种类及容量来选用。机床上常用的中间继电器有交流中间继电器和交直流两用中间继电器。

电磁式继电器的图形符号一般是相同的，如图6-2-10所示。

a) 线圈　b) 常开触点　c) 常闭触点

图6-2-10　电磁式继电器符号

电流继电器的文字符号为KI，线圈方格中用 $I>$（或 $I<$）表示过电流（或欠电流）继电器。电压继电器的文字符号为KV，线圈方格中用 $U<$（或 $U=0$）表示欠电压（或零电压）继电器。

(4) 时间继电器　时间继电器是一种用来实现触点延时接通或断开的控制电器，按其动作原理与构造不同，可分为电磁式、空气阻尼式、电动式和晶体管式等类型。机床控制线路中应用较多的是空气阻尼式时间继电器，目前晶体管式时间继电器、电子式时间继电器也获得了越来越广泛的应用。

空气阻尼式时间继电器是利用空气阻尼作用获得延时的，有通电延时和断电延时两种类型。时间继电器的结构如图6-2-11所示。它主要由电磁机构、延时机构和工作触点三部分组成。其工作原理如下：

图6-2-11b为通电延时型时间继电器。当线圈1通电后，铁心2将衔铁3吸合，推板5使微动开关16立即动作，活塞杆6在塔形弹簧的作用下，带动活塞13及橡皮膜9向上移动，由于橡皮膜下方气室空气稀薄，形成负压，因此活塞杆6不能迅速上移。当空气由进气孔12进入时，活塞杆6才逐渐上移，当移到最上端时，杠杆14使微动开关15动作。延时时间为自电磁铁吸引线圈通电时刻起到微动开关动作时为止的这段时间。通过调节螺杆11调节进气孔的大小，就可以调节延时时间。

当线圈1断电时，衔铁3在复位弹簧4的作用下将活塞13推向最下端。因活塞被往下推时，橡皮膜下方气室内的空气，通过橡皮膜9、弱弹簧8和活塞13肩部所形成的单向阀，经上气室缝隙顺利排掉，因此延时与不延时的微动开关15与16都迅速复位。

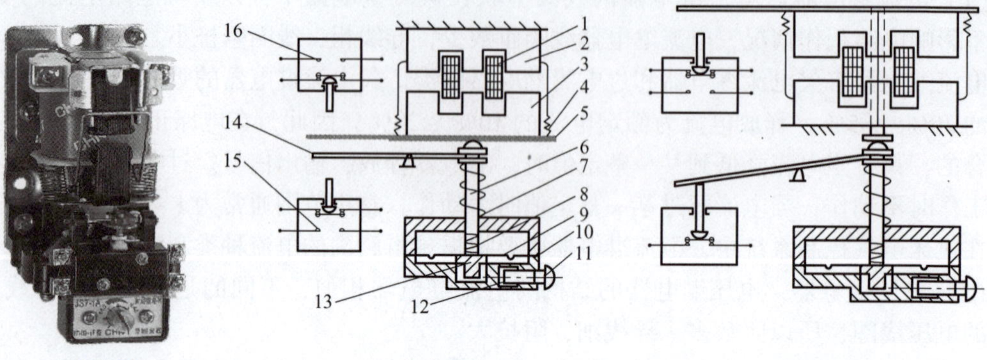

a) 实物图　　b) 通电延时型　　c) 断电延时型

图 6-2-11　时间继电器动作原理图

1—线圈　2—铁心　3—衔铁　4—复位弹簧　5—推板　6—活塞杆　7—塔形弹簧　8—弱弹簧　9—橡皮膜　10—空气室壁　11—调节螺杆　12—进气孔　13—活塞　14—杠杆　15、16—微动开关

将电磁机构翻转 180°安装后，可得到图 6-2-11c 所示的断电延时型时间继电器。它的工作原理与通电延时型相似，微动开关 15 是在吸引线圈断电后延时动作的。

空气阻尼式时间继电器的优点是：结构简单、寿命长、价格低廉，还附有不延时的触点，所以应用较为广泛。缺点是：准确度低，延时误差大，因此在要求延时精度高的场合不宜采用。

晶体管式时间继电器具有延时范围广、体积小、精度高、调节方便及寿命长等优点，所以发展快，应用广泛。

电子式时间继电器又称半导体时间继电器。利用半导体器件做成的时间继电器，具有适用范围广、延时精度高、调节方便、寿命长等一系列的优点，被广泛应用于自动控制系统中。半导体延时电路大致可分为阻容式(电阻与电容构成）和数字式两大类，如果延时电路的输出是有触点的继电器则称为触点输出，若输出是无触点元件则称为无触点输出。

选择时间继电器主要根据控制回路所需要的延时触点的延时方式、瞬时触点的数目以及使用条件来选择。

时间继电器的图形符号如图 6-2-12 所示，文字符号为 KT。

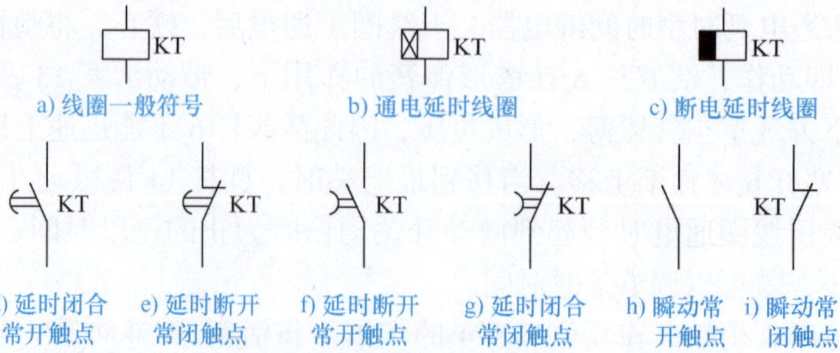

a) 线圈一般符号　　b) 通电延时线圈　　c) 断电延时线圈

d) 延时闭合常开触点　　e) 延时断开常闭触点　　f) 延时断开常开触点　　g) 延时闭合常闭触点　　h) 瞬动常开触点　　i) 瞬动常闭触点

图 6-2-12　时间继电器的图形符号

（5）热继电器　很多工作机械因操作频繁及过载等原因，会引起电动机定子绕组中电流增大、绕组温度升高等现象。若电动机过载不大、时间较短，只要电动机绕组不超过允许的温升，这种过载是允许的。若过载时间过长或电流过大，使绕组温升超过了允许值时，将会损坏绕组的绝缘，缩短电动机的使用年限，严重时甚至会使电动机绕组烧毁。电路中虽有熔断器，但熔体的额定电流为电动机额定电流的 1.5～2.5 倍，故不能可靠地起过载保护作用，为此，要采用热继电器作为电动机的过载保护。

热继电器的结构和工作原理：热继电器主要由热元件、双金属片、触点系统等组成。其外形及结构如图 6-2-13 所示。

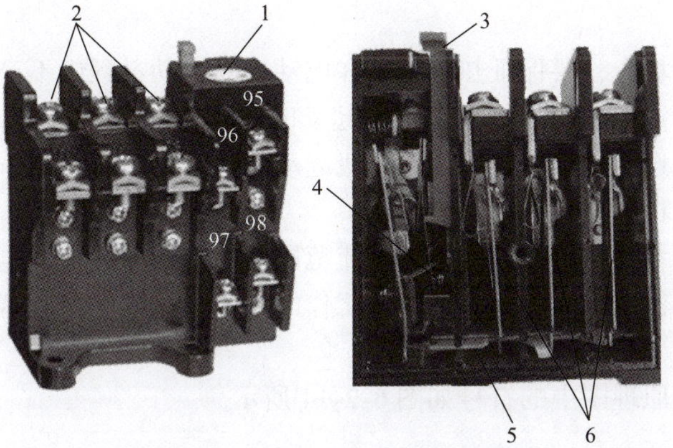

图 6-2-13　热继电器的外形及结构

1—整定电流装置　2—主电路接线柱　3—复位按钮　4—常闭触点　5—动作机构　6—热元件

在一般情况下，由于电源的三相电压均衡，电动机的绝缘良好，电动机的三相线电流必将相等，应用两相结构的热继电器已能对电动机的过载进行保护；但当三相电源严重不平衡或电动机的绕组内部发生短路故障时，就有可能使电动机的某一相的线电流比其余两相的线电流要高。若该相线路中，恰巧没有热元件，就不能可靠地起到保护作用。因此考虑到这种情况，就必须选用三相结构的热继电器。

热继电器所保护的电动机，如果是星形联结的，当线路上发生一相断路（如一相熔断器熔体熔断）时，另外两相发生过载，但此时流过热元件的电流也就是电动机绕组的电流（线电流等于相电流），因此用普通的两相或三相结构的热继电器都可以起到保护作用。如果电动机是三角形联结的，发生断相时，由于是在三相中发生局部过载，而线电流大于相电流，故用普通的两相和三相结构的热继电器就不能起到保护作用，必须采用带断相保护装置的热继电器，它不仅具有一般热继电器的保护性能，而且当三相电动机一相断路或三相电流严重不平衡时，它能及时动作，起到保护作用（即断相保护特性）。

热继电器适用于轻载起动、长期工作或间断工作时作为电动机的过载保护；对频繁和重载起动时，则不能起到充分的保护作用，也不能做短路保护，因双金属片受热膨胀需要一定时间，当电动机发生短路时，电流很大，热继电器还来不及动作时，供电线路和电源设备就有可能已受损坏，因此，短路保护必须由熔断器来完成。

热继电器的常用型号意义：

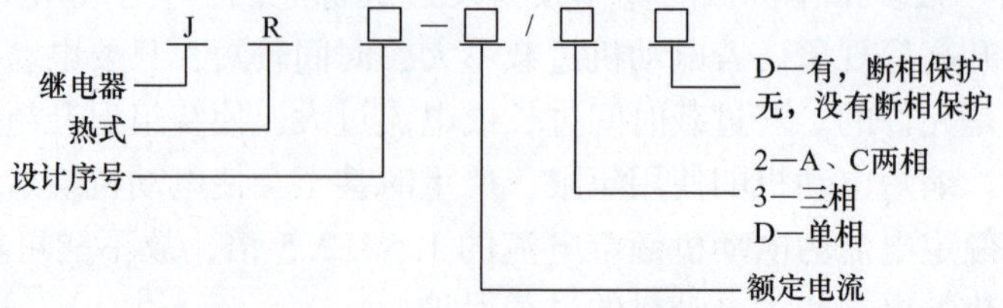

热继电器的选用：原则上热继电器的额定电流应按电动机的额定电流选择。但对于过载能力较差的电动机，其配用的热继电器的额定电流应适当小些。通常选取热继电器的额定电流（实际上是选取热元件的额定电流）为电动机额定电流的60% ~80%，并应校验动作特性。

在不频繁起动的场合，要保证热继电器在电动机的起动过程中不产生误动作。通常当电动机起动电流为其额定电流的6倍及以下、起动时间不超过5s时，若很少连续起动，就可按电动机的额定电流选用热继电器。当电动机起动时间较长，就不宜采用热继电器，而采用过电流继电器作为保护。

热继电器的主要参数是热元件的整定电流范围，通常选择的整定电流范围的中间值应等于或稍大于电动机的额定电流，每一种额定工作电流等级热继电器有若干不同额定电流的热元件可供选择。

热继电器在电气原理图中的符号如图6-2-14所示。

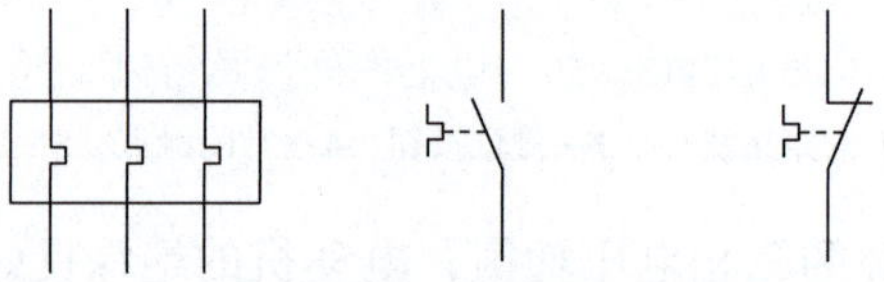

a) 热元件　　b) 常开触点　　c) 常闭触点

图6-2-14　热继电器的电路符号

（6）速度继电器　速度继电器根据电磁感应原理制成的，用于转速的检测，如用来在三相交流异步电动机反接制动转速过零时，自动断开反相序电源。图6-2-15为其结构原理图。速度继电器主要由转子、圆环（笼型空心绕组）和触点三部分组成。

转子由一块永久磁铁制成，与电动机同轴相联，用以接受转动信号。当转子（磁铁）旋转时，笼型绕组切割转子磁场产生感应电动势，形成环内电流，此电流与磁铁磁场作用产生电磁转矩，圆环在此力矩的作用下带动摆锤，克服弹簧力而顺转子转动的方向摆动，并拨动触点改变其通断状态（在摆锤左右各设一组切换触点，分别在速度继电器正转和反转时发生作用）。

速度继电器的动作转速一般不低于120r/min，复位转速约在100 r/min以下，工作时允许的转速高达1000 ~3600r/min。

速度继电器的图形符号如图6-2-16所示，文字符号为KS。

（7）固态继电器　固态继电器（Solid State Relay，SSR），是20世纪70年代中后期发展起来的一种无触点继电器。由于它具有可靠性高、开关速度快和工作频率高、使用寿命长、便于小型化、输入控制电流小以及与TTL、CMOS等集成电路有较好的兼容性等一系列优点，不仅在许多自动控制装置中替代了常规的继电器，而且在常规继电器无法应用的一些

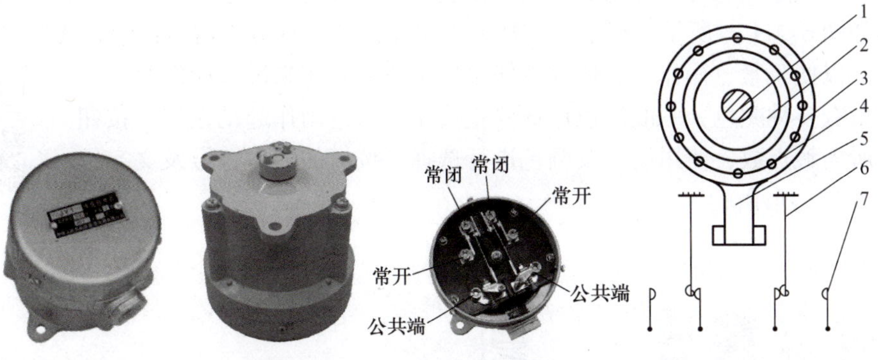

图 6-2-15 速度继电器结构原理图

1—转轴 2—转子 3—定子 4—绕组 5—摆锤 6—簧片 7—触点

领域，如在微型计算机数据处理系统的终端装置、可编程序控制器的输出模块、数控机床的程控装置以及在微机控制的测量仪表中都有用武之地。随着我国电子工业的迅速发展，其应用领域正在不断扩大。

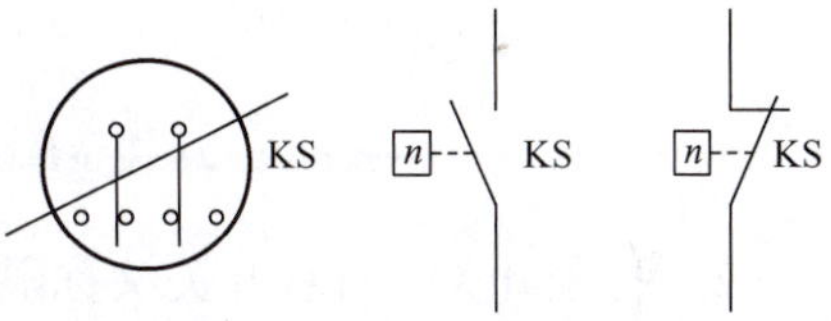

图 6-2-16 速度继电器符号

固态继电器是具有两个输入端和两个输出端的一种四端器件，其输入与输出之间通常采用光电耦合器隔离，并称其为全固态继电器。固态继电器按输出端负载的电源类型可分为直流型和交流型两类。其中直流型是以功率晶体管的集电极和发射极作为输出端负载电路的开关控制的，而交流型是以双向三端晶闸管的两个电极作为输出端负载电路的开关控制的。固态继电器的形式有常开式和常闭式两种，当固态继电器的输入端施加控制信号时，其输出端负载电路常开式的被导通、常闭式的被断开。

交流型的固态继电器，按双向三端晶闸管的触发方式可分为非过零型和过零型两种。其主要区别在于交流负载电路导通的时刻不同，当输入端施加控制信号电压时，非过零型负载端开关立即动作，而过零型的必须等到交流负载电源电压过零（接近 0V）时，负载端开关才动作。输入端控制信号撤消时，过零型的也必须等到交流负载电源电压过零时负载端开关才复位。

固态继电器的输入端要求有几个 mA 至 20mA 的驱动电流，最小工作电压为 3V，所以 MOS 逻辑信号通常要经晶体管缓冲级放大后再去控制固态继电器，对于 CMOS 电路可利用 NPN 型晶体管缓冲器。当输出端的负载容量很大时，直流固态继电器可通过功率晶体管（交流固态继电器通过双向晶闸管）再驱动负载。

当温度超过 35℃左右后，固态继电器的负载能力（最大负载电流）随温度升高而下降，因此使用时必须注意散热或降低电流使用。

对于容性或电阻类负载，应限制其开通瞬间的浪涌电流值（一般为负载电流的 7 倍）；对于电感性负载，应限制其瞬时峰值电压值，以防损坏固态继电器。

5. 主令电器

自动控制系统中用于发送控制指令的电器称为主令电器。常用的主令电器有按钮、行程开关、接近开关及万能开关等几种。

（1）按钮 按钮通常用作短时接通或断开小电流控制电路的开关。按钮是由按钮帽、复位弹簧、桥式触点和外壳等组成。通常制成具有常开触点和常闭触点的复合式结构，其结构示意图如图 6-2-17b 所示。指示灯式按钮内可装入信号灯显示信号；紧急式按钮装有蘑菇形按钮帽，以便于紧急操作。旋钮式按钮是用手扭动旋钮来进行操作的。

按钮帽有多种颜色，一般红色用作停止按钮，绿色用作起动按钮。按钮主要根据所需触点数、使用场合及颜色进行选择。按钮的图形符号及文字符号如图 6-2-17c 所示。

按钮

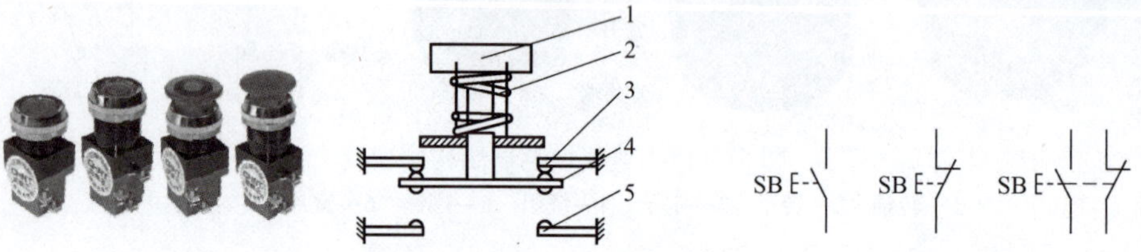

a) 实物图　　b) 结构图　　c) 图形符号

图 6-2-17　按钮结构、符号

1—按钮帽　2—复位弹簧　3—常闭静触点　4—动触点　5—常开静触点

（2）行程开关　行程开关又称限位开关，是根据运动部件位置而切换的自动控制电器，用来控制运动部件的运动方向、行程大小或位置保护。行程开关有机械式和电子式两种，机械式行程开关常见的有按钮式和滑轮式两种。图 6-2-18 为行程开关实物图、图形符号。

（3）接近开关　行程开关是有触点开关，工作时由挡块与行程开关的滚轮或触杆碰撞使触点接通或断开的。在操作频繁时，易产生故障，工作可靠性较低。接近开关是无触点开关，具有工作稳定可靠、使用寿命长、重复定位精度高、动作迅速等优点，因此在工业控制系统中应用越来越广泛。图 6-2-19 为接近开关实物图、图形符号。

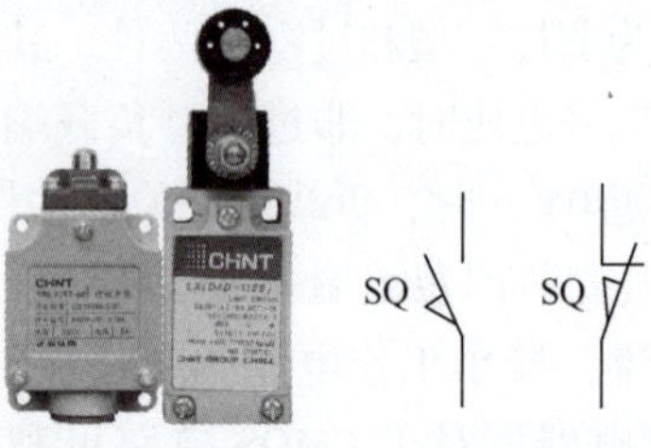

a) 实物图　　b) 图形符号

图6-2-18　行程开关实物图、图形符号

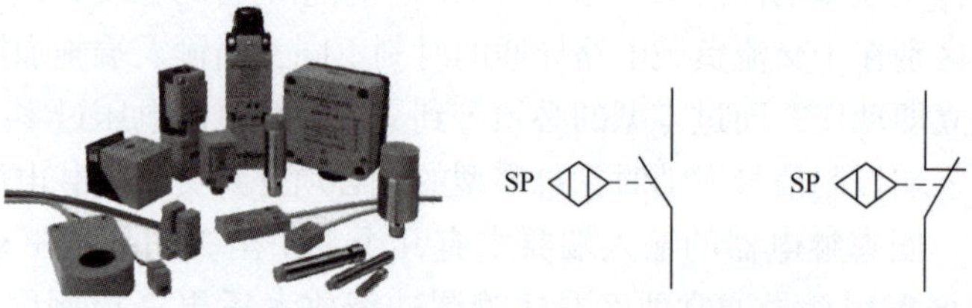

a) 实物图　　b) 图形符号

图 6-2-19　接近开关实物图、图形符号

6. 接线端子

接线端子如图 6-2-20 所示，是用于实现电气连接的一种配件产品，工业上划分为连接器的范畴。接线端子是为了方便导线的连接而应用的，它其实就是一段封在绝缘塑料里面的金属片，两端都有孔可以插入导线，有螺钉用于紧固或者松开，比如两根导线，有时需要连接，有时又需要断开，这时就可以用端子把它们连接起来，并且可以随时断开，而不必把它们焊接起来或者缠绕在一起，方便快捷。而且适合大量的导线互连，在电力行业就有专门的端子排、端子箱，上面全是接线端子，单层的、双层的，电流的，电压的、普通的、可断的，等等。一定的压接面积是为了保证可靠接触，以及保证能通过足够的电流。

接线端子种类繁多，大致可以分为：欧式接线端子系列、插拔式接线端子系列、变压器接线端子、建筑物布线端子、栅栏式接线端子系列、弹簧式接线端子系列、轨道式接线端子系列、穿墙式接线端子系列，光电耦合型接线端子系列、110 端子、205 端子、250 端子、187 端子、OD2.2 圆环端子、2.5 圆环端子、3.2 圆环端子、4.2 圆环端子、2 圆环端子、6.4 圆环端子、8.4 圆环端子、11 圆环端子、13 圆环端子、旗型系列端子和护套系列、各类环形端子、管形端子、接线端子、铜带铁带（2－03、4－03、4－04、6－03、6－04）等。

图 6-2-20　接线端子

7. 电气控制电路工作原理分析

电动机接通电源后，由静止状态逐渐加速到稳定运行状态的过程称为电动机的起动。

直接起动又叫全压起动，它是通过电器将额定电压直接加在电动机的定子绕组上，使电动机运转。其优点是所需电气设备少，电路简单；缺点是起动电流大。

小容量电动机（10kW 及以下）可以直接起动。判断一台交流电动机能否直接起动，也可根据下列经验公式确定：

$$\frac{I_{ST}}{I_N} \leqslant \frac{3}{4} + \frac{\text{电源变压器的容量(kV·A)}}{4\times\text{电动机额定功率(kW)}} \tag{6-2-6}$$

式中，I_{ST}为电动机全压起动电流（A）；I_N 为电动机的额定电流（A）。

符合本公式，可以直接起动；不符合本公式，则应采用减压起动。

一般情况下，当电动机容量不超过电源变压器容量的 15% ~20% 时，都允许直接起动。

三相异步电动机手动直接起动控制

在一些场合，为了便于控制容量较大、起动频繁的电动机，如果采用手动直接起动就容易烧坏开关，控制也不方便，这时就可以选用合适的继电器进行间接控制。

（1）手动直接控制　手动直接控制电动机起动，可以用刀开关来接通或断开电源（如用刀开关，一般需要在开关下端加装熔断器做短路及过载保护）；也可以用断路器来接通或断开电源（断路器一般自带短路、过载等保护功能，可以不用另外安装熔断器）。手动直接控制原理图如图 6-2-21 所示。

原理分析：

1）接通电源开关 QF→电动机 M 接通三相交流电源→M 起动运行。

2）断开电源开关 QF→电动机 M 脱离三相交流电源→M 停止。

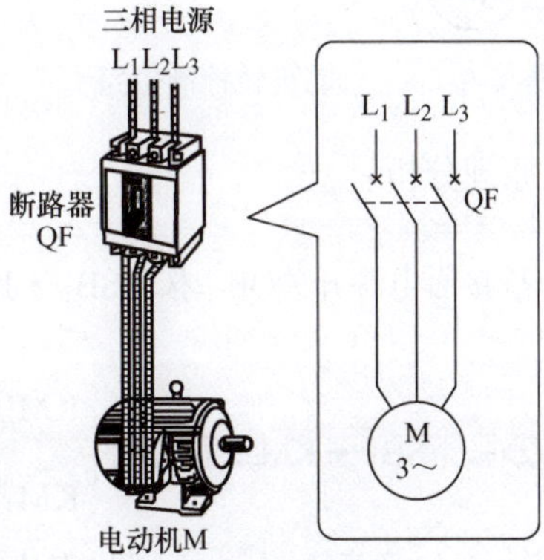

图 6-2-21　手动直接控制电路原理图

（2）继电器控制　继电器是一种电子控制器件，它具有控制系统（又称输入回路）和被控制系统（又称输出回路），通常应用于自动控制电路中，它实际上是用较小的电流去控制较大电流的一种“自动开关”。故在电路中起着自动调节、安全保护、转换电路等作用。继电器种类繁多，一般选用接触器来控制电动机起动，图 6-2-22 为一个简单的接触器控制电路。当按下按钮 SB 时接触器 KM 线圈得电产生电磁场，使 KM 铁心被磁化带有磁性，KM 的衔铁被铁心吸合促使安装在衔铁上的动触点发生位移，移动后的动触点与静触点接触接通电路，电动机起动旋转。

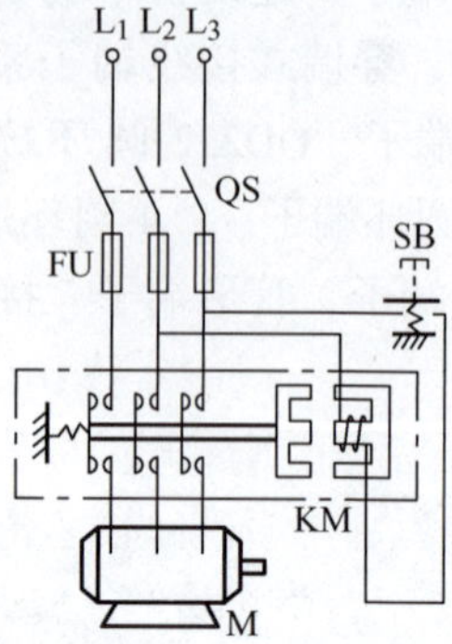

图 6-2-22　接触器控制电路

1）点动控制。点动控制电路是用按钮和接触器控制电动机的最简单的控制电路，当按钮按下时电动机就运转，按钮松开后电动机就停止的控制方式，称为点动控制。点动控制电路图如图 6-2-23 所示。

三相异步电动机点动控制

原理分析：

① 接通电源开关 QF→按下 SB→KM 线圈得电→KM 主触点闭合→M 得电全压起动运行。

② 松开 SB→KM 线圈失电→KM 主触点复位断开→M 失电惯性运行至停止。

2）自锁控制（起保停）。自锁控制电路图如图 6-2-24 所示。

三相异步电动机自锁控制

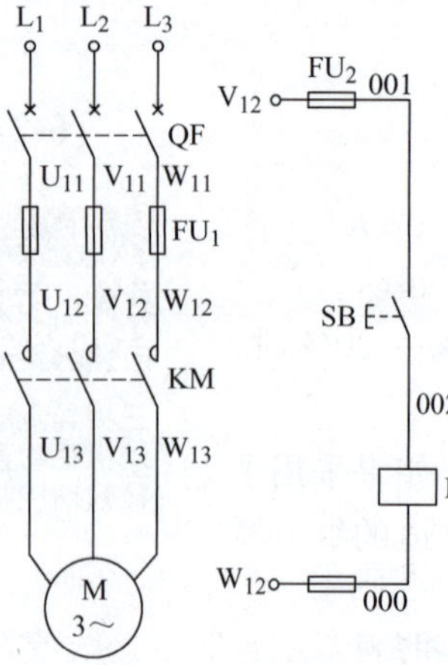

图 6-2-23　点动正转控制电路

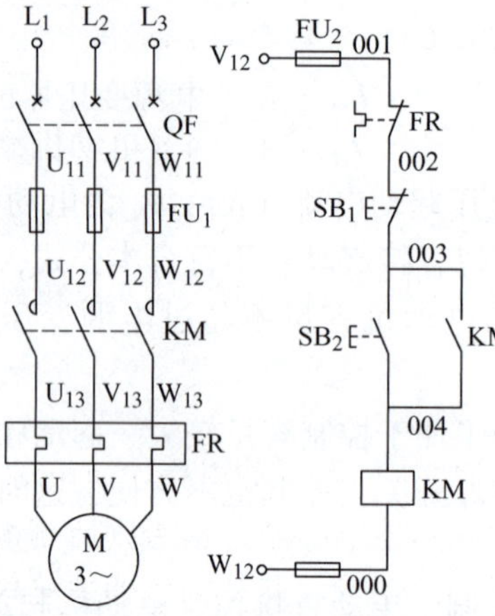

图 6-2-24　自锁控制电路

原理分析：

① 接通电源开关QF，按下SB_2→KM线圈得电{KM主触点闭合；KM常开触点闭合(自锁)}→M全压起动连续运行。

② 按下SB_1→KM线圈失电{KM主触点复位；KM常开触点复位(解锁)}→M失电惯性运行至停止。

8. 三相异步电动机控制电路故障分析、排除方法——电阻法

下面介绍使用万用表进行测量的方法。

（1）分阶测量法　电阻的分阶测量法如图 6-2-25 所示。

按下起动按钮 SB_2，接触器 KM 不吸合，该电气回路有断路故障。

用万用表的电阻挡检测前应先断开电源，然后按下 SB_2 不放松，先测量 1－5 两点间的电阻，如电阻值为无穷大，则说明 1－5 之间的电路断路。然后分阶测量 1－2、1－3、1－4 各点间电阻值。若电路正常，则该两点间的电阻值为“0”；当测量到某标号间的电阻值为无穷大时，则说明表笔刚跨过的触点或连接导线断路。

（2）分段测量法　如图 6-2-26 所示。检查时，先切断电源，按下起动按钮 SB_2，然后依次逐段测量相邻两标号点 1－2、2－3、3－4、4－5 间的电阻。如测得某两点间的电阻力无穷大，则说明这两点间的触点或连接导线断路。例如当测得 2－3 两点间电阻值为无穷大时，则说明停止按钮 SB_1 或连接 SB_1 的导线断路。

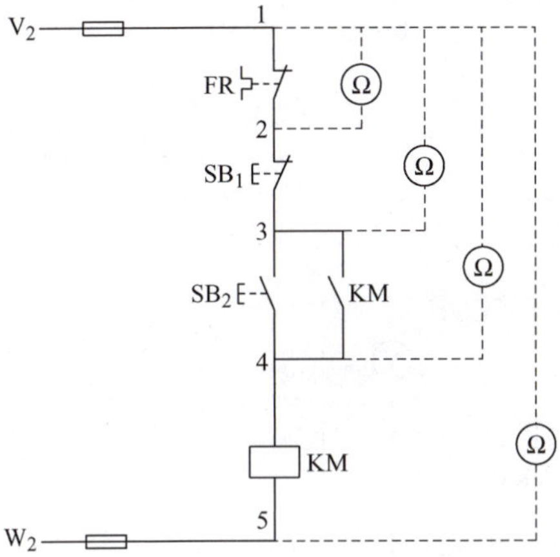

图 6-2-25　电阻的分阶测量法

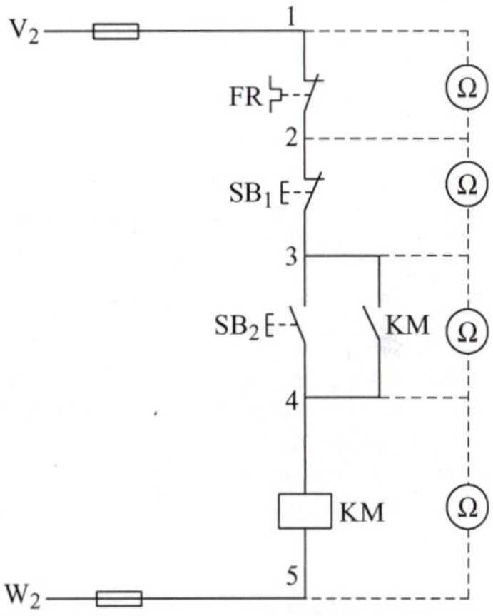

图 6-2-26　电阻的分段测量法

电阻测量法的优点是安全，缺点是测得的电阻值不准确时，容易造成判断错误。为此应注意下列几点：

1）用电阻测量法检查故障时一定要断开电源。

2）如被测电路有寄生回路，如电路中有电源变压器回路或与其他电路并联，就必须将该电路与变压器线圈或其他电路断开，否则所测得的电阻值是不准确的。图 6-2-27a 中，被测电路与变压器串联，检测时应断开变压器连接导线，否则检测时将显示含变压器线圈的检测结果；图 6-2-27b 中，KM_1 线圈与 KM_2 线圈并联，检测时必须断开一个线圈线路（如：检测 KM_1 线圈线路，则应断开 KM_2 线圈线路，否则检测时将显示含 KM_2 线圈线路的检测结果）。

3）测量高电阻值的电气元件时，应将万用表的选择开关旋转至适合电阻档。

9. 三相异步电动机控制电路故障分析、排除方法——电压法

检查时把万用表的选择开关旋到交流电压 700V 档位上。

（1）分阶测量法　电压的分阶测量法如图 6-2-28 所示。

检查时，首先用万用表测量 1、5 两点间的电压，若电路正常应为 380V。然后按住起动按钮 SB_2 不放，同时将黑表笔接到点 5 上，红表笔按 4、3、2 标号依次向前移动，分别测量 5－4、5－3、5－2 各阶之间的电压，电路正常情况下，各阶的电压值均为 380V。如测到 5－4 之间无电压，则说明是断路故障，此时可将红表笔向前移，当移至某点（如 2 点）时

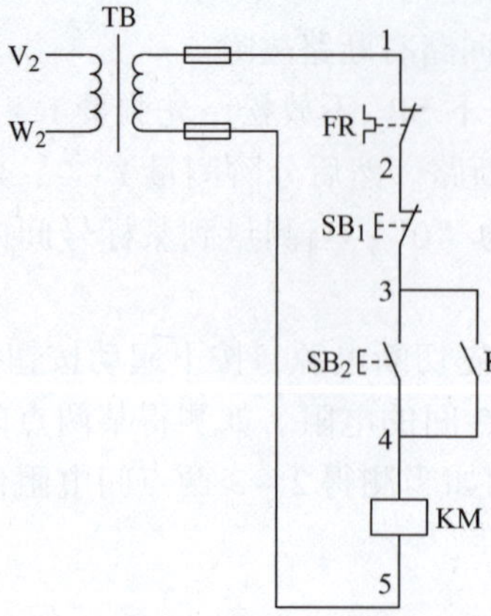

a) 电路中有电源变压器回路

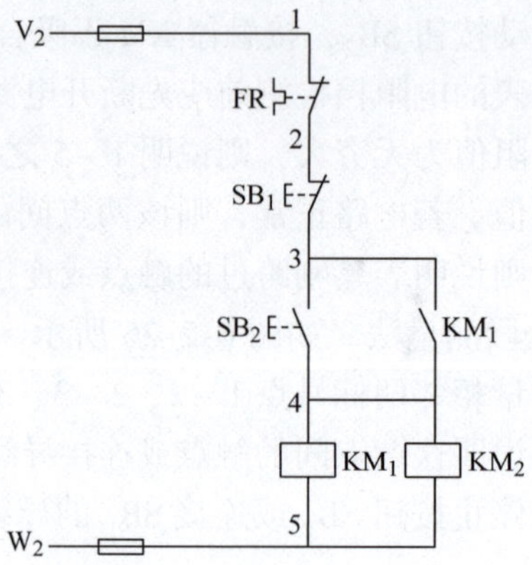

b) 与其他电路并联

图 6-2-27 寄生回路

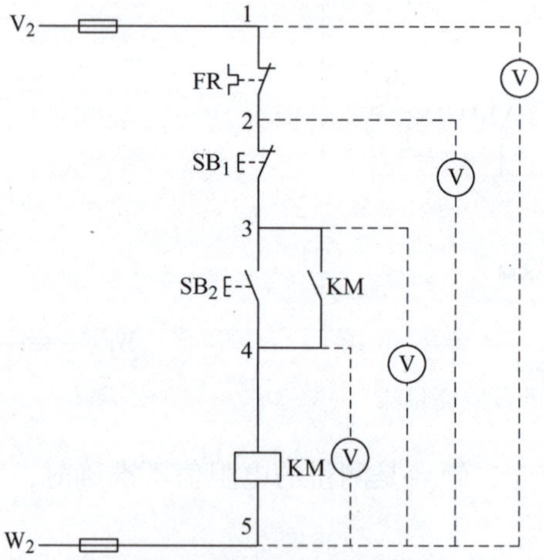

图 6-2-28 电压分阶测量法

电压正常，则说明点 2 以前的触点或接线有断路故障。一般是点 2 后第一个触点（即刚跨过的停止按钮 SB_1 的触点）或连接线断路。

根据各阶电压值来检查故障的方法见表 6-2-1。

表 6-2-1 分阶测量法判别故障原因

故障现象	测试状态	5 - 4	5 - 3	5 - 2	5 - 1	故障原因
按下 SB_2，KM 不吸合	按下 SB_2 不放松	0	380V	380V	380V	SB_2 常开触点接触不良
		0	0	380V	380V	SB_1 常闭触点接触不良
		0	0	0	380V	FR 常闭触点接触不良

这种测量方法像上台阶一样，所以称为分阶测量法。

（2）分段测量法 电压的分段测量法如图 6-2-29 所示。

先用万用表测试 1、5 两点，若电压值为 380V，则说明电源电压正常。

电压的分段测试法是将红、黑两表笔逐段测量相邻两标号点 1－2、2－3、3－4、4－5 间的电压。

如电路正常，按 SB_2 后，除 4－5 两点间的电压等于 380V 之外，其他任何相邻两点间的电压值均为零。

如按下起动按钮 SB_2，接触器 KM 不吸合，则说明发生断路故障，此时可用电压表逐段测试各相邻两点间的电压。如测量到某相邻两点间的电压为 380V 时，则说明这两点间所包含的触点、连接导线接触不良或有断路故障。例如标号 2－3 两点间的电压为 380V，则说明按钮 SB_1 的常闭触点接触不良。

根据各段电压值来检查故障的方法见表 6-2-2。

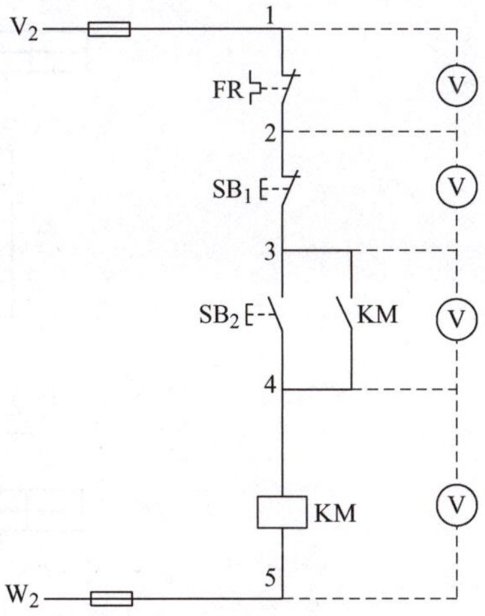

图 6-2-29　电压的分段测量法

表 6-2-2　分段测量法判别故障原因

故障现象	测试状态	1－2	2－3	3－4	故障原因
按下 SB_2，KM 不吸合	按下 SB_2 不放松	380V	0	0	FR 常闭触点接触不良
		0	380V	0	SB_1 常闭触点接触不良
		0	0	380V	SB_2 常开触点接触不良

四、测试与训练

1. 安装、调试手动直接起动控制电路

（1）材料准备　根据手动直接起动控制电路的原理图准备好所需材料，材料清单见表 6-2-3。

表 6-2-3　手动直接起动控制电路材料清单

序号	名称	数量	备注
1	DZ15 系列断路器	1 只	型号自定
2	RL15 系列熔断器	3 只	型号自定
3	TD－15 接线端子	2 条	型号自定
4	三相异步电动机	1 台	根据实际情况而定，可几组共用 1 台
5	电工实训接线板	1 块	
6	导线	若干	
7	常用电工工具	1 套	
8	万用表	1 块	

（2）绘制安装布线图、安装元器件　手动直接起动控制电路布线图如图 6-2-30 所示，在安装接线前用万用表检查各电器元件的质量情况，更换已损坏的部件。按布置图把相应元件固定在接线板上，要做到安装牢固、排列整齐、布置合理、便于走线和更换元件。

（3）按工艺要求安装接线　接线工艺要求见表 6-1-2。

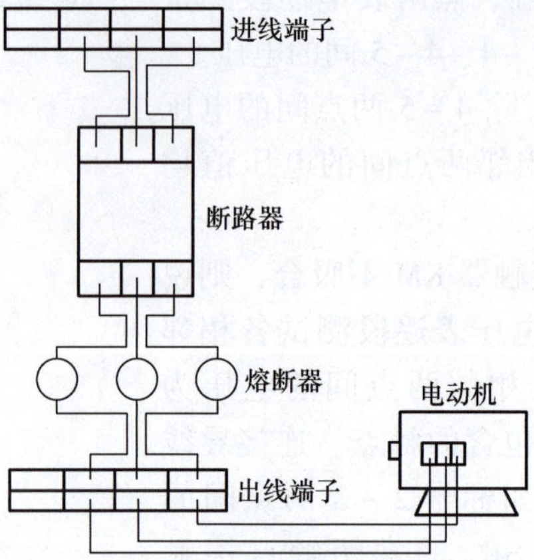

图 6-2-30 手动直接起动控制电路布线图

（4）调试 使用万用表测量以下数据，将测量数据填入表 6-2-4 中。

表 6-2-4 手动直接起动控制电路测试数据表

序号	名称	测量数据	核对	备注
1	A 相进线端子至出线端子电阻/Ω		□正确 □错误	不接电动机，不接电源，合上断路器
2	B 相进线端子至出线端子电阻/Ω		□正确 □错误	
3	C 相进线端子至出线端子电阻/Ω		□正确 □错误	
4	A、B 两相间电阻/Ω		□正确 □错误	
5	A、C 两相间电阻/Ω		□正确 □错误	
6	B、C 两相间电阻/Ω		□正确 □错误	
观察电动机运行情况，是否正常				

2. 安装、调试点动控制电路

（1）材料准备 根据点动控制电路的原理图准备好所需材料，材料清单见表 6-2-5。

表 6-2-5 点动控制电路材料清单

序号	名称	数量	备注
1	DZ15 系列断路器	1 只	型号自定
2	RL15 系列熔断器	5 只	型号自定
3	CJT 系列接触器	1 只	型号自定
4	LA4－3H 按钮	1 只	型号自定
5	TD－15 接线端子	1 条	型号自定
6	三相异步电动机	1 台	根据实际情况而定，可几组共用 1 台
7	电工实训接线板	1 块	
8	导线	若干	
9	常用电工工具	1 套	
10	万用表	1 块	

（2）绘制安装布线图、安装元器件　点动控制电路安装布线图如图 6-2-31 所示，根据要求测试、安装元器件。

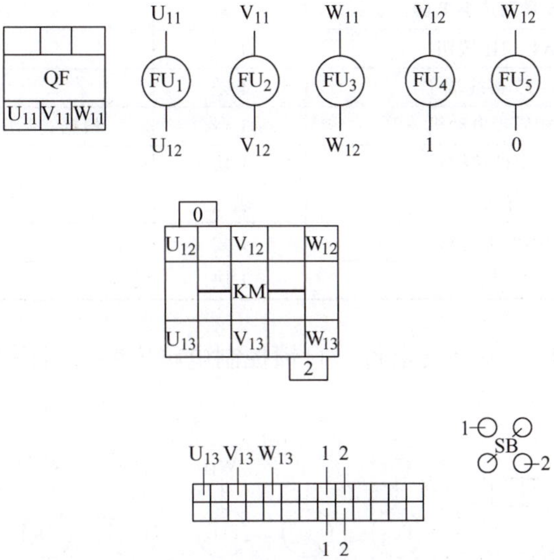

图 6-2-31　点动控制电路安装布线图

（3）按工艺要求安装接线　接线工艺要求见表 6-1-2。

（4）调试　使用万用表测量以下数据，将测量数据填入表 6-2-6 中。

表 6-2-6　点动控制电路测试数据表

序号	名称	测量数据	核对	备注
1	L_1 ~ U_{13} 电阻/Ω		□正确　□错误	不接电动机，不接电源，合上 QF，按下 KM 触点
2	L_2 ~ V_{13} 电阻/Ω		□正确　□错误	
3	L_3 ~ W_{13} 电阻/Ω		□正确　□错误	
4	U/V 两相间电阻/Ω		□正确　□错误	
5	U/W 两相间电阻/Ω		□正确　□错误	
6	V/W 两相间电阻/Ω		□正确　□错误	
7	V_{12} ~ W_{12} 电阻/Ω		□正确　□错误	按下 SB
8	V_{12} ~ W_{12} 电阻/Ω		□正确　□错误	松开 SB
观察电动机运行情况		按下 SB		松开 SB

3. 安装、调试自锁控制电路

（1）材料准备　根据自锁控制电路的原理图准备好所需材料，材料清单见表 6-2-7。

表 6-2-7　自锁控制电路材料清单

序号	名称	数量	备注
1	DZ15 系列断路器	1 只	型号自定
2	RL15 系列熔断器	5 只	型号自定
3	CJT 系列接触器	1 只	型号自定

（续）

序号	名称	数量	备注
4	JR36 系列热继电器	1 只	型号自定
5	LA4－3H 按钮	1 只	型号自定
6	TD－15 接线端子	1 条	型号自定
7	三相异步电动机	1 台	根据实际情况而定，可几组共用 1 台
8	电工实训接线板	1 块	
9	导线	若干	
10	常用电工工具	1 套	
11	万用表	1 块	

（2）绘制安装布线图、安装元器件　自锁控制电路安装布线图如图 6-2-32 所示，根据要求测试、安装元器件。

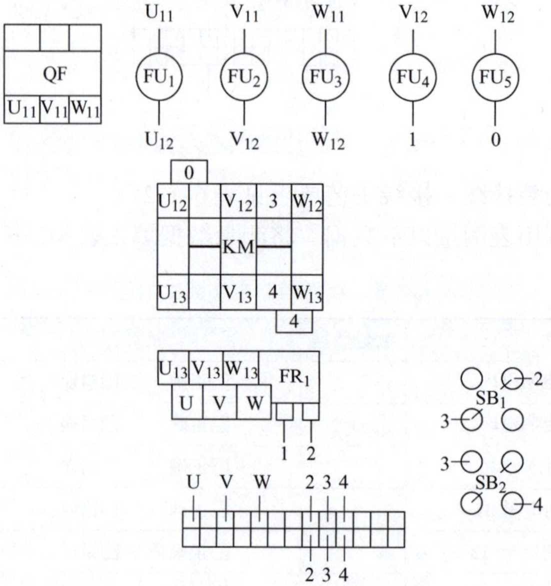

图 6-2-32　自锁控制电路接线图

（3）按工艺要求安装接线　接线工艺要求见表 6-1-2。

（4）调试　使用万用表测量以下数据，将测量数据填入表 6-2-8 中。

表 6-2-8　自锁控制电路测试数据表

序号	名称	测量数据	核对	备注
1	L_1～U 电阻/Ω		□正确　□错误	不接电动机，不接电源，合上 QF，按下 KM 触点
2	L_2～V 电阻/Ω		□正确　□错误	
3	L_3～W 电阻/Ω		□正确　□错误	
4	U/V 两相间电阻/Ω		□正确　□错误	
5	U/W 两相间电阻/Ω		□正确　□错误	
6	V/W 两相间电阻/Ω		□正确　□错误	

（续）

序号	名称	测量数据	核对	备注
7	V_{12} ~ W_{12} 电阻/Ω		□正确　□错误	按下 SB_2
8	V_{12} ~ W_{12} 电阻/Ω		□正确　□错误	按下 KM 触点
9	V_{12} ~ W_{12} 电阻/Ω		□正确　□错误	按下 SB_2/KM 触点，同时按下 SB_1
观察电动机运行情况		按下 SB_2	按下 SB_1	

五、拓展知识

三相异步电动机又称为交流感应式电动机，它是靠旋转着的定子磁场切割转子导体产生感应电流，此旋转磁场又对转子感应电流作用带动转子转动，从而实现了电能转换成机械能的电气设备。

1. 三相异步电动机的结构

三相异步电动机主要由定子和转子两大部分组成，具体结构如图 6-2-33 所示。

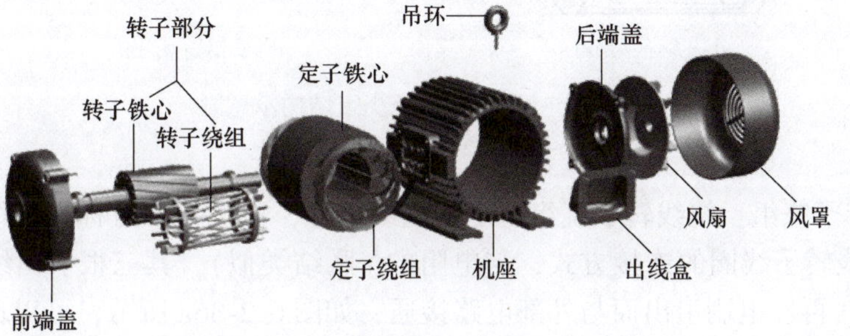

三相异步电动机控制线路安装、调试考核

图 6-2-33　三相异步电动机的结构

（1）定子　三相异步电动机的定子部分是通以三相交流电流、产生旋转磁场的一个重要场所，它一般由机座、定子绕组、定子铁心组成，如图 6-2-34 所示。定子铁心内圆槽沟是用来嵌放定子绕组的。定子绕组是定子中的电路部分，三相异步电动机的定子绕组为三相对称绕组，用漆包线绕成，通以三相交流电时产生旋转磁场。机座用来固定定子绕组和整个电动机，一般用铸铁制成。

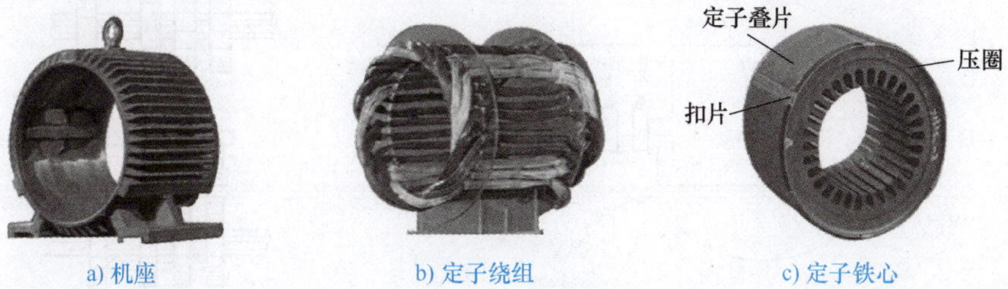

a) 机座　　b) 定子绕组　　c) 定子铁心

图 6-2-34　三相异步电动机的定子

（2）转子　三相异步电动机的转子是将电能转换为机械能的重要场所，其主要作用是在旋转磁场作用下获得一个转动力矩，以带动生产机械运动。它主要由转轴、转子铁心和转子绕组等组成。

常见的异步电动机的转子绕组大致分为两种类型：笼型转子绕组和绕线转子绕组。

1）笼型转子绕组：笼型转子绕组是在转子铁心的每个槽内放入一根导体，在伸出铁心的两端分别用两个导电端环把所有的导条连接起来，形成一个自行闭合的短路绕组。如果去掉铁心，剩下来的绕组形状就像一个鼠笼子，如图 6-2-35 所示，所以称之为笼型绕组。有用铜条焊接在两个铜端环上的铜条笼型绕组，如图 6-2-35a 所示；而对于中小型的三相异步电动机，笼型转子绕组一般采用铸铝，将导条、端环和风叶一次铸出，如图 6-2-35b 所示。其实在生产实际中笼型转子铁心槽沿轴向是斜的，这样导致导条也是斜的，这主要是为了削弱由于定、转子开槽引起的齿谐波，以改善笼型电动机的起动性能。

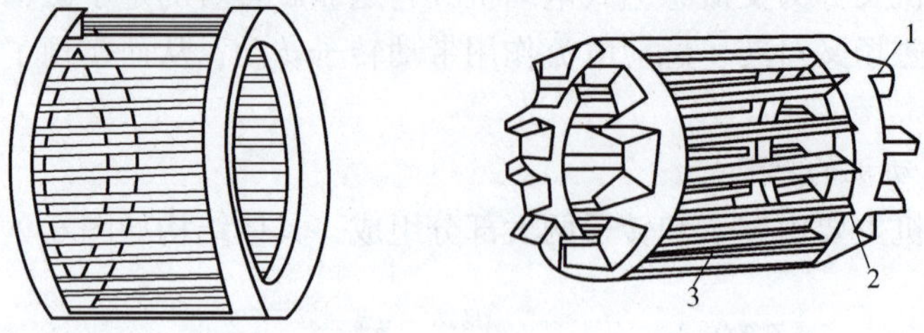

a) 铜条笼型绕组　b) 铸铝笼型绕组

图 6-2-35　笼型转子绕组结构示意图

1—风叶　2—端环　3—铝导条

2）绕线转子绕组：绕线转子绕组与定子绕组一样，也是一个对称三相绕组。它连接成Y后（此为绕线转子线圈的连接方式，与电阻的Y联结类似），其三根引出线分别接到轴上的三个集电环，再经电刷引出而与外部电路接通，如图 6-2-36a 所示，可以通过集电环与电刷而在转子回路中串入外接的附加电阻或其他控制装置，以便改善三相异步电动机的起动性能及调速性能，绕线转子异步电动机还装有提刷短路装置，如图 6-2-36b 所示。当电动机起动完毕而又不需调速时，可操作手柄将电刷提起切除全部电阻同时使三只集电环短路起来，其目的是减少电功机在运行中电刷磨损和摩擦损耗。

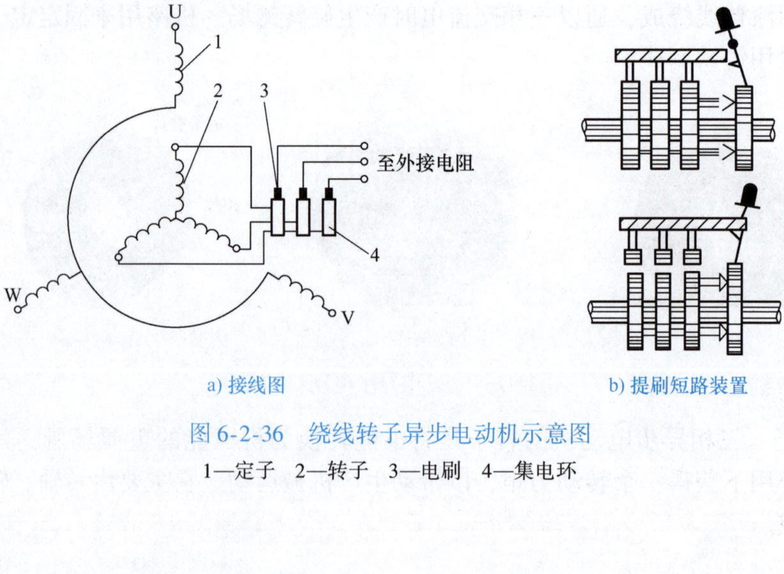

a) 接线图　b) 提刷短路装置

图 6-2-36　绕线转子异步电动机示意图

1—定子　2—转子　3—电刷　4—集电环

2. 三相异步电动机的铭牌

三相异步电动机的主要技术参数都标示在铭牌上，如图 6-2-37 所示。

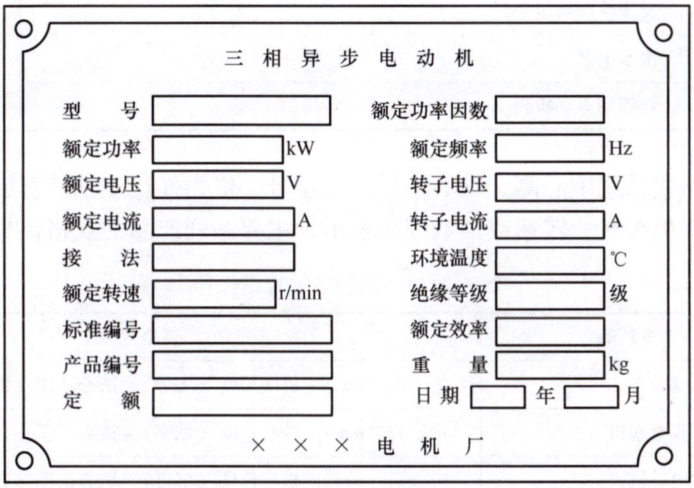

图 6-2-37 三相异步电动机的铭牌

（1）型号 电动机型号由产品代号、规格代号、特殊环境代号和补充代号等四个部分组成并按下列顺序排列。

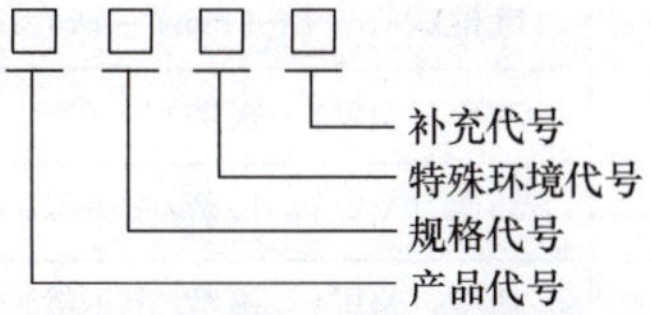

电动机的产品代号由类型代号、特点代号、设计序号和励磁方式代号等组成。类型代号表示电动机的类型，用汉语拼音字母表示，见表 6-2-9。特点代号表示电动机的性能、结构或用途，用汉语拼音字母表示。设计序号指电动机产品设计的顺序，用阿拉伯数字表示。励磁方式代号分别用字母 S、J、X 来表示（S 表示三次谐波励磁，J 表示晶闸管励磁，X 表示相变励磁）。

表 6-2-9 电动机的类型代号

序号	电动机类型	代号
1	异步电动机（专用于笼型及绕线转子感应电动机）	Y
2	同步电动机	T
3	同步发电机（除汽轮发电机、水轮发电机外）	TF
4	直流电动机	Z
5	直流发电机	ZF
6	汽轮发电机	QF
7	水轮发电机	SF
8	测功机	C

（续）

序号	电动机类型	代号
9	交流换向器电动机	H
10	潜水电泵	Q
11	纺织用电动机	F

电动机的规格代号用中心高、铁心外径、机座号、机壳外径、轴伸直径、凸缘代号、机座长度、功率、电机等级、转速或极数等来表示。主要系列产品的规格代号见表6-2-10。

表 6-2-10　电动机的规格代号

序号	系列产品	规格代号
1	小型异步电动机	中心高（mm）-机座长度（字母）-铁心长度（数字）-极数
2	中大型异步电动机	中心高（mm）-铁心长度（数字）-极数
3	小型同步电动机	中心高（mm）-机座长度（字母）-铁心长度（数字）-极数
4	中大型同步电动机	中心高（mm）-铁心长度（数字）-极数
5	小型直流电动机	中心高（mm）-机座长度（字母）
6	中型直流电动机	中心高（mm）或机座号（数字）-铁心长度（数字）-电流等级（数字）
7	大型直流电动机	电枢铁心外径（mm）-铁心长度（数字）
8	汽轮发电机	功率（MW）-极数
9	中小型水轮发电机	功率（MW）-极数/定子铁心外径（mm）
10	大型水轮发电机	功率（MW）-极数/定子铁心外径（mm）
11	测功机	功率（MW）-转速（仅对直流测功机）
12	分马力电动机（小功率电动机）	中心高或机壳外径（mm）-机座长度（字母）-铁心长度、电压、转速（均用数字）
13	交流换向器电动机	中心高或机壳外径（mm）-铁心长度、转速（均用数字）

注：1. 机座长度用国际通用字母符号表示：S表示短机座，M表示中机座，L表示长机座。

2. 铁心长度按由短至长顺序用数字1、2、3…表示。

电动机的特殊环境代号见表6-2-11，如同时适用于一个以上的特殊环境时，则按表中的顺序排列。

表 6-2-11　电动机的特殊环境代号

环境	高原	船（海）	户外	化工防腐	热带	湿热带	干热带
代号	G	H	W	F	T	TH	TA

电动机的补充代号仅适用于有此要求的电动机。用汉语拼音字母或阿拉伯数字表示。补充代号所代表的内容，应在产品标准中规定。

（2）额定功率　额定功率是指电动机在铭牌规定的条件下正常工作时，转轴上输出的机械功率。

（3）额定电压 额定电压是指电动机在额定工作状况下工作时，定子绕组输入的线电压。如果铭牌上标有两个电压数据，如 220V/380V 表示该电动机定子绕组在两种不同接法时的线电压。

（4）额定电流 额定电流是指电动机在额定工作状况下运行时定子绕组输入的电流。如果铭牌上有两个电流数据，则表示定子绕组在两种不同接法时的输入电流。

（5）额定频率 额定频率是指输入交流电（即电网）的频率，我国规定标准电源频率为 50Hz。

（6）额定转速 额定转速是指电动机在额定功率时，转子每分钟的转数。

（7）转子电压 转子电压表示绕线转子异步电动机转子不转及转子绕组开路时，对定子绕组施以额定电压，在集电环上测得的转子绕组的感应电压。

（8）转子电流 转子电流表示绕线转子异步电动机在额定工作状况下运行时，转子绕组出线端短接后，转子绕组中的电流。

（9）绝缘等级 绝缘等级表示电机在额定工作状态下运行时，绕组允许的温度升高值（即绕组的温度比周围空气温度高出的数值）。允许温升的高低取决于电机使用的绝缘材料。绝缘材料的耐热等级参见有关手册，有些电机铭牌上直接给出了电机的允许温升。

（10）额定功率因数 额定功率因数是指电动机在额定工作状态下运行时，定子相电压与相电流之间相位差的余弦值。

（11）额定效率 额定效率表示电机在额定工作状态下运行时的效率。

（12）标准编号 标准编号是指电机产品按这个标准生产，技术数据能达到这个标准的要求。例如国际 GB/T 755—2019。

（13）工作制或定额

1）工作制是对电机各种负载情况，包括空载、停机和断续及其持续时间和先后次序等的说明。它分如下 9 类，主要用于电动机，其中 S1 和 S2 也适用于发电机。

a. 连续工作制——S1 工作制。

b. 短时工作制——S2 工作制。

c. 断续周期工作制——S3 工作制。

d. 包括起动的断续周期工作制——S4 工作制。

e. 电制动的断续周期工作制——S5 工作制。

f. 连续周期工作制——S6 工作制。

g. 包括电制动的连续周期工作制——S7 工作制。

h. 包括变速变负载的连续周期工作制——S8 工作制。

i. 负载和转速非周期变化工作制——S9 工作制。

2）定额是制造厂按指定的要求对电机所规定的，并于铭牌上标明的全部电量和机械量的数据及其他有关数值。它分最大连续定额、短时定额、等效连续定额、周期工作定额及非周期工作定额 5 大类。

（14）接法 接法是指三相电动机定子绕组的 6 根引出线头的接线方法（如图 6-2-38 所示），即接成Y还是△。接线时必须注意电动机电压、电流、接法三者之间的关系。如铭牌中标有电压 220V/380V，电流 14.7A/8.49A，接法△/Y，这说明电源线电压不同，应采用不同的接线方法，当电源电压为 220V 时，电动机应接成△联结；当电源电压为 380V 时，就取Y联结。

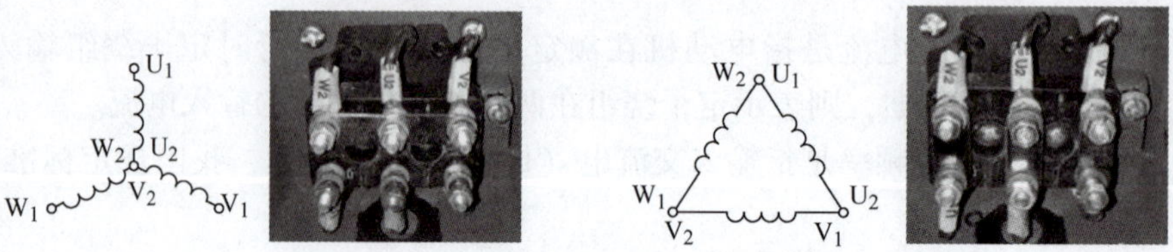

a) Y联结　　b) △联结

图 6-2-38　三相电动机定子绕组的接法

（15）产品编号　因同规格出厂的电机数量很多，用编号就可区别每一台电机，并便于分别记载各电机试验结果和使用情况。用户可根据编号到制造厂去查阅技术档案。

3. 常见三相异步电动机控制电路

（1）三相异步电动机正反转控制　许多生产机械都需要正、反两个方向的运动。例如机床工作台的前进与后退，主轴的正转与反转，起重机吊钩的上升与下降等，这就要求电动机可以正反转。只须将接至交流电动机的三相电源进线中任意两相对调，即可实现反转。这可由两个接触器 KM_1、KM_2 控制。必须指出的是，KM_1 和 KM_2 的主触点决不允许同时接通，否则将造成电源短路事故。因此，在正转接触器 KM_1 的线圈通电时，不允许反转接触器 KM_2 的线圈通电。同样，在 KM_2 线圈通电时，也不允许 KM_1 线圈通电，这就是互锁保护。这一要求可由控制电路来保证。双重互锁的正反转电气控制原理图如图 6-2-39 所示。

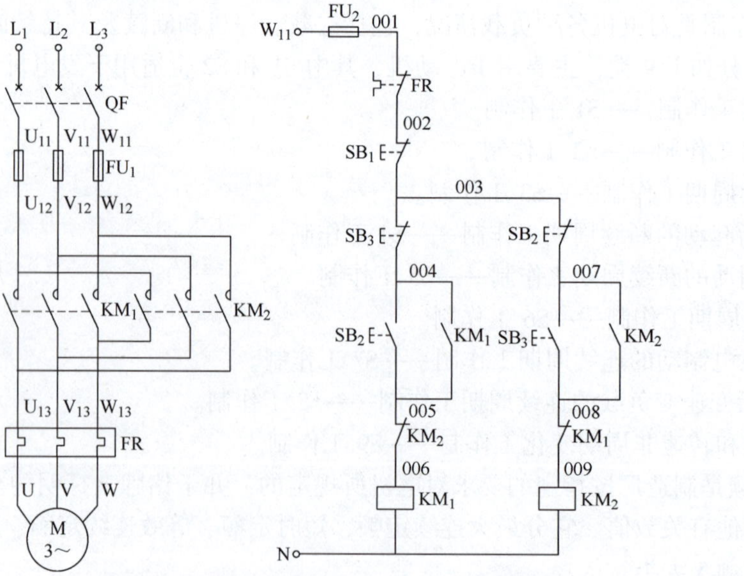

图 6-2-39　双重互锁的正反转电气控制原理图

合上 QF：

1）M 正向起动运行：

按下SB_2→KM_1线圈得电
- KM_1主触点闭合
- KM_1常开触点闭合(自锁)→M全压起动正向运行
- KM_1常闭触点断开(互锁)

2）M 反向起动运行：

按下SB_3→
- SB_3常闭触点断开→KM_1线圈失电→KM_1所有触点复位→M失电惯性运行
- SB_3常开触点闭合→KM_2线圈得电
  - KM_2主触点闭合
  - KM_2常开触点闭合(自锁)→M反向全压起动运行
  - KM_2常闭触点断开(互锁)

3）M 停止：

① 当 M 正处于正向运行过程中：

按下SB_1→KM_1线圈失电
- KM_1主触点复位
- KM_1常开触点复位→M失电惯性运行至停止
- KM_1常闭触点复位

② 当 M 正处于反向运行过程中：

按下SB_1→KM_2线圈失电
- KM_2主触点复位
- KM_2常开触点复位→M失电惯性运行至停止
- KM_2常闭触点复位

（2）三相异步电动机Y-△减压起动控制　10kW 及以下容量的三相异步电动机，通常采用全压起动，即起动时电动机的定子绕组直接接在额定电压的交流电源上。但当电动机容量超过 10kW 时，因起动电流较大，电路压降大，负载端电压降低，会影响起动电动机附近电气设备的正常运行，因此一般采用减压起动。所谓减压起动，就是指起动时降低加在电动机定子绕组上的电压，待电动机起动后再将电压恢复到额定值。减压起动可以减小起动电流，减小线路压降，减小起动时对线路的影响。减压起动方式有Y-△减压起动、自耦变压器减压起动、延边三角形减压起动、定子串电阻减压起动。

凡是正常运行时定子绕组接成三角形、额定电压为 380V 的电动机均可采用星形-三角形减压起动。即Y-△起动控制只适用于△接法时运行于 380V 的电动机，且电动机引出线端头必须是 6 根，以便进行Y-△起动控制。在使用Y-△起动控制时，首先要弄清楚电动机的接线方法。

Y-△起动时，电动机绕组先Y联结，待转速增加到一定程度时，再将线路切换成△联结。这种方法可使每相定子绕组所承受的电压在起动时降低到电源电压的 $1/\sqrt{3}$，其电流为直接起动时的1/3。由于起动电流减小，起动转矩也同时减小到直接起动的1/3。所以这种方法一般只适用于空载或轻载起动的场合。三相异步电动机Y－△减压起动控制原理图如图6-2-40所示。

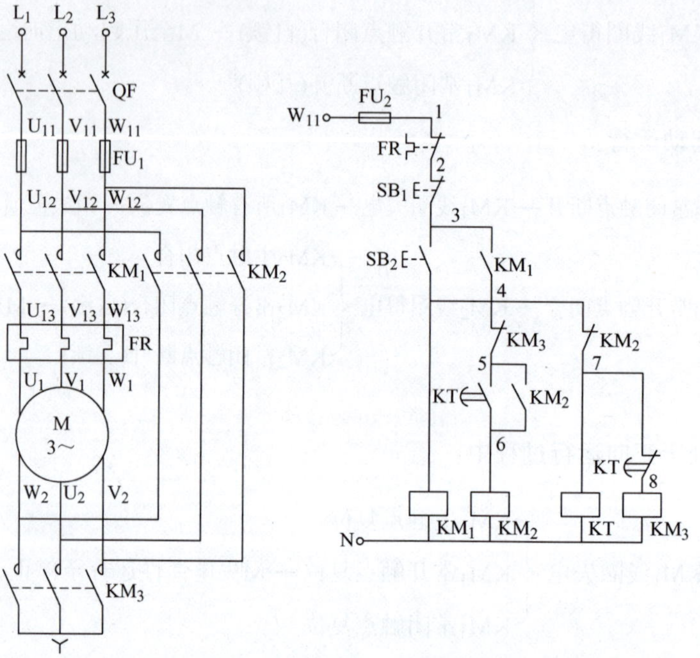

图6-2-40　三相异步电动机Y－△减压起动控制原理图

合上QF：

1）Y联结减压起动：

按下SB2→
- KM_1线圈得电
  - KM_1主触点闭合
  - KM_1常开触点闭合(自锁)
  - →M以Y联结减压起动
- KM_3线圈得电
  - KM_3主触点闭合
  - KM_3常闭触点断开(互锁)
- KT线圈得电
  - KT延时常开触点(开始延时)
  - KT延时常闭触点(开始延时)

2）△联结全压运行：

KT延时后→
- KT常闭触点断开→KM_3线圈失电→KM_3所有触点复位
- KT常开触点闭合→KM_2线圈得电
  - KM_2主触点闭合→M以△联结全压运行
  - KM_2常开触点闭合(自锁)
  - KM_2常闭触点断开→KT线圈失电→KT触点复位

3）M 停止：

按下SB_1→
- KM_1线圈失电
  - KM_1主触点复位
  - KM_1常开触点复位
- KM_2线圈失电
  - KM_2主触点复位
  - KM_2常开触点复位
  - KM_2常闭触点复位

→M失电惯性运行至停止

六、练习

1. 分析图 6-2-41 所示电路，写出分析流程。

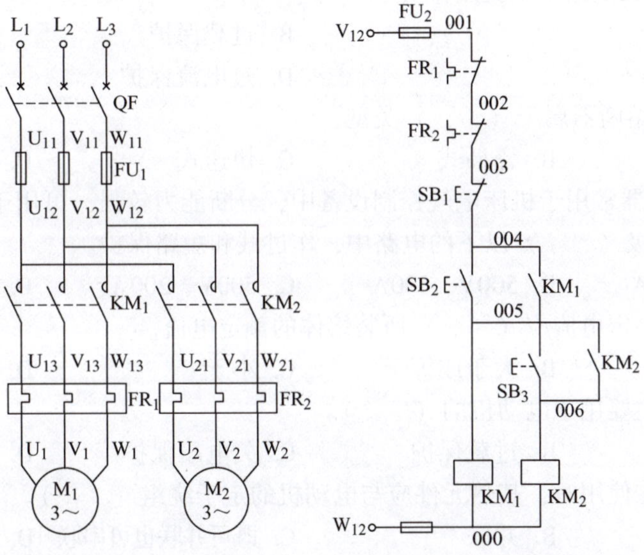

图 6-2-41

2. 安装、调试既可以点动又带自锁控制的三相异步电动机控制电路。

项目六习题

一、选择题

1. 低压电器是指工作电压在交流（　　）、直流（　　）以下的低压线路和电气控制系统中的电器元件。

A. 1200V、1200V　　B. 1500V、2000V　　C. 500V、1500V　　D. 1200V、1500V

2. 低压电器产品中接触器的型号类组代号是（　　）。

A. C　　B. Q　　C. D　　D. J

3. 控制电动机的断路器，其瞬时脱扣整定电流可按下式选取：$I_Z \geqslant KI_{st}$，式中 K 是安全系数，可取（　　）；I_{st}是电动机的起动电流。

A. 1.0 ~ 1.5　B. 1.5 ~ 1.7　C. 1.0 ~ 2　D. 1.2 ~ 1.5

4. 起动按钮优先选用（　）色按钮，急停按钮应选用（　）色按钮，停止按钮优先选用（　）色按钮。

A. 绿、红、黑　B. 绿、红、红

C. 白、红、红　D. 白、红、黑

5. 低压电器按低压电器的用途和所控制的对象分类，可分为（　）、起动器、控制继电器等。

A. 接触器　B. 接近开关　C. 固体继电器　D. 刀开关

6. HK 系列开启式负荷开关用于控制电动机的直接起动和停止时，应选用额定电流不小于电动机额定电流（　）倍的三极开关。

A. 1.5　B. 2　C. 3　D. 4

7. 熔断器串接在电路中主要用作（　）。

A. 短路保护　B. 过载保护

C. 欠电压保护　D. 过电流保护

8. RC1A 系列熔断器属于（　）类型。

A. 自复式　B. 瓷插式　C. 快速式　D. 螺旋式

9. 螺旋式熔断器常用于机床电气控制设备中，分断能力较强，可用于电压等级（　）及其以下和电流等级（　）以下的电路中，作过载和短路保护。

A. 200V、200A　B. 500V、300A　C. 500V、200A　D. 600V、300A

10. 熔断器的额定电流应（　）所装熔体的额定电流。

A. 大于　B. 大于或等于　C. 小于　D. 小于等于

11. 热继电器主要用于电动机的（　）。

A. 短路保护　B. 过载保护　C. 欠电压保护　D. 过电流保护

12. 热继电器在使用时，其热元件应与电动机的定子绕组（　）。

A. 串联　B. 并联　C. 既可并联也可串联　D. 混联

13. 有过载保护的接触器自锁控制电路中，实现欠电压和失电压保护的电器是（　）。

A. 熔断器　B. 继电器　C. 接触器　D. 按钮

14. 通常，当电动机的起动电流为其电流的（　）倍，起动时间不超过 6s 且电动机很少连续起动时，就可按电动机的额定电流来选用热继电器。

A. 5　B. 6　C. 2　D. 4

15. 按下复合按钮时，（　）。

A. 常开触点先闭合　B. 常闭触点先断开

C. 两触点同时闭合　D. 两触点同时断开

16. 按钮帽的颜色和符号标志用来（　）。

A. 注意安全　B. 引起警惕　C. 区分功能　D. 美观

17. 由于直接起动电流大，一般规定对于不经常起动的电动机，功率不超过变压器容量的（　）。

A. 20%　B. 65%　C. 30%　D. 50%

18. Y-△减压起动控制电路在起动过程中，将电动机定子绕组接成星形，使电动机每相绕组承受的电压为额定电压的（　　），起动电流为三角形联结时起动电流的（　　）。

A. $1/\sqrt{3}$、$1/3$　　B. $1/3$、$1/\sqrt{3}$

C. $1/\sqrt{3}$、$1/\sqrt{3}$　　D. $1/3$、$1/3$

19. 在接触器联锁的正、反转控制电路中，其联锁触点应是对方接触器的（　　）。

A. 主触点　　B. 常开辅助触点　　C. 常闭辅助触点　　D. 延时触点

20. Y-△减压起动指电动机起动时，把（　　）连接成星形，以降低起动电压，限制起动电流。

A. 定子和转子　　B. 电源　　C. 定子绕组　　D. 转子

21. 按钮电气联锁正反转控制电路的优点是操作方便，缺点是容易产生（　　）短路事故。

A. 电源　　B. 电源两相　　C. 电源三相　　D. 电源一相

二、判断题

1. 电器按其工作性质可分成高压电器和低压电器。（　　）

2. HK 系列刀开关没有专门灭弧装置，不宜用于操作频繁的电路。（　　）

3. 开启式负荷开关用作电动机的控制开关时，应根据电动机的容量选配合适的熔体装于开关内。（　　）

4. HK 系列刀开关可以垂直安装，也可以水平安装。（　　）

5. 熔断器是最常用的短路保护电器，并联在被保护的电路中。（　　）

6. 熔体的额定电流是指在规定工作条件下，长时间通过熔体而熔体不熔断的最大电流值。（　　）

7. 除照明电路外，熔断器一般不宜用作过载保护，主要用作短路保护。（　　）

8. 低压断路器的额定电压和额定电流应大于电路的正常工作电压和计算负载电流。（　　）

9. 螺旋式熔断器分断能力较强，常用于机床电气控制设备中。（　　）

10. 接触器按线圈通过的电流种类不同，分为交流接触器和直流接触器。（　　）

11. 接触器的电磁线圈通电时，常开触点先闭合，常闭触点再断开。（　　）

12. 按下复合按钮时，其常开触点和常闭触点同时动作。（　　）

13. 空气阻尼式时间继电器的延时精度高，因此被广泛应用。（　　）

14. 继电器是一种用来自动接通或断开大电流的电器。它可以频繁地接通或分断交、直流电路，并可实现远距离控制。（　　）

15. 热继电器主要用于电气传动系统中电动机负载的过载保护。（　　）

16. 速度继电器主要由定子、转子和衔铁三部分组成。（　　）

17. 接近开关是一种无接触式物体检测装置，也就是某一物体接近某一信号机构时，信号机构发出“动作”信号的开关。（　　）

18. 接近开关中的感测机构的作用是将物理量变换成电量，实现由非电量向电量转换。（　　）

19. 电磁铁是一种通电后对铁磁物质产生吸引力，将电能转换成机械能的一种电器。（　　）

20. 电磁铁由线圈、铁心和衔铁三部分组成。 ( )

21. 点动控制是指点一下按钮就可以使电动机起动并连续运转的控制方式。 ( )

22. 按下起动按钮，电动机运行；松开按钮，电动机停车，这种控制称为点动控制。 ( )

23. 为了提高生产效率，直接正、反向操作，可利用复合按钮组成“正→反→停”或“反→正→停”的互锁控制。 ( )

24. 一般容量小于 10kW 的电动机常采用直接起动。 ( )

25. 在接触器联锁正、反转控制电路中，正、反转接触器有时可以同时闭合。 ( )

参考答案

项目一习题

一、选择题

1. B 2. A 3. C 4. A 5. B 6. B 7. A 8. C 9. A 10. D 11. D 12. B 13. A 14. D 15. B 16. A 17. C 18. D 19. A 20. B 21. D 22. A 23. D 24. B 25. B 26. A

二、判断题

1. √ 2. × 3. √ 4. × 5. √ 6. × 7. √ 8. √ 9. × 10. × 11. × 12. √ 13. √ 14. √ 15. × 16. × 17. √ 18. × 19. √ 20. √ 21. √ 22. ×

项目二习题

一、填空题

1. 相同，相反 2. 吸收（消耗），释放（产生） 3. 电位，高电位，低电位 4. −5，7，−2，2，7，0，−5，7，−2 5. 225，15 6. 36，28.8 7. 60 8. 13 9. 13 10. 3 11. 并联，串联 12. 60，20，20，45 13. 电阻 14. 线性，非线性，电流，功率

二、选择题

1. A 2. C 3. B 4. C 5. B 6. A 7. D、B 8. A 9. B 10. C 11. B 12. C 13. A 14. C 15. B 16. D

三、判断题

1. √ 2. × 3. √ 4. × 5. × 6. × 7. × 8. √

四、综合题

略

项目三习题

一、填空题

1. 1.414，1，50，0.02，45° 2. $220\angle 45^\circ$ 3. $3\sqrt{2}\sin(314t+120^\circ)$ 4. 15.7，14

5. $i=\sqrt{2}\sin(500t+15^\circ)$ A，$i=0.5\sqrt{2}\sin(500t+15^\circ)$ A，$i=20\sqrt{2}\sin(500t+15^\circ)$ A

6. 67.76，135.52 7. 159.23，1000，10，15.9，0.1，15.9 8. 503.91 9. 3，相，1，$\sqrt{3}$，超前 10. 保证三相四线制负载上得到对称相电压 11. 1，$\sqrt{3}$，$\sqrt{3}$，3，3

二、选择题

1. C 2. B 3. C 4. B 5. B 6. B 7. B 8. C

三、判断题

1. × 2. × 3. × 4. × 5. √ 6. √ 7. √ 8. × 9. × 10. √ 11. × 12. √ 13. × 14. × 15. × 16. ×

四、综合题

略

项目四习题

一、填空题

1. 相等，相同，间隔均匀的平行直线 2. 铁心，衔铁 3. 衔铁，机械，电器 4. 绕组，附件 5. 磁路，硅钢片，壳式 6. 电器，铜导线或铝导线，二次绕组 7. 额定工作条件下变压器输出功率，视在功率，二次，额定电压与额定电流的乘积 8. 输出功率，输入功率，铁损和铜损 9. 大，细，小，粗

二、选择题

1. B 2. B 3. A 4. D

三、判断题

1. × 2. × 3. √ 4. √ 5. × 6. × 7. √ 8. √ 9. √ 10. × 11. × 12. × 13. × 14. ×

四、综合题

略

项目五习题

一、填空题

1. 串联，并联 2. 指针式，数字式 3. 更换电池 4. 2000kW · h 5. 绝缘 6. 发电机端 7. 线路，接地，“保护环”或“屏蔽” 8. 1

二、选择题

1. B 2. D 3. D 4. B 5. A 6. B 7. B 8. A 9. D 10. A 11. D 12. C 13. B 14. B 15. C 16. D 17. B 18. A 19. B 20. C

三、判断题

1. √ 2. × 3. × 4. × 5. √ 6. √ 7. √ 8. √ 9. × 10. √ 11. √ 12. √ 13. × 14. × 15. √ 16. √ 17. √ 18. × 19. √ 20. √ 21. √ 22. √ 23. ×

四、综合题

略

项目六习题

一、选择题

1. D　2. A　3. B　4. B　5. A　6. C　7. A　8. B　9. C　10. B　11. B　12. A　13. C　14. B　15. B　16. C　17. C　18. A　19. C　20. C　21. B

二、判断题

1. ×　2. √　3. √　4. ×　5. ×　6. √　7. √　8. ×　9. √　10. √　11. ×　12. ×　13. ×　14. ×　15. √　16. ×　17. √　18. √　19. √　20. √　21. ×　22. √　23. √　24. √　25. ×

参考文献

[1] 王小宇. 电工工程实训教程 [M]. 北京：机械工业出版社，2019.
[2] 杨清德. 电工基础 [M]. 北京：化学工业出版社，2019.
[3] 江蜀华. 电工电子学基础 [M]. 北京：清华大学出版社，2019.
[4] 赵红顺. 电工基础 [M]. 北京：中国电力出版社，2014.
[5] 雷勇. 电工学 [M]. 北京：高等教育出版社，2018.
[6] 朱平. 电工技术实训 [M]. 2 版. 北京：机械工业出版社，2011.
[7] 莫莉萍. 电工技术 [M]. 北京：高等教育出版社，2018.
[8] 王兰君. 电工基础自学入门 [M]. 北京：电子工业出版社，2017.
[9] 劳动和社会保障部教材办公室. 维修电工（基础知识）[M]. 北京：中国劳动社会保障出版社，2007.